高等院校计算机应用系列教材

Creo 8.0基础教程
（微课版）

薛山　编著

清华大学出版社

北　京

内 容 简 介

本书系统而全面地介绍了中文版 Creo 8.0 的基本功能、使用方法和技巧。全书内容共分为 11 章，主要包括 Creo 8.0 入门、二维草图设计、实体特征建模、工程特征建模、编辑特征、曲面设计、柔性建模、钣金特征、装配设计、工程图设计和综合实例。本书重点介绍了 Creo 8.0 建模的各种功能模块，并针对各个知识点安排了多个应用练习与综合实例来帮助读者快速入门和提高应用水平。此外，除最后一章外，每章最后还配有习题，帮助读者在学习各章的内容后进行复习。

本书结构清晰、内容翔实，涵盖了中文版 Creo 8.0 涉及的大部分功能和建模方法，可作为各类工科高等院校相关专业的教材，也可作为从事工程设计工作的专业技术人员的自学参考书，还可作为 Creo 应用开发人员的参考资料。

本书配套的电子课件、实例源文件、习题答案可以通过 http://www.tupwk.com.cn/downpage 网站下载，也可以扫描前言中的"配套资源"二维码获取。扫描前言中的"看视频"二维码可以直接观看教学视频。

图书在版编目(CIP)数据

Creo 8.0基础教程：微课版 / 薛山编著. —北京：清华大学出版社，2023.1
高等院校计算机应用系列教材
ISBN 978-7-302-61754-9

Ⅰ.①C…　Ⅱ.①薛…　Ⅲ.①计算机辅助设计—应用软件—高等学校—教材　Ⅳ.①TP391.72

中国版本图书馆 CIP 数据核字(2022) 第 161821 号

责任编辑：胡辰浩
封面设计：高娟妮
版式设计：孔祥峰
责任校对：成凤进
责任印制：曹婉颖

出版发行：清华大学出版社
　　　　　网　　　址：http://www.tup.com.cn，http://www.wqbook.com
　　　　　地　　　址：北京清华大学学研大厦 A 座　　　　　邮　　编：100084
　　　　　社 总 机：010-83470000　　　　　邮　　购：010-62786544
　　　　　投稿与读者服务：010-62776969，c-service@tup.tsinghua.edu.cn
　　　　　质 量 反 馈：010-62772015，zhiliang@tup.tsinghua.edu.cn
印 装 者：三河市龙大印装有限公司
经　　销：全国新华书店
开　　本：185mm×260mm　　　印　　张：24.25　　　字　　数：560 千字
版　　次：2023 年 1 月第 1 版　　　印　　次：2023 年 1 月第 1 次印刷
定　　价：88.00 元

产品编号：053442-01

前　　言

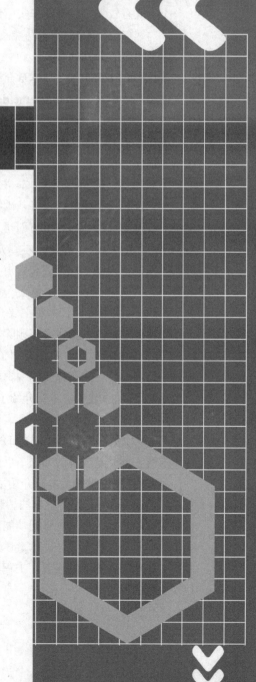

　　Creo是由美国PTC公司开发的一个功能强大的三维CAD/CAM/CAE设计软件产品套件，它整合了Pro/Engineer的参数化技术、COCreate的直接建模技术和ProductView的三维可视化技术，是一个覆盖概念设计、二维设计、三维设计、直接建模等领域的共享数据和设计方案，其功能涵盖了整个产品的开发领域。Creo系列软件广泛应用于机械制造、模具、电子、汽车、造船、工业造型、玩具、医疗设备等行业。除了Creo Parametric，还有多个独立的应用程序在2D和3D CAD建模、分析及可视化方面提供了新的功能。Creo还具有很好的互操作性，可确保在内部和外部团队之间轻松共享数据。Creo 8.0版本在易用性、互操作性和装配管理等方面进行了创新，并提供了数以百计可提高设计效率和生产力的新功能。为了使广大学生和工程技术人员能够尽快地掌握该软件，本书的作者在多年教学经验与工程实践应用的基础上编写了本书。本书全面翔实地介绍了Creo 8.0的基本功能及其使用方法，可以使读者快速、全面地掌握Creo 8.0的基本操作和建模方法，并得到融会贯通、灵活应用的效果。

本书具有以下主要特点。

- 结构清晰，内容翔实。每章的开头都简要概括了本章介绍和需要掌握的内容，使读者有一个系统的学习规划；在介绍Creo 8.0的每个功能时，通过实际操作讲解实现功能的命令及其操作方式，并在讲解的过程中配有插图给予说明。除最后一章外，在各章的最后，还配有对应的实例练习和习题，前后呼应，系统性强。

- 学以致用，循序渐进。本书以帮助读者掌握Creo 8.0的基本功能模块和建模方法为学习目的，按照产品设计的一般过程，循序渐进地介绍了产品零件设计的相关知识，如利用Creo 8.0进行草图设计、特征创建、特征编辑和柔性建模等内容，还介绍了装配和工程制图等的操作步骤和技巧，并在相关章节配有精心挑选的应用实例。这些实例既有较强的代表性和实用性，又能综合应用所学习的知识，使读者能够全面、准确地掌握Creo 8.0的基本功能及其用法，从而达到举一反三的目的。

本书内容共分为11章。

第1章为Creo 8.0入门。本章介绍了Creo 8.0的入门知识，包括Creo 8.0软件的简介、主要应用程序、基本模块、Creo Parametric 8.0的操作界面，还介绍了系统参数的个性化设置及基本操作等内容。

第2章为二维草图设计。本章介绍了二维草图设计及绘制功能，主要包括草图创建、草图绘制、草图约束设置和草绘编辑等内容。

第3章为实体特征建模。本章主要介绍了各种实体特征的概念和各个特征工具，包括拉伸、旋转、扫描和螺旋扫描等基础特征和混合特征的创建方法，还介绍了基准平面、基准轴、基准曲线等基准特征的作用与创建方法。

第4章为工程特征建模。本章介绍了孔、壳、筋、拔模等基本工程特征的创建方法，以及修饰、扭曲等高级工程特征和管道、环形折弯、骨架折弯等相关高级工程特征建模的创建方法与应用。

第5章为编辑特征。本章主要介绍了特征的复制、粘贴、镜像和阵列等特征编辑功能，用于编辑特征的修改、重定义和删除等方法，以及图层的概念与操作等内容。

第6章为曲面设计。本章介绍了Creo 8.0曲面特征的基本概念，基本曲面和高级曲面的创建方法，修剪、合并和实体化等编辑曲面的方法，以及造型曲面的创建和编辑方法。

第7章为柔性建模。本章介绍了Creo 8.0中柔性建模功能的应用，主要包括柔性建模的意义与各种柔性建模的方法。

第8章为钣金特征。本章详细介绍了Creo 8.0的钣金模块，主要包括钣金特征的创建方法，钣金折弯、展平及成型的方法，以及几种钣金操作方式等。

第9章为装配设计。本章介绍了Creo 8.0在基本装配方面的应用，主要包括Creo 8.0的装配环境、Creo 8.0装配的多种方法、装配约束、连接装配、编辑装配体和爆炸图的生成等内容。读者只有熟练地应用这些装配功能，才能完成大产品的定型设计。

第10章为工程图设计。本章详细介绍了Creo 8.0的工程图模块，主要包括Creo 8.0工程图的制图方法和工作界面的设置，工程图中各类视图的创建和参数设置，视图的编辑，尺寸、公差以及注释的标注等。

　　第11章为综合实例。本章综合本书所讲述的有关Creo 8.0的实体特征建模功能、工程特征建模功能、曲面设计、装配设计和工程图设计等内容，介绍了6个综合实例的应用。通过介绍详细的操作步骤，带领读者熟悉和掌握整个设计建模的过程，同时加深对Creo 8.0各种功能的理解，提高应用水平。使读者在学习完本书的所有内容后，能够熟练地应用强大的Creo 8.0，最终达到学习本书的目的。

　　在本书的编写过程中，参考了一些相关著作和文献，在此向这些著作和文献的作者深表感谢。由于作者水平有限，本书难免有不足之处，欢迎广大读者批评指正。我们的信箱是992116@qq.com，电话是010-62796045。

　　本书配套的电子课件、实例源文件、习题答案可以通过http://www.tupwk.com.cn/downpage网站下载，也可以扫描下方的"配套资源"二维码获取。扫描下方的"看视频"二维码可以直接观看教学视频。

扫描下载　　　　　　　　　　扫一扫

配套资源　　　　　　　　　　看视频

作　者
2022年5月

目　　录

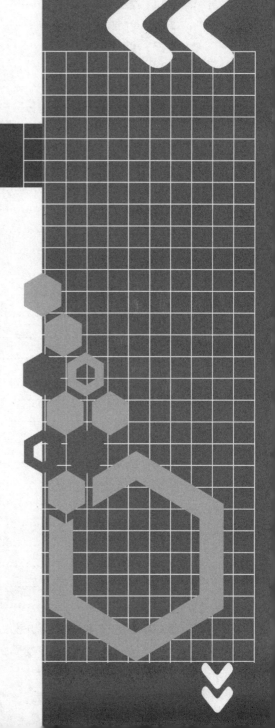

第1章

Creo 8.0 入门

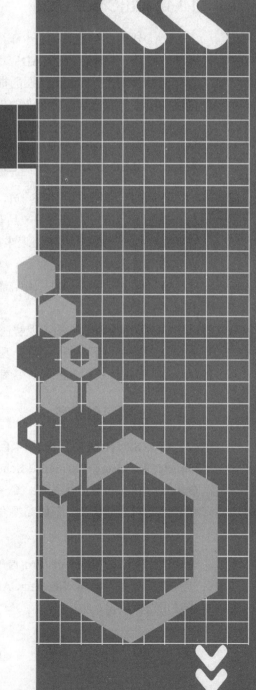

Creo 8.0是一个功能强大的设计套件，集成了多个可交互操作的应用程序，功能覆盖整个产品开发领域。Creo 8.0的产品设计应用程序使企业中的每个人都能使用最适合自己的工具，从而使他们可以全面参与产品的开发过程。Creo 8.0系列软件广泛应用于机械制造、模具、电子、汽车、造船、工业造型、玩具、医疗设备等行业。除了Creo Parametric，还有多个独立的应用程序在2D和3D CAD建模、分析及可视化方面提供了新的功能。Creo还提供了空前的互操作性，可确保在内部和外部团队之间轻松共享数据。本章将对Creo 8.0的特性、应用程序、操作界面、模块及基本操作进行简要介绍。

通过本章的学习，读者需要掌握如下内容。

- ❑ Creo 8.0的基本模块
- ❑ Creo 8.0的操作界面
- ❑ 个性化地设置自己的Creo 8.0
- ❑ 简单的Creo 8.0操作

1.1 Creo 8.0概述

Creo是美国PTC公司推出的一个软件产品设计套件。它整合了Pro/Engineer的参数化技术、COCreate的直接建模技术和ProductView的三维可视化技术，是一个覆盖概念设计、二维设计、三维设计、直接建模等领域的共享软件产品设计方案，其功能涵盖了整个产品的开发领域，是目前工程设计中应用较为广泛的软件之一。

1.1.1 推出Creo的意义

CAD软件已经应用了几十年，三维软件也已经出现了二十多年，技术与市场逐渐趋于成熟。但是，制造企业在CAD应用方面仍然面临着软件易用性、互操作性、数据转换和差异化配置四大核心问题。Creo的推出，正是为了从根本上解决这些制造企业在CAD应用中面临的核心问题，从而将企业的创新能力发挥出来，帮助企业提升研发协作水平，真正提高CAD的应用效率，为企业创造价值。

1.1.2 Creo 8.0的功能特色

作为PTC闪电计划中的一员，Creo 8.0具备互操作性、开放、易用三大特点。在产品生命周期中，不同的用户对产品开发有着不同的需求。不同于其他解决方案，Creo 8.0旨在消除CAD行业中几十年迟迟未能解决的问题：CAD环境中的可用性、互操作性、技术锁定和装配管理相关的挑战。

- 解决机械CAD领域中未解决的重大问题，包括基本的易用性、互操作性和装配管理。
- 采用全新的方法实现解决方案(以PTC的特有技术和资源为基础)。
- 提供一组可伸缩、可交互操作、开放且易用的机械设计应用程序。
- 为设计过程中的每一名参与者适时提供合适的解决方案。

1.1.3 主要应用程序

Creo 8.0是PTC公司在2014年正式发布的新版本。该设计软件包主要包括Parametric、Direct、Simulate、Illustrate、Schematics、View MCAD、View ECAD、Sketch、Layout和Options Modeler等应用程序。Creo 8.0具有很好的互操作性，用户可以根据需要在其各应用程序之间无缝切换。下面简要介绍这些应用程序的用途和功能优势。

1. Creo Parametric

适用于Creo Elements/Pro(原Pro/Engineer)中强大的三维参数化建模功能。这个扩展版本提供了更多无缝集成的三维CAD/CAID/CAM/CAE功能，拥有更强的设计灵活性，并支持使用遗留数据。

2. Creo Direct

使用直接建模方法能够提供快速、灵活的三维几何创建和编辑功能。该应用程序拥有与Creo参数化功能前所未有的协同性，从而使设计更加灵活。

3. Creo Simulate

提供分析师进行结构仿真和热能仿真所需的功能。

4. Creo Illustrate

针对三维技术的插图功能，将复杂的服务、零部件信息、培训、工作指导等信息连接起来，以三维图形的方式提高产品的可用性和性能。

5. Creo Schematics

创建管道和电缆布线系统设计的二维图。

6. Creo View MCAD

检查、审核和标记机械元件的几何特征。

7. Creo View ECAD

检查、审核和标记电子元器件的几何特征。

8. Creo Sketch

为构思和设计概念提供简单的二维"手绘"功能。

9. Creo Layout

捕捉早期的二维概念布局，最终推动三维设计。

10. Creo Options Modeler

创建和验证各种复杂程度的三维模块化产品，并定义其接合和装配方式。

1.1.4　Creo Parametric的基本设计概念

Creo Parametric 8.0提供了强大、灵活的参数化3D CAD功能和多种概念设计功能。在Creo Parametric 8.0中，可以设计多种类型的模型。在开始设计项目之前，用户需要了解以下几个基本设计概念。

1. 设计意图

设计意图也称设计目的。在进行模型设计之前，通常需要明确设计意图。设计意图就是根据产品规范或需求来定义产品的用途和功能，捕获设计意图能够为产品带来明确的实用价值和持久性。设计意图这一关键概念是Creo Parametric 8.0基于特征建模过程的核心。

2. 基于特征建模

在Creo Parametric 8.0中，零件建模是从逐个创建单独的几何特征开始的，特征的有序创建便构成了零件模型。特征主要包括基准、拉伸、孔、倒圆角、倒角、曲面特征、切口、阵列、扫描等。一个零件可以包含多个特征，而一个组件(装配体)可以包含多个零件。

3. 参数化设计

Creo Parametric 8.0的一个重要特点就是参数化设计。参数化设计可以保持零件的完整性，并且确保设计意图的明确性。特征之间的相关性使得模型成为参数化模型，如果修改某特征，而此修改又直接影响其他相关(从属)特征，则Creo Parametric 8.0会动态修改那些相关特征。

4. 相关性

相关性也称关联性。通过相关性，Creo Parametric 8.0可以在零件模式外确保设计意图的明确性。相关性使同一模型在零件模式、组件模式、绘图(工程图)模式和其他相应模式(如管道、钣金件或电线模式)之间具有完全关联的一致性。因此，如果在任意一级修改模型设计，则项目将在所有级中动态反映该修改，这样便确保了设计意图的明确性。

1.2 Creo 8.0主要工作模块

Creo 8.0提供了一套从概念到制造的统一解决方案，它将数字化产品模型应用到生产制造中，从最初的产品规划到设计制造都有相应的模块覆盖。下面对一些常用的Creo 8.0功能模块进行简单介绍。Creo 8.0主要包括零件、工程图、制造和装配等基本模块。

1.2.1 零件模块

零件模块是产品设计的基础，可以通过基于实体特征的建模以草绘的方式来创建零件，还可以通过直接、直观的图形操作来构建和修改零件。

该模块包括实体、钣金特征、主体和线束4个子模块，可以实现各种复杂模型的创建，并且支持各种复合方式的建模。下面简单介绍前两个模块。

1. 实体建模

实体建模可以绘制2D概念化布局，使用基本几何图元创建精确几何以及标注和约束几何。通过合并基本特征和高级特征(如拉伸、扫描、切口、孔、槽及倒圆角)的方式在2D草绘基础上构建3D参数化零件。

(1) 特征建模

Creo 8.0的特征包括拉伸、旋转、扫描等基本特征，孔、倒圆角、拔模和壳、筋等工程特征，轴、槽、管道等构造特征，以及在模型上进行创建和操纵的曲面特征等。

(2) 柔性建模

柔性建模并不是创建新的特征，而是对模型已有的几何(曲面)进行处理和修改。柔性建模的修改不会利用现有特征的信息，所以，它不仅可以处理Creo模型，也可以处理导入Creo的其他格式的文件模型。

柔性建模主要用于如下方面：处理中性格式的三维模型，继续新设计；快速更改设计意图；对复杂特征构成的几何曲面整体修改；对旧模型难于编辑的特征进行修改；讨论新的设计意图。

2. 钣金特征建模

该模块是基于特征的建模应用模型，它支持专门的钣金特征，如弯头、肋和裁剪的创建。这些特征可以在NX钣金应用模块中被进一步操作，如钣金部件成型和展开等。该模块允许用户在设计阶段将加工信息整合到所设计的部件中。实体建模和NX钣金模块是运行此应用模块的先决条件。

1.2.2 工程图模块

工程图模块用于创建三维模型的二维工程图，同时可以注释工程图、标注尺寸及使用层来管理不同项目的显示。

在工程图模块中生成工程图的最大优点是，图纸和建模模块中创建的模型完全相关联。当模型发生变化后，该模型的绘图也将随之发生变化，包括尺寸标注和消隐等多个参数都可以自动更新。绘图中的所有视图都是关联的。如果在一个视图中更改了尺寸值，其他绘图视图会相应地进行更新。该模块具有自动视图布局、动态捕捉、动态导航和自动明细表等多种功能，可以充分实现绘图的自动化。同时，全新的图模板技术使用户可以一次性生成几乎全部的图纸。

1.2.3 制造模块

制造模块主要用于生成数控加工的相关文件，在该模块中可以设置并运行NC机床、创建装配过程序列、创建材料清单等，可以实现2.5轴零件铣削和多面三轴铣削的NC程序设计过程的流水线化。还可以根据加工机床控制器的不同来定制后处理程序，因而生成的指令文件可直接应用于用户的特定数控机床，为其提供加工数据。

1.2.4 装配模块

该模块提供了基本的装配工具，可以将零件装配到装配模式中，还可以在装配模式中创建零件。Creo Parametric 8.0还提供了简化表示、互换组件、自动装配等功能强大的工具，以及自顶向下的设计程序，用于支持大型和复杂组件的设计和管理。

1.3 Creo 8.0操作界面与个性化设置

在Creo 8.0软件安装完成后，用户可以根据自己的需要，对其运行环境和参数进行设置。

1.3.1 启动Creo Parametric 8.0

启动Creo Parametric 8.0后会进入软件初始界面，并通过网络链接至PTC公司资源中心的网页，如图1-1所示。

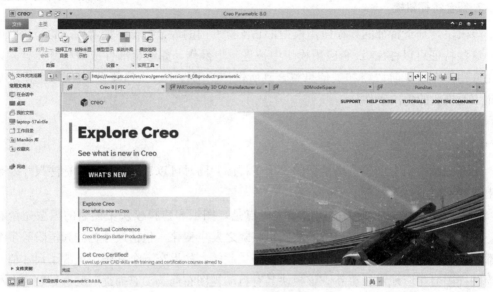

图 1-1 Creo Parametric 8.0 的初始界面

如果打开Creo Parametric 8.0后不想弹出资源中心的网页链接，可以单击"文件"菜单中的"选项"|"选项"命令，在打开的"Creo Parametric选项"对话框中，取消选中"窗口设置"属性页中的"启动时展开浏览器"复选框，然后单击"确定"按钮，如图1-2所示。完成该设置后，以后再打开该软件时就不会直接链接到PTC公司资源中心的网页了。

在初始界面中新建文件，选择新建某种类型的文件后，进入相应的工作界面。下面以零件建模界面为例，介绍Creo 8.0的操作界面。

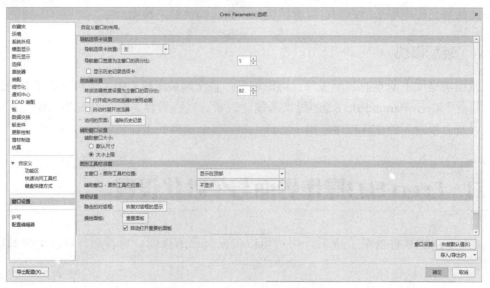

图 1-2 "Creo Parametric 选项"对话框

1.3.2　Creo 8.0操作界面

Creo Parametric 8.0的主操作界面如图1-3所示。该界面主要由标题栏、快速访问工具栏、文件菜单、功能区、导航区、图形窗口(或Creo Parametric 8.0浏览器)、图形工具栏和状态栏等组件组成。下面简要介绍各组件的主要功能。

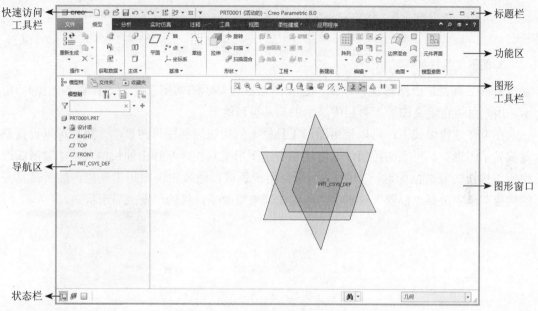

图 1-3　Creo Parametric 8.0 的主操作界面

1. 标题栏

标题栏位于Creo Parametric 8.0用户界面的最上方。当新建或打开模型文件时，在标题栏中将显示软件名称、文件名和文件类型图标。当打开多个模型文件时，只有一个文件窗口是活动的。在标题栏的右侧，提供了实用的"最小化"按钮－、"最大化"按钮▢和"关闭"按钮✕，它们分别用于最小化、最大化和关闭Creo Parametric 8.0用户界面窗口，如图1-4所示。

　　　PRT0001 (活动的) - Creo Parametric 8.0　　　　　　　　　　－ □ ✕

图 1-4　标题栏

2. 快速访问工具栏

快速访问工具栏提供了对常用按钮的快速访问，比如用于新建文件、打开文件、保存文件、拭除文件、撤销、重做、重新生成、关闭窗口等按钮，如图1-5所示。此外，用户可以通过自定义快速访问工具栏使它包含其他常用按钮和功能区的层叠列表。

默认情况下，快速访问工具栏位于界面顶部。如果用户希望快速访问工具栏显示在功能区下方，那么可以在快速访问工具栏中单击"自定义快速访问工具栏"按钮▼，接着在弹出的下拉菜单中选择"在功能区下方显示"命令即可，如图1-6所示。

图 1-5　快速访问工具栏 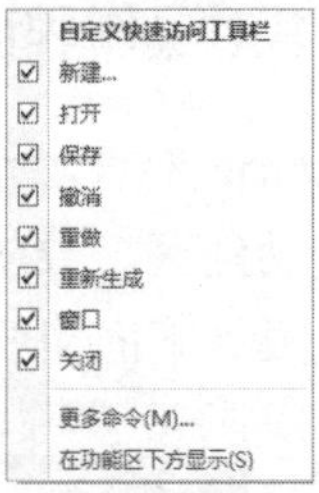　　　　　　　　　　　图 1-6　下拉菜单

3. 图形工具栏

图形工具栏位于图形窗口顶部，包含图形窗口显示的常用工具与过滤器，如图1-7所示。用户可以自定义图形工具栏中显示的工具与过滤器。

在零件建模模式下，可以使用图形工具栏上的按钮控制图形的显示。用户可以设置隐藏或显示图形工具栏上的按钮，其方法是右击图形工具栏，从弹出的快捷菜单中取消或选中所需按钮的复选框即可，如图1-8所示。用户还可以通过右击图形工具栏，然后在打开的快捷菜单中选择"位置"菜单中的相关选项来更改工具栏的位置或显示状态。

图 1-7　图形工具栏　　　　　　　　　　　图 1-8　图形工具栏的快捷菜单

4. 功能区

功能区是横跨界面顶部的上下文相关菜单，包含了在Creo Parametric 8.0中使用的大多数命令。功能区通过选项卡与组将命令安排成逻辑任务。

功能区包含多组选项卡命令按钮。每个选项卡由若干"选项组面板(简称面板或选项板)"构成，每个"选项组面板"由相关按钮组成。如果单击"组溢出"按钮 ，则会打开该组的按钮列表。如果单击位于有些组右下角的"对话框启动程序"按钮 ，则会弹出一个包含该组更多相关选项的对话框。

用户可以在功能区的最右侧区域单击"最小化功能区"按钮 来最小化功能区,以获得更大的屏幕空间。另外,允许用户通过添加、移除或移动按钮来自定义功能区,如图1-9所示。

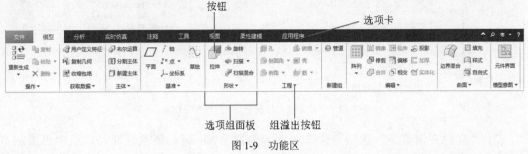

图 1-9　功能区

5. 文件菜单

在Creo Parametric 8.0窗口左上角单击"文件"按钮,可以打开如图1-10所示的文件菜单,也被称为"应用程序菜单"。该菜单包含用于管理文件模型、设置Creo Parametric 8.0环境和配置选项的命令。

6. 导航区

导航区又称为"导航器",在默认状态下,它位于主操作界面的左侧。导航区具有3个基本选项卡,从左到右依次为"模型树"选项卡、"文件夹浏览器"选项卡和"收藏夹"选项卡,如图1-11所示。

图 1-10　文件菜单

图 1-11　导航区

(1)"模型树"选项卡。模型树以树结构显示模型的层次关系,单击"显示"按钮 ,在打开的下拉菜单中选中"层树"命令时,在"导航区"可显示模型的"层树"结构,如图1-12所示。单击状态栏上的"显示导航器"按钮 ,可以隐藏/显示导航区。

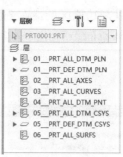

(a) "模型树"导航器　　　　　　　　(b) "层树"导航器

图1-12　"模型树"导航器与"层树"导航器

(2) "文件夹浏览器"选项卡。该选项卡类似于Windows资源管理器，从中可以浏览文件系统以及计算机上可供访问的其他位置。该选项卡提供文件夹树。

(3) "收藏夹"选项卡。使用该选项卡可以添加和管理收藏夹，以便有效组织和管理个人资料。

用户可以设置导航区的放置位置和导航窗口的宽度等，可通过如下两种具体操作方法实现。

(1) 在选项卡上右击，在弹出的快捷菜单中可以选择导航区的放置位置。在导航窗口的边缘按住左键并拖动，可以设置导航窗口的宽度。

(2) 在"Creo Parametric选项"对话框的左侧列表中选择"窗口设置"，接着在"导航选项卡设置"选项组中设置导航选项卡放置的方位。需要时可以设置在导航区显示历史记录选项卡，如图1-13所示。

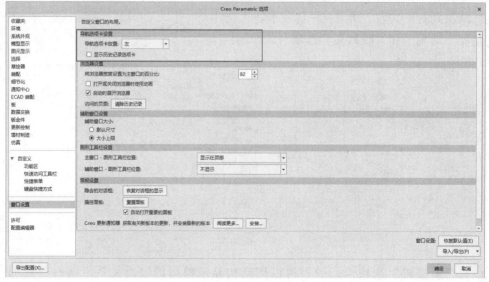

图1-13　设置导航区

7. 图形窗口

图形窗口也常称为"模型窗口"或"图形区域"，位于主界面中导航区右侧的区域，它是设计工作的焦点区域，是Creo主要的工作窗口，是整个操作界面的最大区域。用户可在其中创建和修改模型，例如创建零件、进行装配与绘图。绘图的一些基准，如基准面、基准轴、基准坐标系等也显示在这个区域中。

8. 状态栏

状态栏位于主操作界面的底部，包含用于打开及关闭模型树与Web浏览器窗格的图标。状态栏显示以下所述的一些控制和信息区，如图1-14所示。

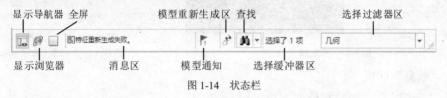

图 1-14　状态栏

(1) "显示导航器"按钮：控制导航区的显示，即用于打开或关闭导航区。

(2) "显示浏览器"按钮：控制Creo Parametric 8.0浏览器的显示，即用于打开或关闭Creo Parametric 8.0浏览器。

(3) "全屏"按钮：切换图形窗口为全屏模式。

(4) 消息区：显示与窗口中工作相关的单行消息。在消息区中右击，从弹出的快捷菜单中选择"消息日志"命令，可以查看历史消息。

(5) 模型重新生成区：重新生成活动模型。

(6) "查找"按钮：单击该按钮弹出"搜索工具"对话框，在模型中可以按规则搜索、过滤和选择所需的项。

(7) 模型通知：单击该按钮可查看现有通知的详细信息。

(8) 选择缓冲器区：显示当前模型中选定项的数量。

(9) 选择过滤器区：显示可用的选择过滤器。从"选择过滤器"下拉列表中选择所需的选项，以便在图形窗口中快速而准确地选择对象。

(10) 其他：在某些情形下，状态栏中还将出现服务器状况区(当连接到Windchill服务器时，显示其状况；当WPP服务器为主服务器时，显示Windchill Product Point服务器状态)、合并的模型列表区(在钣金件中显示合并的模型列表)和图标(当Creo Parametric 8.0进行冗长计算时会出现此图标，单击它可中止计算)等。

9. 浏览器

Creo Parametric 8.0浏览器提供对内部和外部网站的访问功能，可用于访问PTC官方网站上的资源中心，获取所需的技术支持等信息。当通过Creo Parametric 8.0查询指定对象的具体属性信息时，系统将打开Creo Parametric 8.0浏览器来显示该对象的具体属性信息，如图1-15所示。

10. "主页"选项卡

PTC Creo Parametric 在无模式状态下显示"主页"选项卡。该选项卡上的按钮具有管理数据、自定义用户界面和使用实用工具的功能，如图1-16所示，其中各选项及按钮的功能介绍如下。

图 1-15　浏览器　　　　　　　　　图 1-16　"主页"选项卡

(1) "数据"面板

○ "新建" ▯：创建新模型。

○ "打开" ▯：打开现有模型。

○ "打开上一会话" ▯：如果将last_session_retrieval配置选项的值设置为yes，则可以检索上一Creo Parametric会话的模型和环境设置。

○ "选择工作目录" ▯：指定一个区域来存储Creo Parametric文件。

○ "拭除未显示的" ▯：从当前会话中移除不在窗口中的所有对象。

(2) "设置"面板

○ "模型显示" ▯：使用较为方便的Creo Parametric对话框来设置模型的显示。

○ "系统外观" ▯：重新定义系统颜色，以便更方便地标识模型几何、基准和其他重要的显示元素。

○ "选项" ▯：可打开"Creo Parametric 选项"对话框对选项进行查看与设置。

○ "关联拓扑总线"(Associative Topology Bus)：当激活、检索或更新启用了ATB的模型时，会自动检查其状况，同时显示ATB日志文件。

(3) "实用工具"面板

○ "播放追踪文件" ▯：运行追踪和培训文件。

○ "Simulate 结果" ▯：显示分析或设计研究的结果。无论在Creo Parametric中是否打开某模型，都可以通过此命令访问"Creo Simulate结果"。

○ "NC 后处理器" ▯：允许后处理ASCII的格式的"刀具位置数据"文件，以便在任何加工操作发生前创建"加工控制数据"文件。

○ "分布式计算" ▯：指定想要用于分布式计算的主机。

○ "辅助应用程序" ▯：管理Creo Parametric TOOLKIT和J-Link应用程序。

○ "打开系统窗口"：直接在Creo Parametric中打开系统窗口(在Windows系统中称为命令提示窗口)。

1.3.3　Creo 8.0系统的个性化设置

可以使用多种方法自定义功能区、快速访问工具栏与图形工具栏，将Creo 8.0系统设置为具有个性化的工作风格。可以将任何图标拖动至快速访问工具栏，使其可用，也可以自定义图形工具栏中的命令按钮。

例如，在零件、装配与草绘器等模式之间转换时显示的不同功能区均可独立自定义。此外，与每个功能区一起显示的"快速访问"与"图形"工具栏也是独立的，可以为每个模式保持单独的工具栏自定义。

1. 自定义功能区

通过自定义功能区，可以增加或删除功能区中的命令按钮或选项卡。

选择"文件"|"选项"|"选项"命令，或右击"功能区"，在弹出的快捷菜单中选择"自定义功能区"选项，系统将弹出如图1-17所示的"Creo Parametric选项"对话框。

图1-17 "Creo Parametric选项"对话框

(1) 自定义选项卡

在右侧的选项卡列表中，选中或取消选中某个选项卡(或选项卡下的组)，可以在功能区添加或删除对应的选项卡(或组)。另外，单击"新建"按钮，在其下拉菜单中选择"新建选项卡"选项，可以创建一个自定义的选项卡。

(2) 自定义命令按钮

首先在选项卡列表中选择某个选项卡下的命令组(命令按钮不能直接添加到选项卡中，只能添加到命令组中)，然后打开"从下列位置选取命令"下的命令源选择过滤器，在该过滤器中选择命令源，列表中将列出该范围内的命令，选择某个命令，然后单击➡按钮，该命令即被添加到指定的命令组。

2. 窗口设置

在"Creo Parametric选项"对话框中选择"窗口设置"选项卡，如图1-18所示，可以设置工作界面窗口的分布，包括各区域所处的位置、所占的比例等。

3. 模型显示设置

在"Creo Parametric选项"对话框中选择"模型显示"选项卡，如图1-19所示，可分别对模型方向、重定向模型时的模型显示、着色模型显示和实时渲染进行设置。

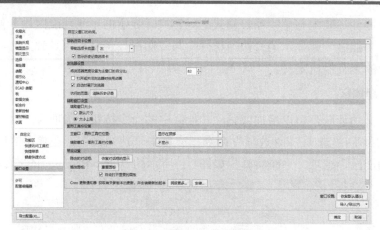

图1-18   "窗口设置"选项卡

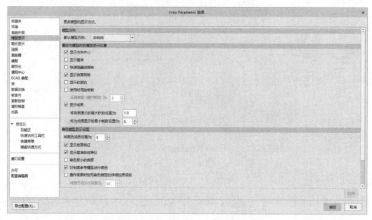

图1-19   "模型显示"选项卡

4. 系统颜色设置

Creo Parametric提供了默认的系统颜色，利用它可以轻松地标识模型几何、基准和其他重要的显示元素。

要更改默认的系统颜色，可以在"Creo Parametric选项"对话框中选择"系统外观"选项卡，此时便可以进行系统颜色的设置。打开"系统颜色"下拉列表，其中包含了6种系统颜色配置，如图1-20所示。除了"自定义"配置，其他的配置为每种对象都指定了颜色，不可修改(即保证了颜色的合理显示)。

- 默认：选择该选项，系统背景恢复为初始的背景颜色。
- 浅色(前Creo默认值)：选择该选项，系统的背景颜色设置为浅色，模型的主体颜色设置为深色。
- 深色：选择该选项，系统的背景颜色设置为黑色，模型的主体颜色设置为浅色。
- 白底黑色：选择该选项，系统的背景颜色设置为白色，模型的主体颜色设置为黑色。
- 黑底白色：选择该选项，系统的背景颜色设置为黑色，模型的主体颜色设置为白色。
- 自定义：选择该选项，系统的背景颜色恢复为用户自行定义的背景颜色。

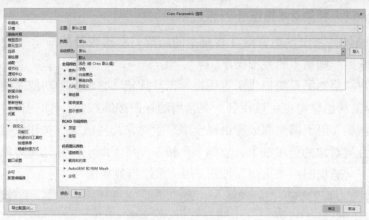

图 1-20　系统颜色设置

5. 图元显示设置

在"Creo Parametric选项"对话框中选择"图元显示"选项卡，根据实际要求分别在"几何显示设置""基准显示设置""尺寸、注释、注解和位号显示设置"和"装配显示设置"等选项组中进行相关显示设置。其中在"基准显示设置"选项组的"将点符号显示为"下拉表中选择点符号显示类型，可供选择的点符号类型有"十字型和点""十字型""点""圆""三角形"和"正方形"，如图1-21所示。

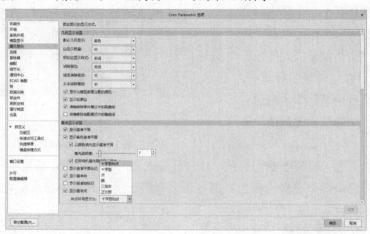

图 1-21　图元显示设置

1.4　Creo 8.0基本操作

1.4.1　模型视图操作

本节介绍模型视图操作与显示设置的相关知识，其中显示设置主要包括模型显示设置、图元显示设置和系统显示设置等。

1. 熟悉 Creo 8.0 视图基本操作指令

为了在Creo设计工作中更好地观察模型的结构、获得较佳的显示视角，提高设计效率，用户必须掌握一些基本的视图操作。

首先，用户需要熟悉系统提供的视图控制工具按钮，它们位于功能区的"视图"选项卡中(在"图形工具栏"中也可以找到一些常用的视图控制按钮)，如图1-22所示。例如，"重新调整"按钮用于调整缩放等级以全屏显示对象；"放大"按钮用于放大目标几何对象以查看几何对象的更多细节；"缩小"按钮用于缩小目标几何对象，以获得更大范围的几何上下文透视图；"重画"按钮用于重绘当前视图。

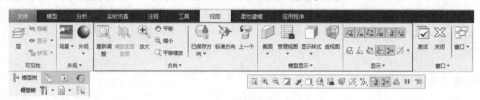

图 1-22　"视图"选项卡

2. 应用显示样式

在零件应用模式或组件应用模式中，根据设计要求应为模型选择合适的显示样式，其方法是在功能区的"视图"选项卡的"模型显示"面板中单击"显示样式"按钮，从打开

的按钮列表中选择其中一个显示样式按钮，如图1-23所示。也可以在"图形工具栏"中单击"显示样式"按钮来选择某个显示样式。显示样式有6种，分别为"带反射着色""带边着色""着色""消隐""隐藏线"和"线框"。

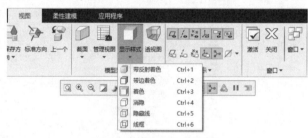

图 1-23　"显示样式"按钮

- 带反射着色：模型表面为灰色，增加环境光源的投影显示，效果如图1-24所示。
- 带边着色：模型表面为灰色，部分表面有阴影感，高亮处显示所有边线，效果如图1-25所示。

图 1-24　"带反射着色"样式

图 1-25　"带边着色"样式

○ 着色：模型表面为灰色，部分表面有阴影感，所有的边线不可见，效果如图1-26所示。

○ 消隐：模型以线框形式显示，可见的边线显示为深颜色实线，不可见的边线不显示，效果如图1-27所示。

图1-26 "着色"样式

图1-27 "消隐"样式

○ 隐藏线：模型以线框形式显示，可见的边线显示为深颜色实线，不可见的边线以灰色显示，效果如图1-28所示。

○ 线框：模型以线框形式显示，所有的边线显示为深颜色实线，效果如图1-29所示。

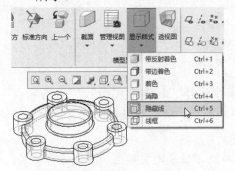

图1-28 "隐藏线"样式

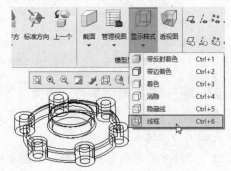

图1-29 "线框"样式

3. 使用视图重定向

基于特征建模的需要，通常需要将模型切换至不同方向以查看建模效果。可以通过设置视图显示模式实现模型不同方位的视图切换。

在设计中经常使用一些已命名的视图，如"标准方向""默认方向""前""后""上""下""左""右"视图等。视图切换的方法是在功能区的"视图"选项卡的"方向"面板中单击"已保存方向"按钮 ；或者在"图形工具栏"中单击"已保存方向"按钮 ，打开视图列表，然后从中选择一个需要的视图指令，系统将以该视图指令设定的视角来显示模型。

默认情况下，视图列表中只显示"标准方向"和"默认方向"，因此在零件或组件模式中，用户可以将自定义的特定视角视图保存起来，以便以后在操作中可从视图列表中直接调用，这就要应用到"重定向"功能。

重定向的具体操作步骤如下。

01 在功能区的"视图"选项卡的"方向"面板中单击"已保存方向"按钮，或者在"图形工具栏"中单击"已保存方向"按钮，在打开的视图列表中单击"重定向"按钮，系统将弹出如图1-30所示的"视图"对话框。

 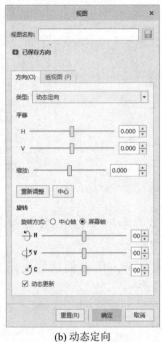 

  (a) 按参考定向   (b) 动态定向   (c) 首选项

图 1-30   "视图"对话框

02 在"视图"对话框的"类型"下拉列表中选择"按参考定向""动态定向"或"首选项"命令，分别按照要求指定参照、选项和参数，从而对模型进行重定向，以获得特定的视角方位来显示模型。

- "按参考定向"：可通过指定两个有效参照方位来定义模型的视图方位。
- "动态定向"：通过使用平移、缩放和旋转设置，可以动态地定向视图，只适用于3D模型。
- "首选项"：以"零件"模式为例，可以在"首选项"区域为模型定义旋转中心和默认方向等。

03 定向模型后，展开"已保存方向"选项组，在"视图名称"文本框中输入新视图的名称，然后单击"保存"按钮。

04 单击"视图"对话框中的"确定"按钮。此时若单击"已保存方向"按钮，可以看到新定义的视图名称已经出现在已保存的视图列表中。

4. 使用鼠标快速调整模型视角

在Creo 8.0中，可以使用鼠标快速地进行模型视图的缩放、旋转或平移等操作。

(1) 旋转

按住鼠标中键的同时移动鼠标，即可进行模型视图的旋转。如果"旋转中心"按钮处于按下状态，则显示模型的旋转中心，模型绕旋转中心旋转，如图1-31所示。如果没有单击该按钮，则不显示模型的旋转中心，模型以当前鼠标位置为中心进行旋转，如图1-32所示。

(2) 平移

按住鼠标中键+Shift键+移动鼠标，即可进行模型视图的平移，如图1-33所示。

(3) 缩放

按住鼠标中键+Ctrl键+垂直移动鼠标，即可进行模型视图的缩放，如图1-34所示。

(4) 翻转

按住鼠标中键+Ctrl键+水平移动鼠标，即可进行模型视图的翻转，如图1-35所示。

图 1-31 显示旋转中心时的旋转状态

图 1-32 不显示旋转中心时的旋转状态

图 1-33 平移模型

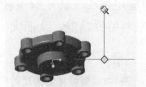
图 1-34 缩放模型

图 1-35 翻转模型

(5) 动态缩放

转动鼠标中键滚轮即可动态缩放模型视图。

1.4.2 对象选取操作

在Creo 8.0中，有两种选取对象的方法，一种是在绘图区使用鼠标选取对象；另一种是在导航栏的"模型树"中单击特征名称进行选取，按住Ctrl键可进行多项选取。对于具有复杂特征的模型或具有多个零件的组件，为了快速、准确地选取对象，应该先在窗口底部的特征选取过滤器中设置过滤条件，然后在模型中选取所需的对象。

1. 选取步骤

在Creo 8.0中，选取操作可以分为两个步骤：一是预选加亮；二是单击选择。所谓预选加亮，是指当鼠标指针位于几何对象之上时，几何对象加亮显示的过程。在该状态下，鼠标指针附近将出现一个提示框，其中对当前选择的对象进行了说明，单击即可选中该对象。

2. 选取曲线链

曲线链是模型表面边线构造的封闭轮廓。选取曲线链的常用方法是：选取一个特征中的某一元素，如边线，按住Shift键并单击该边或该边所在的表面，即可选中整个表面的边线。曲线链能应用于许多命令操作,如在创建倒圆角或倒角时,通常选择一个曲线链作为创建的特征参考。

3. 选取曲面环

曲面环是一个模型表面的封闭边线轮廓。在选取曲面环的过程中,其以围绕的模型表面为锚点。选取曲面环的方法是:选中特征,在按住Shift键的同时选取另外一个面,释放Shift键后即可完成选取。

4. 对象多选

如果要一次性地选择多个图素,可以先按住Ctrl键,再逐一选择。另外,如果在按住Ctrl键的同时再单击已选取的图素,可以取消对该图素的选择。

1.4.3 鼠标和键盘的操作

鼠标主要用来选择命令或对象,而键盘主要用于输入参数或者使用组合键执行某些命令。

1. 鼠标操作

对于设计者来说,建议使用应用最广泛的三键滚轮鼠标。使用鼠标并结合键盘上的Ctrl、Shift和Alt功能键可以实现某些特殊功能,从而大大提高设计的效率。鼠标按键的功能如表1-1所示。

表1-1 鼠标按键的功能

热键	功能说明	热键	功能说明
左键	选择或拖动	中键,按下	确定或旋转提示
Shift+左键	取消选择	中键,滚动	放大或缩小显示
右键	显示快捷菜单	Alt+中键	取消所执行的指令

2. 键盘操作

除了使用鼠标操作,还可以利用键盘中的某些按键进行设计,这些键即为快捷键。对于选项的设置,一般需要将鼠标移至所要设置的选项处。另外,可以利用键盘中的某些键来进行设置,利用它们可以和Creo系统进行很好的人机交流。键盘除了用于输入建模过程中的特征参数,还可以使用键盘快捷方式来协助操作过程,提高操作速度。

Creo 8.0中的各种操作都有相应的键盘快捷方式,包括文件操作、编辑操作和视图操作,分别如表1-2、表1-3和表1-4所示。

表1-2 用于文件操作的键盘快捷方式

键盘快捷方式	文件操作
Ctrl+N	"新建"(New):创建新对象
Ctrl+O	"打开"(Open):打开现有对象
Ctrl+S	"保存"(Save):保存活动对象

表1-3 用于编辑操作的键盘快捷方式

键盘快捷方式	编辑操作
Ctrl+G	"重新生成" (Regenerate)：重新生成模型
Ctrl+F	"查找" (Find) 或 "搜索" (Search)：根据规则搜索、过滤和选择模型中的项
Del	"删除" (Delete)：删除选定的特征
Ctrl+C	"复制" (Copy)：复制选定的特征
Ctrl+V	"粘贴" (Paste)：粘贴选定的特征
Ctrl+Z	"撤销" (Undo)：撤销上一次操作
Ctrl+Y	"重做" (Redo)：重做上一次操作

表1-4 用于视图操作的键盘快捷方式

键盘快捷方式	视图操作
Ctrl+R	"重画" (Repaint)：重画当前视图
Ctrl+D	"标准方向" (Standard Orientation)：以标准方向显示对象

3. 按键提示

按键提示提供了一种访问功能区、快捷访问工具栏、图形工具栏和文件菜单上的选项卡或按钮的简单方法。按键提示是前面带有Alt键的键盘字母的序列，如图1-36所示。

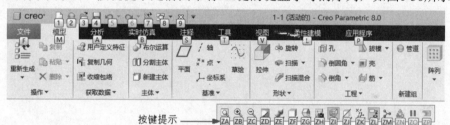

图 1-36 按键提示

按Alt键或F10键可以查看每个选项卡和按钮的按键提示。此时显示的是第一级按键提示，用户可以按按键提示中显示的键或键序列来激活要使用的工具栏或按钮。要注意一次只按一个键而不是按每个键。根据所按的键，可能会显示第二级按键提示或者运行关联命令，按住Esc键可以返回到第一级按键提示。

例如，按Alt+S组合键，可以从任何其他选项卡切换到"注释"选项卡，并显示"注释"选项卡上按钮的按键提示；而要插入一个注释特征，按Alt+S+NF组合键即可，其中S键表示切换"注释"选项卡，NF键表示插入注释特征。

1.4.4 文件管理操作

本小节主要介绍文件的基本操作，如新建文件、打开文件、保存文件、关闭文件、查看文件属性、打印文件、导入文件、导出文件和退出系统等。要注意硬盘文件和进程中文件的异同，以及删除和拭除文件的区别。

1. 新建文件

在Creo 8.0系统中，可以创建多种类型的文件以满足不同设计过程中新建项目的需要，这些类型包括"布局""草绘""零件""装配""制造""绘图""格式""记事本"。

下面以创建一个新实体零件文件(*.prt)为例，介绍其新建文件的一般过程。

01 在"快速访问"工具栏中单击"新建"按钮，或者单击"文件"按钮并从打开的"文件"菜单中选择"新建"命令，系统将弹出如图1-37所示的"新建"对话框。

02 在"新建"对话框中，从"类型"选项组中选中"零件"单选按钮，从"子类型"选项组中选中"实体"单选按钮。

03 在"文件名"文本框中指定由有效字符组成的零件文件名。文件名限制在31个字符以内，文件名不得使用"["、"]"、"{"、"}"或"("、")"等括号，以及空格和标点符号"."、"?"、"，"，文件名可包含连字符和下画线，但文件名的第一个字符不能是连字符，在文件名中只能使用字母、数字字符。

04 取消选中"使用默认模板"复选框。

05 在"新建"对话框中单击"确定"按钮，系统将弹出如图1-38所示的"新文件选项"对话框。

图1-37　"新建"对话框　　　　　图1-38　"新文件选项"对话框

06 在"新文件选项"对话框的"模板"列表框中输入mmns_part_solid_abs，然后单击"确定"按钮，可以创建一个实体零件文件，并进入零件设计模式。

利用"新文件选项"对话框，用户可以输入文件的名称，选取一个模板文件，或浏览一个文件后选取该文件作为模板文件。用户可根据设计需要来选择公制(mmns)模板或英制(inlbs)模板，对于国内用户而言，首选公制模板。

2. 打开文件

在"快速访问"工具栏中单击"打开"按钮，或者单击"文件"按钮并从打开的"文件"菜单中选择"打开"命令，系统将弹出"文件打开"对话框。利用该对话框查找并选择所需要的模型文件后，可以单击"预览"按钮预览所选文件的模型效果，如图1-39所示，然后单击"文件打开"对话框中的"打开"按钮，打开所选的模型文件。

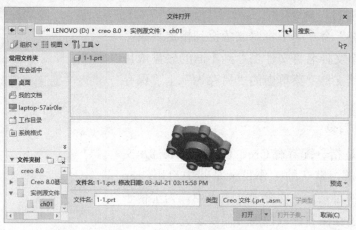

图1-39 "文件打开"对话框

"文件打开"对话框提供了实用的"在会话中"按钮▣。若单击该按钮,则那些保留在系统会话进程内存中的文件便会显示在"文件打开"对话框的文件列表框中,此时可以从文件列表框中选择所需要的文件并打开。在这里,初学者需要了解Creo 8.0会话进程的概念。通常,将从启用Creo 8.0系统到关闭该系统看成一个会话进程,在这期间用户创建的或打开过的模型文件(即使关闭文件后),都会存在于系统会话进程内存中,除非用户执行相关命令将其从会话进程中拭除。

3. 保存与备份文件

在设计过程中经常需要进行保存文件和备份文件的操作。下面介绍"保存""保存副本""保存备份"这3个常用命令。

(1) "保存"命令

在"快速访问"工具栏中单击"保存"按钮█,或者单击"文件"按钮并从"文件"菜单中选择"保存"命令,可以以进程中的现有文件名保存文件。如果先前已经保存过文件,那么再次选择此命令时,在弹出的"保存对象"对话框中就没有更改目录的可用选项,此时直接单击"确定"按钮,即可完成保存操作。

❖ **说明**

在磁盘上保存对象生成的文件名格式为object_name.object_type.version_number,这意味着每次保存对象时,均会创建一个新版本的对象,并将其写入磁盘中。例如,如果创建一个名为tsm_a的零件,则初次保存的文件的文件名为tsm_a.prt.1,再次保存相同的零件时,生成的文件的文件名会变为tsm_a.prt.2。

(2) "保存副本"命令

在"快速访问"工具栏中单击"保存副本"按钮,或者单击"文件"按钮并从"文件"菜单中选择"另存为"命令,在打开的子菜单中选择"保存副本"选项,如图1-40所示。利用此命令可保存活动窗口中对象的副本,同类型副本的文件名不能与当前进程中的源模型名称相同。另外,可以将活动对象的副本保存为系统所认可的其他数据类型。

(3)"保存备份"命令

"保存备份"命令用于将对象备份到指定目录。如果要用同一个文件名将文件保存到不同的磁盘或目录中，可使用"文件"菜单中的"另存为"|"保存备份"命令。

4. 设置工作目录

工作目录是指分配存储Creo Parametric 8.0文件的区域。通常，默认的工作目录是其中启用Creo Parametric 8.0的目录。在实际设计工作中，为了便于项目文件的快速存储和读取，通常需要事先选择工作目录。

图 1-40 选择"保存副本"命令

选择工作目录的方法及过程如图1-41所示。按照此方法选取工作目录后，退出Creo Parametric 8.0时不会保存新工作目录的设置。需要注意的是：如果从用户工作目录以外的目录中检索文件，然后保存文件，则文件会保存到从中检索该文件的目录中；如果保存副本并重命名文件，副本会保存到当前的工作目录中。

如果需要在指定的目录下新建一个文件夹作为工作目录，那么可以在"选择工作目录"对话框中单击"组织"按钮，打开一个下拉菜单，然后从该下拉菜单中选择"新建文件夹"命令。在系统弹出的"新建文件夹"对话框中，在"新目录"文本框内输入新的目录文件名，如图1-42所示，然后单击"确定"按钮。

图 1-41 选择"选择工作目录"命令

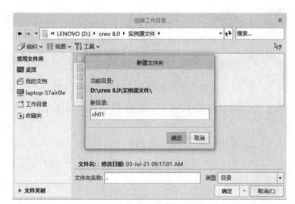

图 1-42 选择工作目录

5. 拭除内存中的文件

拭除文件是指将Creo Parametric 8.0创建的文件对象从会话进程中清除，而在磁盘中的文件仍然保留。既可以从当前会话进程中移除活动窗口中的对象，又可以从当前会话进程中移除所有不在窗口中的对象(但不拭除当前显示的对象及其显示对象所参照的全部对象)。

例如，在某个打开的实体零件文件中，单击"文件"按钮并从弹出的"文件"菜单中选择"管理会话"｜"拭除当前"命令，单击"是"按钮，则将该零件从图形窗口中拭除。

如果要从当前会话进程中拭除所有未显示在窗口中的对象，但不拭除当前显示的对象及其显示对象所参照的全部对象，则执行如下操作。

单击"文件"按钮，从打开的文件菜单中选择"管理会话"｜"拭除未显示的"命令，在弹出的对话框的列表中将列出哪些对象会从会话中移除，单击"确定"按钮。若配置文件选项prompt_on_erase_not_disp的值设置为yes，那么系统会为每个已修改但未保存的对象显示提示并允许用户在拭除前保存对象；而若其值设置为no(默认值)时，Creo Parametric 8.0会立即拭除所有未显示的对象。

6. 删除文件

在"文件"菜单中的"管理文件"级联菜单中提供了用于删除文件操作的"删除旧版本"命令和"删除所有版本"命令，前者用于删除指定文件的旧版本，后者则用于删除指定文件的所有版本，如图1-43所示。删除文件的操作要慎重使用。

7. 重命名文件

要重命名文件，则需单击"文件"按钮并从"文件"菜单中选择"管理文件"｜"重命名"命令，所弹出的"重命名"对话框如图1-44所示。在"新文件名"文本框中输入新文件名，并选中"在磁盘上和会话中重命名"单选按钮，然后单击"确定"按钮。

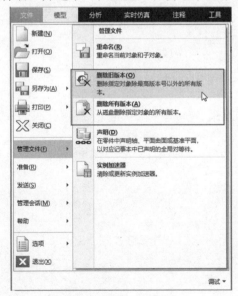

图1-43　删除文件的操作

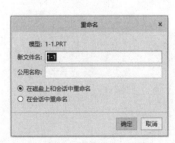

图1-44　"重命名"对话框

如果从非工作目录检索对象，然后重命名并保存该对象，则该对象会保存在从其检索的原始目录中，而不是保存在当前工作目录中。即使将文件保存在不同的目录中，也不能使用原始文件名保存或重命名文件。

8. 激活其他窗口

每个Creo Parametric 8.0对象在自己的Creo Parametric 8.0窗口中打开，Creo Parametric 8.0允许同时打开多个窗口，但每次只有一个窗口是活动的，不过仍然可以在非活动窗口中执行某些功能。要激活其他窗口，可以在"快速访问"工具栏中单击"窗口"按钮 🖳，接着在打开的命令列表中选择要激活的窗口选项即可。

9. 关闭文件与退出系统

要关闭当前的窗口文件并将对象留在会话进程中，可以在"快速访问"工具栏中单击"关闭"按钮 ⌧，或者在"文件"菜单中选择"关闭"命令。使用此方法关闭窗口时，模型对象不再显示，但是会保存在内存中。如果需要，可以使用相应的拭除命令将对象从内存中清除。

要退出Creo Parametric 8.0，可以单击"文件"按钮并从打开的"文件"菜单中选择"退出"命令，或者在标题栏中单击"关闭"按钮 ⌧。如果要在退出Creo Parametric 8.0时由系统询问是否保存文件，那么需要将配置文件选项prompt_on_exit的值设置为yes。

1.5　习题

1. Creo 8.0的主要功能有哪些？

2. Creo 8.0的基本模块包括哪几部分？

3. 简述Creo 8.0的一般设计过程。

4. Creo 8.0的界面有何特点？

5. 简述文件操作主要包含的内容，如何实现。

6. 简述创建工作目录的意义，如何创建工作目录。

第2章

二维草图设计

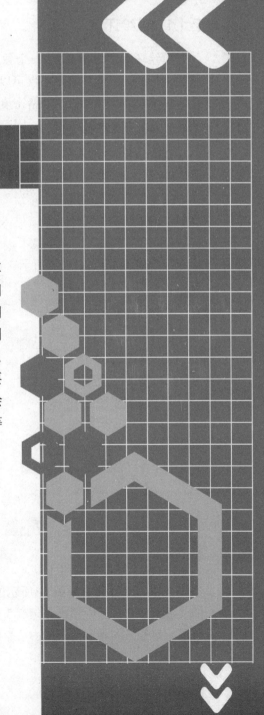

通常情况下，三维实体模型的设计应该从二维草图设计开始。二维草图设计是创建许多特征的基础，例如，在创建拉伸、旋转和扫描等特征时，都需要先绘制所建特征的截面形状，其中的扫描特征还需要通过绘制草图以定义扫描轨迹。对于三维模型的再修改，可以只修改草图，相关的三维模型可自动进行更新。本章主要介绍Creo Parametric 8.0中的草绘基本环境，基本草绘工具的使用方法以及相关的草图几何关系和尺寸标注等内容。

通过本章的学习，读者需要掌握如下内容。

- ○ 草图的创建、草绘环境的进入与退出
- ○ 草图管理的相关操作、草绘环境的设置
- ○ 草图的绘制
- ○ 草图的编辑
- ○ 草图约束设置
- ○ 草图的标注

2.1 草绘概述

草图是由点、直线和圆弧等基本几何元素构成的平面轮廓，用于定义特定的截面形状、尺寸和位置，并由此生成相应的实体特征。

在 Creo 8.0中，创建的三维几何都以一个二维草绘的截面开始。因此，草绘是实现参数化特征建模和创建三维实体模型最基本的操作。

2.1.1 草绘环境

草绘环境是Creo 8.0的一个独立模块，在其中绘制的所有截面图形上都具有参数化尺寸驱动特性。在该环境下不仅可以绘制特定的截面草图、轨迹线和基准曲线，还可以设定草绘环境的绘图区背景、栅格密度和参考坐标的形式等多种属性。

1. 进入草绘环境

在Creo 8.0中进入草绘环境的方法有如下3种。

(1) 在主选项卡中执行"文件"|"新建"命令，打开"新建"对话框，如图2-1所示。在"类型"选项组中选中"草绘"单选按钮，在"文件名"文本框中输入草绘的文件名，然后单击"确定"按钮，系统进入草绘环境。

(2) 在"零件"设计环境下，单击"模型"选项卡中的"草绘"按钮，系统将弹出"草绘"对话框，如图2-2所示。在"草绘"对话框中对草绘平面进行设置，并确定视图方向和参考，再单击"确定"按钮，即可进入草绘环境。

图 2-1 "新建"对话框

图 2-2 "草绘"对话框

(3) 在"零件"设计环境下，单击"模型"选项卡中的"拉伸""旋转"或其他特征建模按钮，在打开的如图2-3所示的"拉伸"等操控选项卡中单击"放置"按钮，在弹出的"放置"选项卡中单击"定义"按钮，系统将弹出"草绘"对话框，可在其中定义草绘平面、草绘方向和参考。单击"草绘"按钮，即可进入草绘环境。

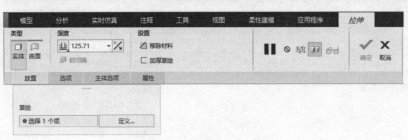

图2-3 "拉伸"操控选项卡

其中,打开的"草绘"对话框中各个选项的含义如下。

○ 平面:绘制实体剖截面轮廓时指定的草绘平面,所绘制的草图曲线都在该平面内。

○ 草绘视图方向:视图方向为用户查看草绘平面的观察方向。其中,草绘平面上,箭头的方向为用户视线指向草绘平面的方向。

○ 参考:参考是确定草图位置和尺寸标注的依据。当指定了草绘平面后,系统将自动寻找可以作为参考的对象。其中,可以作为草绘参考的对象包括与草绘平面垂直的基准平面、模型表面、基准曲线和基准轴等。

○ 方向:通过选择该下拉菜单中的4个选项,可以指定所选参考对象相对于草图绘制方向的方位,如图2-4所示。

指定草绘参考方向   进入草绘环境后的效果

图2-4 指定草绘方向

2. 选择草图平面

在进入草绘环境之前,首先要选择草绘平面,确定新草图在三维空间的放置位置。草绘平面可以是基准平面,也可以是实体的某个表面。

3. 草绘环境界面

以上3种方式进入草绘的环境基本一致,只是涉及的绘图平面和参考平面等内容有差别。用第一种方式进入的草绘环境界面如图2-5所示,其功能区包含"文件""草绘""分析""工具""视图"5个选项卡。在使用Creo 8.0的草绘环境时,大多数是通过第2种方式进入草绘环境,其"草绘"选项卡如图2-6所示。

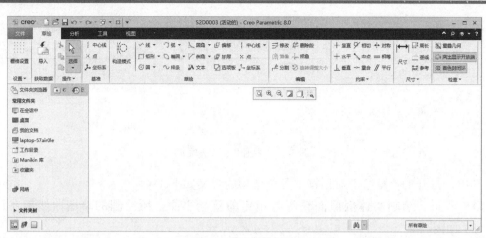

图 2-5　草绘环境界面

图 2-6　"草绘"选项卡

4. 退出草绘环境

当用户完成草图的创建后，可以单击"确定"按钮✔或"取消"按钮✗，保存绘制的草图或取消当前的绘制，并退出草绘环境回到基本建模环境。

2.1.2　草绘环境的设置

在草绘环境中，为了更准确、有效地绘制草图，在进入草绘状态之前，需要对一些常规的参数进行相应的设置。

1. 草图颜色的设置

利用草图颜色的设置功能可以对草图中的几何图元、尺寸线、几何约束和曲率显示等构成草图各类元素的显示颜色进行修改。对于绘制包含较多图元线条、尺寸标注和几何约束的复杂截面图形来说，设置不同的颜色进行区分，可以给图形的绘制和修改带来很大帮助，具体设置方法如下。

选择"文件"|"选项"|"选项"命令，系统弹出"Creo Parametric选项"对话框。在该对话框的左侧选择"系统外观"选项，并在右侧展开"草绘器"选项组。该选项组列出了各类图元的名称及其对应的图形颜色，单击各选项左侧的颜色块按钮，系统将展开一个图元颜色列表框。选择所需的颜色选项，即可为草图中相应的图元设置不同颜色，如图2-7所示。

2. 环境参数的设置

环境参数的设置过程及设置内容如下。

选择"文件"|"选项"|"选项"命令，系统弹出"Creo Parametric选项"对话框。在该对话框的左侧选择"草绘器"选项，如图2-8所示。在该对话框中可以进行对象显示、

草绘器约束假设、精度和敏感度、拖动截面时的尺寸行为、草绘器栅格、草绘器启动、图元线型和颜色、草绘器参考、草绘器诊断等的设置。

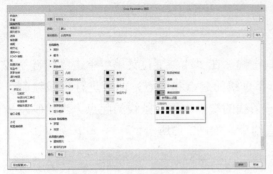

图2-7　设置草绘图元颜色

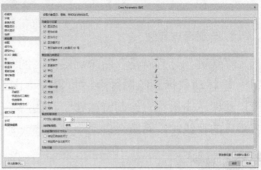

图2-8　选择"草绘器"选项

3. 草绘线型的设置

选择"草绘"选项卡，单击"设置"下拉列表上的"设置线型"选项，系统将弹出如图2-9所示的"线型"对话框，在其中可以设置草绘图元的线型和颜色。

图2-9　"线型"对话框

4. 将草绘重定向至与屏幕平行

"草绘视图"按钮 用于使草绘平面与屏幕平行，以方便草图的绘制。默认情况下，通过第2、3种方式进入草绘环境(即由"零件"设计环境进入草绘环境)时，将保留模型的当前方向。因此，随时可以单击"图形工具栏"中的"草绘视图"按钮 ，或选择"草绘"选项卡，单击"设置"面板上的"草绘视图"按钮 将草绘重定向至与屏幕平行。当创建更复杂的草图时，这样做非常有用。

2.2　草图绘制

进入草绘环境后，系统会自动显示"草绘"选项卡，其中的"草绘"面板如图2-10所示。下面将介绍相关的绘制命令。

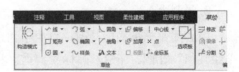

图2-10　"草绘"面板

2.2.1　绘制线

线是构成几何图形的基本图元。在Creo中，有线链、直线相切、中心线和中心线相切4种类型的线。单击"草绘"面板中相应的工具按钮，即可绘制指定的线型。

单击"线"按钮 ，会出现如图2-11所示的"线"下拉菜单，通过该菜单可以绘制"线链"和"直线相切"；单击"中心线"按钮 ，会出现如图2-12所示的"中心线"下拉菜单，通过该菜单可以绘制"中心线"和"中心线相切"。

图 2-11 "线"下拉菜单   图 2-12 "中心线"下拉菜单

1. 绘制两点直线

"线链"方式就是在两个选定点之间绘制直线。在"线"下拉菜单中单击"线链"按钮 ✓ ，移动鼠标到绘图区合适位置，单击选择直线的起点和终点，即可进行直线绘制。可以继续单击鼠标，绘制链接在一起的线，一条线的端点为下一条线的起点。当绘制水平或垂直的直线时，系统会自动添加水平或垂直约束。如图2-13所示。

> **❖ 注意**
>
> 单击鼠标中键可以结束直线的绘制，此法同样适用于其他线或曲线的绘制。

2. 绘制切线

"直线切线"方式是绘制与两个已有图元(如两个圆、两条弧或一个圆与一条弧)相切的直线。在"线"下拉菜单中单击"直线相切"按钮 ✗ ，然后分别选择两个图元，确定切点后即可绘制两个图元的公切线，创建切线时只能选择弧或圆，如图2-14所示。

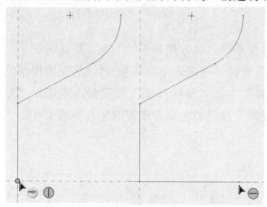

图 2-13 绘制两点直线

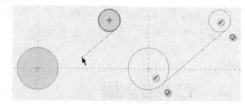

图 2-14 绘制切线

3. 绘制中心线

中心线是一种构造几何，可用于通过草绘定义对称线，如图2-15所示；还可用于控制草绘几何。在图2-16中，圆标注到垂直和水平的参考。在图2-17中，通过使用中心线对圆进行径向标注。

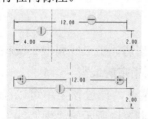

图 2-15 使用中心线创建的对称

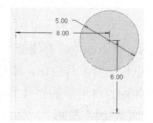

图 2-16 不使用中心线标注圆

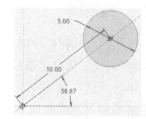

图 2-17 使用中心线径向标注圆

与任何其他草绘图元一样，必须使用尺寸或约束对中心线进行完全约束。构造中心线具有无限长度并且不创建特征几何。中心线的创建分为以下两种方式。

(1) 单击"中心线"下拉菜单中的"中心线"按钮 ，可以创建通过两点的中心线。

(2) 在"中心线"下拉菜单中单击"中心线相切"按钮 ，可以创建相切于两个圆、两条弧或一个圆与一条弧的中心线。创建"相切中心线"时，只能选择弧或圆。

2.2.2 绘制圆

单击"草绘"面板中的"圆"按钮 ，在如图2-18所示的"圆"类型下拉菜单中有4种绘制圆的方法。

图 2-18 "圆"下拉菜单

在默认状态下，"圆心和点"按钮 处于选中状态，该方式为圆心和直径画圆方式，通过选择圆心的位置和圆上一个用于确定直径的点的位置来创建圆，如图2-19所示。

单击"同心"按钮 使其处于选中状态，此时系统切换至"同心"画圆方式，可以创建与现有圆或弧同心的圆。如图2-20所示。

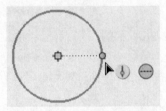

图 2-19 "圆心和点"画圆方式

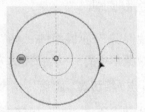

图 2-20 "同心"画圆方式

单击"3 点"按钮 使其处于选中状态，此时系统切换至"3点"画圆方式，通过确定圆通过的3个点来创建圆。如图2-21所示，即是通过拾取3个点(两个矩形的顶点和一条直线的端点)创建的圆。

单击"3相切"按钮 使其处于选中状态，此时系统切换至"3相切"画圆方式，然后选择3个必须与该圆相切的弧、圆或线，从而创建相切于3个图元的圆，如图2-22所示。

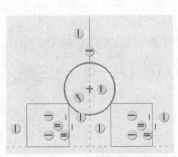

图 2-21 "3 点"画圆方式

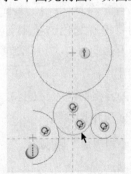

图 2-22 "3 相切"画圆方式

2.2.3　绘制椭圆

椭圆是一个定点和一条定直线的距离之比为一个常数的点的轨迹。单击椭圆按钮◯，可以创建椭圆图形。在如图2-23所示的"椭圆"下拉菜单中提供了两种绘制椭圆的方法。

图 2-23　"椭圆"下拉菜单

1. 指定长轴端点绘制椭圆

单击"轴端点椭圆"按钮◯，依次指定两点确定椭圆长轴的两个端点，然后移动鼠标，在合适的位置单击确定椭圆的短半轴，即可完成椭圆的绘制，如图2-24所示。

2. 指定中心点和长轴端点绘制椭圆

单击"中心和轴椭圆"按钮◉，指定一点为椭圆的中心点，并指定一点为椭圆长半轴的端点，然后移动鼠标，在合适的位置单击确定椭圆的短半轴，即可完成椭圆的绘制，如图2-25所示。

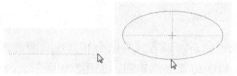

图 2-24　指定长轴端点绘制椭圆

图 2-25　指定中心点和长轴端点绘制椭圆

2.2.4　绘制圆弧

单击"草绘"面板中的"弧"按钮⌒，在如图2-26所示的"弧"下拉菜单中有5种绘制弧的方法。

图 2-26　"弧"下拉菜单

1. "3点 / 相切端"圆弧

在默认状态下，"3点/相切端"按钮⌒处于选中状态，该方式包括相切端和3点弧两种类型。其中3点弧方式既可以独立使用，也可以从现有图元的端点开始绘制。而利用相切端方式绘制圆弧时，在绘图区中必须存在已有的图元，该图元可以为直线、圆弧和圆锥线以及样条曲线等，如图2-27所示。

(1) "3点"圆弧

单击"3 点/相切端"按钮⌒，然后选择两个弧端点的位置和弧直径。选择现有的线端点时，该端点周围将出现绿色的象限符号。在垂直于该条线的象限中移动光标，以创建3点弧。

(2) "相切端"

图 2-27　创建 3 点弧与创建相切弧的比较

单击"3点/相切端"按钮⌒，选择现有的线端点，然后在平行于该条线的绿色象限中移动光标，创建相切端弧。

2. "圆心和端点"圆弧

单击"圆心和端点"按钮⌒，创建具有可选择的圆心和端点的弧，如图2-28所示。

3. "3相切"圆弧

单击"3相切"按钮，然后选择3个必须与该弧相切的弧、圆或线，如图2-29所示。

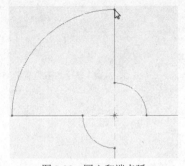

图 2-28　圆心和端点弧

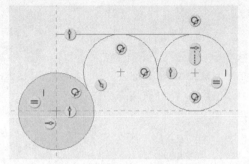

图 2-29　相切于 3 个图元的弧

4. "同心"圆弧

单击"同心"按钮，可以创建与现有的弧或圆同心的弧。在绘图区选择现有的一个弧，系统将动态地显示一个虚构的圆，拖动该圆至适当位置，依次单击确定圆弧的起点和终点，即可完成同心圆弧的绘制，如图2-30所示。

5. 锥形弧

单击"圆锥"按钮，可以创建锥形弧。锥形弧即二次曲线，包括抛物线、双曲线和椭圆形等类型。绘制时，通过依次指定起点、终点和控制点决定所绘弧线的具体形状。其中，前两个点确定锥形弧的两个端点，第3点是弧线通过点，用于控制锥形弧的外形，如图2-31所示。

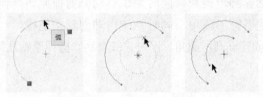

图 2-30　绘制同心圆弧

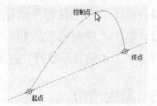

图 2-31　绘制锥形弧

2.2.5　草绘圆角

单击"草绘"面板中的"圆角"按钮，可以在任意两个非平行图元之间创建倒圆角相交。在两条线之间创建圆角时，线会自动修剪到圆角。如果在其他图元之间创建圆角，则必须手动删除剩余的段。创建圆角时，系统将自动创建从圆角端点引向原始图元交点的构造线。

圆角可绘制为凸圆角或凹圆角，分别如图2-32、图2-33所示。因此，拐角不一定为90°。圆角半径的大小由拾取的位置决定，如图2-34所示。

在如图2-35所示的"圆角"下拉菜单中有4种绘制圆角的方法，分别如图2-36、图2-37、图2-38、图2-39所示。

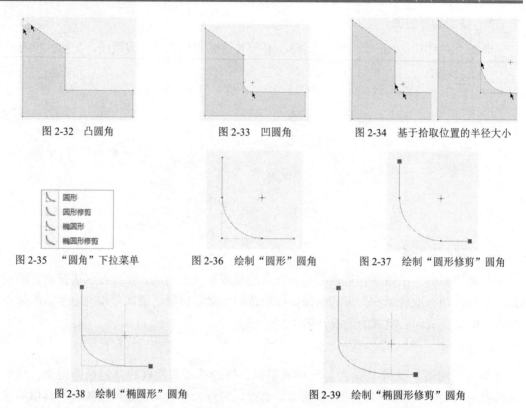

图 2-32　凸圆角　　　　　图 2-33　凹圆角　　　　　图 2-34　基于拾取位置的半径大小

图 2-35　"圆角"下拉菜单　　图 2-36　绘制"圆形"圆角　　图 2-37　绘制"圆形修剪"圆角

图 2-38　绘制"椭圆形"圆角　　　　　图 2-39　绘制"椭圆形修剪"圆角

○ 单击"圆形"按钮，然后选择图元上的两个点，可以创建圆形圆角，同时系统自动创建构造线。

○ 单击"圆形修剪"按钮，可以创建圆形圆角，同时系统自动修剪掉原始几何。

○ 单击"椭圆形"按钮，可以创建椭圆形圆角，同时系统自动创建构造线。

○ 单击"椭圆形修剪"按钮，可以创建椭圆形圆角，同时系统自动修剪掉原始几何。

2.2.6　草绘倒角

单击"草绘"面板中的"倒角"按钮，可以在任何两个非平行图元上的选定位置之间创建直线(即倒角相交)。打开如图2-40所示的"倒角"下拉菜单，可以看到有两种绘制倒角的方式。

图 2-40　"倒角"下拉菜单

○ 单击"倒角"按钮，然后选择图元上的两个点，可以创建倒角，同时系统将自动创建从倒角端点至原始图元相交处的构造线，如图2-41所示。

○ 单击"倒角修剪"按钮，可以创建倒角并自动修剪掉原始几何，如图2-42所示。

❖ 注意

倒角可绘制为凹拐角或凸拐角，因此拐角不一定都是90°。创建倒角的两个图元可以不必相交。倒角线的尺寸和角度由拾取位置决定。

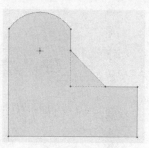

图 2-41 创建"倒角"

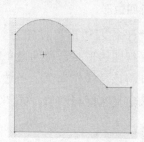

图 2-42 创建"倒角修剪"

2.2.7 草绘矩形和平行四边形

单击"草绘"面板中的"矩形"按钮□，会出现"矩形"下拉菜单，如图2-43所示。有4种绘制矩形的方法。

1. 拐角矩形

单击"拐角矩形"按钮□，可以绘制拐角矩形。草绘矩形时，可通过单击来定义两个相对拐角的位置，如图2-44所示。

图 2-43 "矩形"下拉菜单

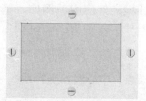

图 2-44 绘制拐角矩形

2. 斜矩形

单击"斜矩形"按钮◇，可以绘制斜矩形。草绘斜矩形时，可通过单击两个位置来定义一条直线，并将该直线作为第一条边的直线，然后指定第三个位置来定义宽度，如图2-45所示。

3. 中心矩形

单击"中心矩形"按钮▣，可以绘制中心矩形。草绘中心矩形时，可通过单击来定义矩形中心与一个拐角的位置。矩形的创建方式是使经过矩形中心且连接相对拐角的两条对角构造直线在两个方向上对称，如图2-46所示。

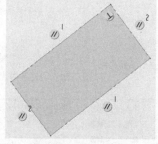

图 2-45 绘制斜矩形

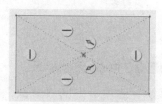

图 2-46 绘制中心矩形

4. 平行四边形

单击"平行四边形"按钮 ⊘，可以绘制平行四边形。草绘平行四边形时，可通过单击两个位置来定义一条直线，并将该直线作为第一条边的直线，然后指定第三个位置来定义宽度与侧角，如图2-47所示。

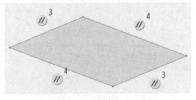

图 2-47 绘制平行四边形

❖ **注意** ▶

矩形和平行四边形创建完毕后，4条线是独立的图元，因此可以分别删除、修剪及对齐各条线。如果创建对称矩形，使用"中心矩形"绘制会比较简便。

2.2.8 绘制点、中心线和坐标系

在Creo 8.0中，点、中心线和坐标系都分为两种：一种是基准点、中心线和坐标系，另一种是构造点、中心线和坐标系。构造点和中心线用于辅助草绘，是作为草绘图元的一部分，不能单独存在，因而不能在草绘环境以外做参考。基准图元(也称为"几何图元")可以在草绘环境之外应用，例如，基准中心线可以默认作为旋转特征的旋转轴，不必指定。利用"操作"下拉列表中的"切换构造"命令，可以在构造图元状态与基准图元状态之间进行转换。"草绘"选项卡中分别有创建点、中心线和坐标系基准与构造实例的工具。

1. 基准点、中心线和坐标系

"草绘"选项卡中的"基准"面板中包含绘制基准点、中心线和坐标系的工具，如图2-48所示。

○ 单击"中心线"按钮 ┊，可以在草绘区绘制基准中心线，且该中心线的长度不受限。

○ 单击"点"按钮 ✕，可以在绘图区绘制任意一点，或在草绘区捕捉圆的圆心或其他的捕捉点，单击鼠标左键，即可完成基准点的绘制，如图2-49所示。

○ 单击"坐标系"按钮 ⅄，在草绘区捕捉圆的圆心，单击鼠标左键，即可完成参考坐标系的创建，如图2-50所示。

图 2-48 "基准"面板

图 2-49 绘制圆心点

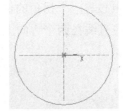

图 2-50 创建参考坐标系

2. 构造点、中心线和坐标系

"草绘"选项卡中的"草绘"面板中包含绘制构造点、中心线和坐标系的工具，如图2-51所示。

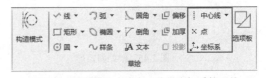

图 2-51 绘制构造点、中心线和坐标系的工具

构造点和坐标系的绘制方法与基准点和坐标系的绘制方法相同，构造中心线的绘制方法在"2.2.1绘制线"节中已经讲过，这里不再赘述。

任何草绘图元都可以被指定为几何图元或构造图元。默认情况下，草绘工具创建的是几何图元。单击"草绘"面板中的"构造模式"按钮⊘，可以在构造模式下用草绘工具创建构造图元。利用"操作"下拉列表中的"切换构造"命令可以在几何图元和构造图元之间进行转换。

2.2.9　绘制样条曲线

样条曲线是指利用给定的若干个控制点拟合出的一条光滑曲线，因其采用的是近似的拟合方法，能够很好地满足工程需求，所以得到了较为广泛的应用。要在Creo 8.0的草图环境中创建样条曲线，可以单击"样条"按钮〜，然后在绘图区中依次指定样条曲线的起点、各控制点和终点，并按下鼠标中键，即可完成样条曲线的绘制，如图2-52所示。

图 2-52　绘制样条曲线

2.2.10　草绘器选项板

单击"草绘"面板中的"选项板"按钮▱，系统会弹出"草绘器选项板"窗口，可以通过该窗口绘制各种可调节大小和方向的标准图形，包括多边形、轮廓、星形等类型，如图2-53所示。具体的实现方法是先选择某个图形，将其拖动到绘图区，然后设置图形的大小和旋转角度即可。

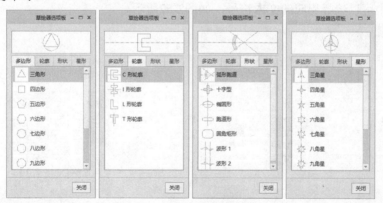

图 2-53　"草绘器选项板"窗口

2.2.11　绘制文本

在绘制较复杂的工程图时，可以为草绘图元添加文本注释，以方便阅读人员理解所绘制的图形。

单击"草绘"面板中的"文本"按钮A，在绘图区指定文字的高度和方向，系统将自动弹出"文本"对话框，如图2-54所示。在打开的"文本"对话框中输入相应的文本内容，并设置该文本的属性，再单击"确定"按钮，即可完成文本的绘制，如图2-55所示。

图2-54 "文本"对话框   图2-55 绘制文本

"文本"对话框中各选项的功能介绍如下。

(1)"文本"选项组

文本选项组中包括两个单选按钮："输入文本"和"使用参数"。如果选中"输入文本"，直接在文本框中输入文本即可。若选中"使用参数"，则系统弹出如图2-56所示的"选择参数"对话框，可在其中选择所需的参数值，这些参数值会显示在文本框中。若需要更改所选的参数值，可单击"使用参数"单选按钮右侧的"选择"按钮，同样打开"选择参数"对话框，选择正确的参数值即可。单击"文本符号"按钮，在打开的"文本符号"对话框中可以选择相应的文本符号，如图2-57所示。

图2-56 "选择参数"对话框   图2-57 "文本符号"对话框

(2)"字体"选项组

在该选项组中可以指定添加字体的样式。包括两个单选按钮："选择字体"和"使用参数"。

(3)"对齐"选项组

该选项组用于调整文本相对于直线的位置，其中，水平对齐可以指定文本相对于直线的对齐位置，包括左侧、中心和右侧3个位置；竖直对齐可以指定文本相对于直线的放置位置，包括底部、中间和顶部3个位置。

(4)"选项"选项组

长宽比：拖动滑块可增大或减小文本的长宽比。

倾斜角：拖动滑块可增大或减小文本的倾斜角度。

间距：拖动滑块可增大或减小文本的字间距。

(5)"沿曲线放置"复选框

选中该复选框，所要添加的文字将沿着指定的曲线放置，效果如图2-58所示。

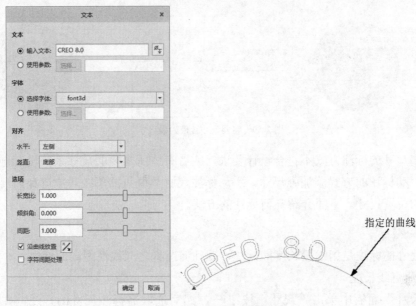

图 2-58 沿曲线放置文本的效果

❖ 注意

在绘制文本时，所绘直线的长度和角度分别决定文本的高度和放置角度，而直线的起点和终点可以确定文本的放置方向。

2.3 尺寸标注

在Creo 8.0中，图形尺寸包含驱动特性，即改动图形尺寸的数值，图形会自动根据数值的大小进行变化。

当草图图形绘制完毕后，尺寸标注即自动产生。自动标注的尺寸称为"弱尺寸"，这些标注"弱尺寸"的草图对象一般无法满足设计要求。因此需要利用系统提供的尺寸标注工具，对草图对象进行合适的尺寸标注，从而创建满足设计要求的草图。

2.3.1　标注基本尺寸

标注尺寸即为草图添加"强尺寸"。Creo 8.0中有两种添加强尺寸的方法：一是将弱尺寸转换为强尺寸；二是采用手动标注的形式添加强尺寸。

如果草图上弱尺寸的标注方式符合要求，但尺寸值需要修改时，可以双击该尺寸，在激活的文本框中输入合适的尺寸值，按下鼠标中键进行确认；如果弱尺寸的标注满足设计要求，在选取该弱尺寸后，单击"操作"|"转换为"|"强"选项，即可将该弱尺寸转换为强尺寸，如图2-59所示。

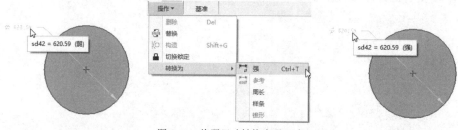

图 2-59　将弱尺寸转换为强尺寸

如果弱尺寸的标注方式不符合设计要求，或者有些所需要的尺寸系统没有自动生成，则可采用手动标注的方式添加强尺寸。手动标注尺寸类型包括草图对象自身的尺寸和草图对象之间的位置尺寸。下面介绍几何标注的方法。

1. 标注线性尺寸

线性尺寸的标注是指线段长度的标注，或几何图素之间线性距离的标注。

(1) 标注直线长度

在"尺寸"面板中单击"尺寸"按钮↦，然后选取需标注尺寸的直线，并在尺寸放置位置处按下鼠标中键即可，如图2-60所示。

图 2-60　标注直线长度

(2) 标注直线垂直距离

标注两直线间的垂直距离，可利用"尺寸"工具分别选取两直线，并在尺寸放置位置处按下鼠标中键进行确认即可，如图2-61所示。

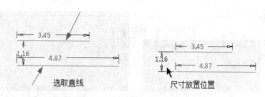

图 2-61　标注直线垂直距离

2. 标注角度

(1) 标注两直线夹角

对于两条非平行的直线，利用"尺寸"工具分别选取两直线，并在两直线需标注尺寸的夹角侧按下鼠标中键进行确认，即可完成角度的标注，如图2-62所示。

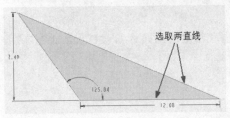
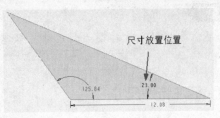

图 2-62 标注两直线夹角

(2) 标注圆弧圆心角

标注一个圆弧的圆心角度，可以利用"尺寸"工具分别指定圆弧的两个端点，并选取该圆弧轮廓线，然后在圆弧外侧按下鼠标中键即可，如图2-63所示。

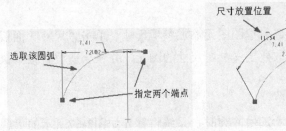

图 2-63 标注圆弧圆心角

3. 标注圆和弧

(1) 标注圆或弧的直径和半径

标注圆的半径与直径，或弧的曲率半径与直径时，利用"尺寸"工具在所选图元上单击则标注半径，双击则标注直径，如图2-64所示。

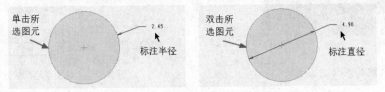

图 2-64 标注圆或弧的直径和半径

(2) 标注椭圆

椭圆是圆的一种特殊类型。椭圆的标注主要是对椭圆长半轴和短半轴的标注。

单击"尺寸"按钮↦，然后选取椭圆，并在适当位置按下鼠标中键，系统将打开"椭圆半径"对话框，选中该对话框中的"长轴"或"短轴"单选按钮，单击"接受"按钮，即可完成椭圆的标注，如图2-65所示。

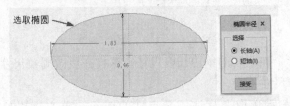
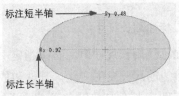

图 2-65 标注椭圆

❖ 注意

如果需要将强尺寸转换为弱尺寸，只需选取指定的强尺寸后按Delete键即可。

2.3.2 标注特殊尺寸

1. 标注参考尺寸

参考尺寸的标注是基本标注外的附加标注，主要作为参照。此类尺寸值后都注有"参考"字样。它不能驱动草图变化，但可以随着其他尺寸的变化而变化。可以直接手动标注参考尺寸，且当尺寸发生冲突时，可以将其中一个尺寸转换为参考尺寸。

(1) 标注参考尺寸

标注参考尺寸就是直接选取草图图元添加参考尺寸。单击"尺寸"面板中的"参考"按钮 ，然后在绘图区中选取要定义参考尺寸的图元，并在合适位置按下鼠标中键即可，如图2-66所示。

(2) 转换为参考尺寸

当标注的尺寸与其他尺寸发生冲突时，系统将打开如图2-67所示的"解决草绘"对话框。在该对话框中单击"尺寸>参考"按钮，系统会将该尺寸转换为参考尺寸，如图2-68所示。

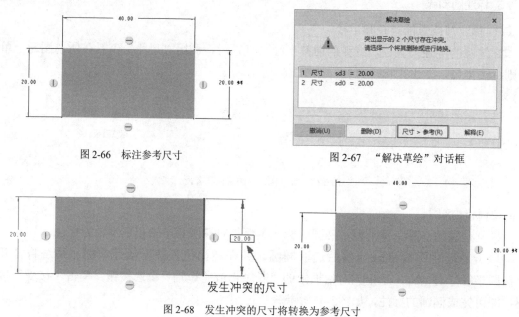

图 2-66　标注参考尺寸　　　　　　　　图 2-67　"解决草绘"对话框

图 2-68　发生冲突的尺寸将转换为参考尺寸

2. 标注周长尺寸

在标注周长尺寸时，必须指定一个被驱动的单边长度尺寸，这样在更改周长尺寸时，只有该边的尺寸发生变化，其他边的尺寸不变。

在图中按住Ctrl键并单击鼠标左键选取要标注周长尺寸的图元，单击"周长"按钮口，然后在绘图区中选择一个由周长驱动的单边尺寸，系统将自动创建周长尺寸，如图2-69所示。

从图中可以看出，周长尺寸后有"周长"字样，被驱动的单边尺寸后有"变量"字样。如果周长尺寸发生改变，只有被驱动的单边尺寸发生改变。

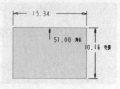

图 2-69　标注周长尺寸

❖ 注意

标注周长尺寸时，必须先选取一个周长驱动尺寸，周长驱动尺寸是被驱动尺寸，不能被修改或删除。如果删除该尺寸，周长尺寸也会相应地被删除。

3. 标注基线

当所绘制的草图具有统一的基准时，为了保证草图的精度和增加标注的清晰度，可以利用基线标注功能指定基准图元为零坐标，然后添加其他图元相对于该基准的尺寸标注。标注基线可按以下步骤操作。

(1) 指定基线

指定基准图元，确定标注的零坐标位置。单击"基线"按钮口，然后选取图中的基线图元，按下鼠标中键进行确认，即可完成基线的指定，如图2-70所示。

(2) 确定坐标尺寸

以基线为零基准，添加其他图元相对于该基准之间的坐标尺寸。单击"尺寸"按钮↦，然后选取已指定的基线，并选取要标注的坐标图元，按下鼠标中键进行确认。继续重复该操作，即可连续进行基线标注，效果如图2-71所示。

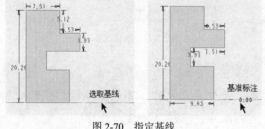

图 2-70　指定基线

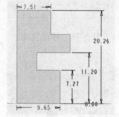

图 2-71　确定坐标尺寸

4. 标注样条曲线

在标注样条曲线时，必须首先标注其两个端点的尺寸。当然也可以为样条曲线的端点或插值点增加其他尺寸标注。

单击"尺寸"按钮↦，然后单击绘图区中的样条曲线M，以及直线N。移动鼠标捕捉如图2-72所示的点，并单击鼠标左键，在图形的内侧单击鼠标中键，结果如图2-73所示。

图 2-72　选取点

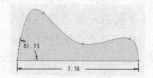

图 2-73　标注样条曲线与直线的角度

用鼠标捕捉如图2-74所示的点并单击鼠标左键,单击直线N,然后在点和直线之间单击鼠标中键,结果如图2-75所示。

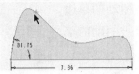

图2-74　选取曲线节点

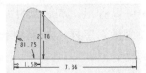

图2-75　标注样条曲线节点和直线的尺寸

2.3.3　编辑标注尺寸

1. 移动或删除文本

在草绘过程中,为了使标注合理、清晰,需要调整尺寸文本的放置位置,有时还需要删除多余的尺寸。

(1) 移动文本

选取要移动的尺寸文本,并拖动至合适的位置后,释放鼠标左键,即可完成尺寸文本的移动,结果如图2-76所示。

(2) 删除文本

在绘图区选取对象,在"草绘"功能面板中单击"操作"选项,在打开的"操作"下拉菜单中选择"删除"选项,如图2-77所示。或直接按Delete键,即可删除指定的尺寸文本。

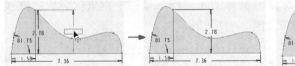

图2-76　移动文本

图2-77　删除文本

❖ **注意**

可以删除用户定义的尺寸,而系统自动添加的尺寸是弱尺寸,不能被删除。强尺寸被删除就转换为弱尺寸,因此删除尺寸后还可以看到尺寸,不过显示为弱尺寸。

2. 控制尺寸的显示

尺寸标注在默认状态下都处于显示状态。但在创建模型的过程中,过多的尺寸显示会影响对模型的观察和创建,此时便需要对尺寸的显示状态进行相应的控制。通过以下3种方式可以控制尺寸的显示。

(1) 选择"文件"|"选项"|"选项"命令,系统将打开"Creo Parametric选项"对话框。在该对话框的左侧选择"草绘器"选项卡,如图2-78所示,并在右侧的"对象显示设置"选项组中禁用"显示尺寸"和"显示弱尺寸"复选框,即可将所有尺寸隐藏。

(2) 在"草绘器显示过滤器"下拉菜单中通过启用或禁用"尺寸显示"复选框,即可直接控制尺寸在草图中的显示状态,如图2-79所示。

(3) 切换至"视图"选项卡,单击"显示"面板中的"显示尺寸"按钮，同样可以直接控制尺寸在草图中的显示状态。

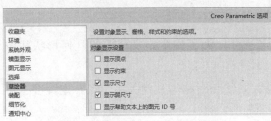

图 2-78 控制尺寸显示的选项设置

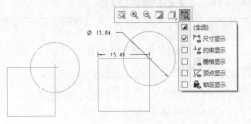

图 2-79 显示草图尺寸

3. 修改标注尺寸

由于草绘具有参数化特征,决定了必须对尺寸参数进行必要的约束,因此需要在草绘阶段不断修改标注尺寸,从而使草图满足设计的要求。

(1) 直接修改尺寸的值

双击要修改的尺寸,在打开的文本框中输入新的尺寸值,按Enter键或单击鼠标中键,系统会立即再生尺寸,如图2-80所示。当修改一个尺寸值后,该尺寸约束所驱动的草图对象也将发生相应的变化,此方法的特点是:能快速修改单个尺寸,但无法同时修改多个尺寸。由于每修改一个尺寸系统就会立即再生图形,因此可能产生图形的变形。

(2) 利用"修改"工具进行修改

利用"修改"工具不仅可以一次修改多个尺寸,还可以编辑样条曲线和文本。单击"编辑"面板中的"修改"按钮，然后选取需要修改的尺寸,系统将打开如图2-81所示的"修改尺寸"对话框。在该对话框中列出了所选尺寸的编号和当前尺寸值,可以通过尺寸编号右侧的文本框或滑轮对尺寸进行相应的修改。

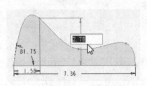

图 2-80 直接修改尺寸值

图 2-81 "修改尺寸"对话框

✧ **注意** ▶

在"修改尺寸"对话框中,如果选中"重新生成"复选框,每修改一个尺寸,图形就会自动再生该尺寸,这很容易使图形产生变形。所以一般情况下不要选中"重新生成"复选框。

为防止在更改一个尺寸时可能会破坏当前图形结构的基本形状,可以选中"锁定比例"复选框,使调整个别尺寸后,其他尺寸同时发生相应的变化,从而保证草图轮廓的整体形状不变。

2.4 几何约束

　　草绘中的约束是控制图元几何关系的限定条件,为了完全定义草图的几何形状和位置,需要添加必要的几何约束。

　　几何约束是指草图对象之间的平行、垂直、共线和对称等几何关系,在一定程度上可以替代某些尺寸标注。

2.4.1 自动约束

　　自动约束是指在绘制草图时,根据所设置的约束选项,自动为满足约束公差的图元添加的几何约束。

　　选择"文件"|"选项"|"选项"命令,系统可以打开"Creo Parametric选项"对话框,单击左侧的"草绘器"选项卡,即可在右侧的"草绘器约束假设"选项组中设定自动约束类型,如图2-82所示。

　　"草绘器约束假设"选项组包含多个复选框,每个复选框代表一种约束,选中某个复选框后,系统会启用相应的自动设置约束。启用自动约束后,在绘制草图时系统将自动添加符合约束条件的几何约束,效果如图2-83所示。

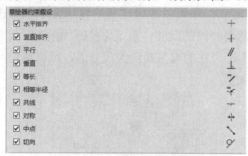

图 2-82 "草绘器约束假设"选项组

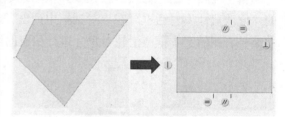

图 2-83 未启用约束与启用约束的草绘比较

　　用户一般都会选择创建所有的约束,即在"草绘器约束假设"选项组中选中所有复选框,这样在绘制草图图元时,系统都会自动添加相应的约束。如果系统没有自动添加相应的约束,就需要用户自己手工添加约束。

2.4.2 添加几何约束

　　在"草绘"选项卡中,"约束"面板中集合了各种约束命令,如图2-84所示,其中包含了9种几何约束类型,各约束类型的含义说明如表2-1所示。

图 2-84 "约束"面板

表2-1 约束类型

约束	说明
"竖直" ╪	使线竖直或竖直地对齐点
"水平" ╪	使线水平或水平地对齐点
"平行" ∥	使线互相平行
"垂直" ⊥	使线互相垂直
"相等" =	使线的长度相等、使弧/圆的半径相等、使尺寸相等或创建相等的曲率
"重合" ◉	将两个图元或顶点与相同的点对齐,还可在"图元"约束上创建"共线"和"点"
"对称" →|←	使两个点或顶点关于中心线对称
"中点" ╲	在线或弧的中间放置一个点
"相切" ✓	使线与弧和圆相切

2.4.3 修改几何约束

(1) 删除约束

在绘图过程中常常会有多重约束的情况,这时就需要取消重复的约束。可以选取要删除的约束,单击"操作"选项,在"操作"下拉菜单中选择"删除"命令,或直接按Delete键,即可将所选的约束删除,如图2-85所示。

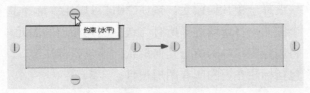

图 2-85 删除约束

(2) 删除冲突约束

在"草绘"选项卡中的"约束"面板上,单击相应的命令按钮可添加所需的约束。

当添加的约束与其他约束发生冲突时,系统将打开如图2-86所示的"解决草绘"对话框。在该对话框中单击"删除"按钮可删除冲突约束;单击"尺寸>参考"按钮,系统将该尺寸转换为参考尺寸。

图 2-86 "解决草绘"对话框

在草绘中可随时选择约束,单击"约束"下拉菜单,然后选择"解释"选项,这时"状态栏"上的"消息区"则会显示对该约束的解释。

2.5 草绘编辑

在Creo 8.0中，当草图绘制完毕后，可使用如图2-87所示的"编辑"面板中的大量操作方法对草图进行修改和编辑。

图 2-87 "编辑"面板

2.5.1 选取

在绘制草图时，可以用鼠标在草绘区选取线条、尺寸、约束条件等特征，也可以在"草绘"选项卡中，展开"操作"命令组的"选择"菜单，利用选择工具选取对象，被选取的图元在草绘区以绿色显示。

1. 选择工具

在"草绘"选项卡中，展开"操作"命令组中的"选择"菜单，共有4种选择方式："依次""链""所有几何"和"全部"，如图2-88所示。

图 2-88 "选择"菜单

其含义说明分别如下。

- 依次：每次只选择一个几何图元，按住Ctrl键可以连续选择多个几何图元。
- 链：选择一个图元，将自动选择所有与选中图元相连的图元。
- 所有几何：将选择窗口中的所有几何形状，不包括标注等。
- 全部：选择包括标注在内的所有图形项目。

2. 直接选取图元

在Creo 8.0中，用户可以通过单选、框选等方式来选择对象。

单选：单击"操作"面板中的"选择"按钮，移动光标至圆处并单击鼠标左键，被选取的圆会变成绿色，如图2-89所示。

框选：单击"操作"面板中的"选择"按钮，然后在草绘区内图素的左上方向右下方单击拖动(或从右下角往左上角拖动)，将草绘区内的所有图素框选至矩形内，如图2-90所示，释放左键，被框选的图素将变成绿色，如图2-91所示。

图 2-89 单选图元

图 2-90 用矩形框选图元

图 2-91 框选图元效果

2.5.2 删除

单击"操作"面板中的"选择"按钮，然后单选或框选需要删除的图素，选中后的图素颜色将发生变化，如图2-92所示，在键盘上按Delete键，即可删除所选取的图素，如图2-93所示。

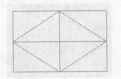

图2-92 选择线条

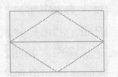

图2-93 删除线条

2.5.3 修改样条

使用"修改"工具可以修改尺寸值、样条几何或文本图元。本节主要讲解样条几何的修改，其他内容已在前面介绍过，此处不再赘述。

单击"操作"面板中的"选择"按钮▷，选择要修改的某一样条，然后单击"编辑"面板中的"修改"按钮彐，或直接双击该样条，系统将打开"样条"操控面板，如图2-94所示。

可以通过移动样条点修改样条。更改点的X或Y坐标时可以使用"样条"操控面板上的命令指定插值点或控制点。其中，单击 $\mathop{\boxplus}$ 按钮，可创建控制多边形；单击 $\frown$ 按钮，可使用插值点修改样条；单击 $\boxtimes$ 按钮，可使用控制点修改样条；单击 $\not\sim$ 按钮，可显示曲率分析，如图2-95所示。

图2-94 "样条"操控面板

图2-95 通过移动插值点或控制点修改样条

可以通过"拟合"方式，移除多余数据，从而修改样条。其中，"稀疏"类型是在偏差公差内移除；"平滑"类型是通过取平均值进行移除。

还可以从一个文件读取点坐标，或使样条点与一个坐标系关联，从而修改样条。

2.5.4 镜像

草图镜像是利用"镜像"工具将草图几何对象以现有的中心线为对称中心线，将所选取的图元对象进行镜像，复制成新的草图对象，并能为图形自动添加对称约束。这样只要修改部分图元，就可以对整个图形进行修改。

进行镜像操作时，首先需要选取要镜像的图元，然后单击"编辑"面板中的"镜像"按钮 ⑩ 并选取镜像中心线，系统将自动对所选的几何对象按指定的镜像中心线进行镜像复制，镜像过程与效果如图2-96所示。

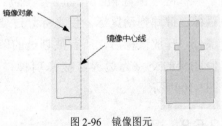

图2-96 镜像图元

2.5.5 分割

利用"分割"工具可以将图元在选择点的位置处进行分割，生成多段图元。其中，在图元上所选择的点即为分割点。

单击"编辑"面板中的"分割"按钮，然后在需要分割的图元上选择分割点，并按下鼠标中键，即可完成分割操作。如图2-97所示，选择分割后的弧段进行删除操作即可形成右侧图形。

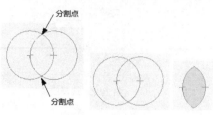

图 2-97　分割图元

2.5.6　旋转调整大小

利用"旋转调整大小"工具可以对所选图元的大小、放置角度和位置进行编辑。

首先选取需要编辑的图元，单击"旋转调整大小"按钮，系统将弹出如图2-98所示的"旋转调整大小"操控面板。在该面板中，可通过设置平移参数、旋转角度和缩放比例值对图元进行相应的编辑操作。另外，也可直接通过拖动图元上的平移手柄、旋转手柄和缩放手柄进行相应的操作，如图2-99所示。

图 2-98　"旋转调整大小"操控面板

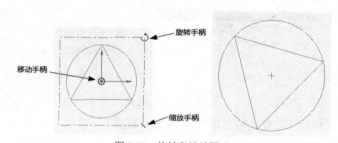

图 2-99　旋转和缩放图元

2.5.7　修剪

利用修剪工具可以将草图图元的多余部分删除。在Creo 8.0中，使用"删除段"工具可以以画链的形式，以草图中的图元交点为边界点，将所绘链条经过的图元删除。

单击"删除段"按钮，然后在图中按住鼠标左键并拖动鼠标，使光标划过要修剪的图元部分。释放鼠标后，所有被划过的图元将以与其他图元的交点为边界点被修剪掉，操作结果如图2-100所示。

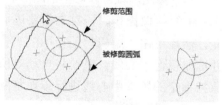

图 2-100　修剪图元

2.5.8　拐角

利用"拐角"工具可以同时处理两个线条之间交错的部分。拐角包括拐角删除和拐角延伸两种。

拐角删除：可以同时删除两个相交的图案间相交错的部分。

拐角延伸：如果两个图素没有相交，系统可将这两个图素延长至相交。

单击"拐角"按钮，然后在图中依次选取两个需要进行修剪(分别单击A边与B边)或延长(分别单击C边与D边)的草图图元，即可完成边界修剪操作，效果如图2-101所示。

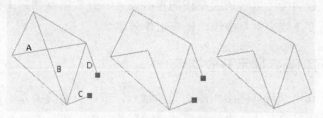

图 2-101 "拐角"修剪操作效果

◆ 注意

进行边界修剪操作选取的对象是欲保留的部分。如果两个线条之间没有交错，则系统会将两个线条自动延长，且此时系统将保存鼠标单击一侧的部分。

2.5.9 复制与粘贴

当需要绘制一个或多个与现有的几何图元相同的图元时，可采用复制和粘贴的方法，以提高效率。复制生成的图元与原图相关，即其中一个改变尺寸时，另一个也相应地改变尺寸。

首先选取需要复制的图形，单击"操作"面板中的"复制"按钮，再单击"粘贴"按钮，然后在绘图区内的合适位置单击，系统将弹出"粘贴"操控面板，如图2-102所示。

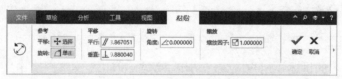

图 2-102 "粘贴"操控面板

在"缩放因子"文本框中输入比例为1，在"角度"文本框中输入旋转角度为180。单击"粘贴"操控面板中的"确定"按钮，操作过程与效果如图2-103所示。

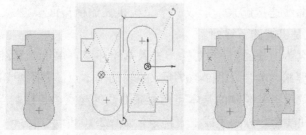

图 2-103 复制与粘贴操作效果

2.6 检查草图

利用草图的检查功能可以对所绘草图的重叠图元、开放端点和封闭性等进行准确的判断，以提高绘图精度，减少重复操作，提高工作效率。

2.6.1 重叠几何和高亮显示开放端点

利用这两个工具可以将草图中相应图元的顶点，或具有重叠关系的图元对象进行高亮显示，这有助于查找形成开放或重叠图形的草图图元，便于图形的修改。

草图绘制完毕后，分别单击"检查"选项板中的"重叠几何"按钮和"突出显示开放端点"按钮，系统可高亮显示图形中的重叠图元和开放端点，如图2-104所示。

图 2-104　高亮显示重叠几何和开放端点

2.6.2 着色封闭环

在创建拉伸、旋转或扫掠等实体模型时，需要在草图环境中绘制封闭的截面图形。利用"着色封闭环"工具，可以对图形的封闭区域进行着色显示，从而快速准确地检查出所绘草图截面的封闭性。

草图绘制完毕后，单击"检查"选项板中的"着色封闭环"按钮，图形中的封闭区域将以着色的形式显示，如图2-105所示。

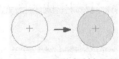

图 2-105　着色封闭环

2.7 应用与练习

通过本章内容的讲述，用户应该已初步了解Creo 8.0二维草图操作。下面就通过两个练习，再次回顾和复习本章所介绍的内容。

1. 绘制飞机机翼横截面草图

已完成的飞机机翼实例如图2-106所示。该图中在X轴的上方和下方分别有8个点。本练习把这16个点用曲线连接起来，形成一个飞机机翼的横截面模型。上面8个点是机翼的上缘面，下面8个点是机翼的下缘面。

新建一个文件名为jy.sec的草绘文件，进入草绘环境。单击"基准"面板上的"点"按钮 ✕，根据设计要求，绘制如图2-107所示的辅助基本点。然后单击"草绘"面板上的"样条"按钮 ～，依次指定绘制的基本点为样条曲线的起点、各控制点和终点，并按下鼠标中键。使用样条曲线命令分别生成上下样条，如图2-108所示。

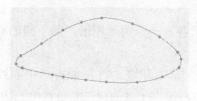

图 2-106 jy.sec 图示

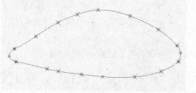

图 2-107 绘制基本点

接下来，继续使用"样条"工具，将上缘线右端和下缘线右端通过一个插值点进行连接。使用类似的方法，完成后面的连接部分，结果如图2-109所示。

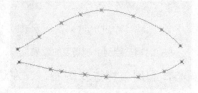

图 2-108 上下缘线的绘制

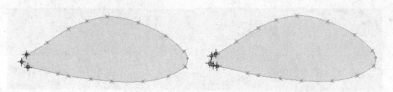

图 2-109 完成后的机翼横截面

此时，机翼的左端和左下方，线条的构建不是很理想，尚需要进一步编辑。选择要修改的左端样条，然后单击"编辑"面板中的"修改"按钮 ，或直接双击该样条，系统将打开"样条"操控面板，单击 按钮，移动控制点调整线条，如图2-110所示。然后选择要修改的下方样条，用同样的方法修改线条。由于下端线条由具有强尺寸约束的基本点连接而成，因此在单击 按钮后，系统将弹出"修改样条"提示框，单击"是"即可，如图2-111所示。最后完成整个曲线的绘制。

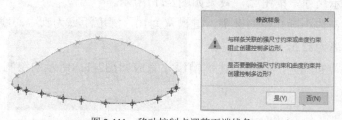

图 2-110 移动控制点调整左端线条

图 2-111 移动控制点调整下端线条

删除辅助基本点，完成后的曲线效果如图2-112所示。

❖ 提示

按照实际工程的要求，还可以采取多种方法进行编辑和修改，此处不再一一说明。

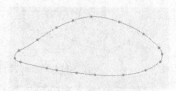

图 2-112 完成后的曲线效果

2. 绘制曲柄零件草图

已完成的曲柄实例如图2-113所示。曲柄的两端各有一个圆形图素,两个圆的圆心距离为200。以下是绘制的全过程。

新建一个文件名为crank.sec的草绘文件,进入草绘环境。首先单击"中心线"按钮┆,绘制两条相互垂直的中心线。然后再利用"中心线"工具创建距离垂直中心线为200的另一条垂直中心线。完成后的效果如图2-114所示。

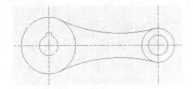

图 2-113 曲柄实例

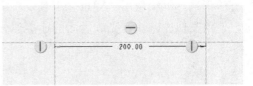

图 2-114 绘制中心线后的效果

单击"圆心和点"按钮◎,以中心线的交点为圆心,利用鼠标选择圆心,在左边的中心线交点处绘制直径分别为100和35的两个圆,然后在右边的中心线交点处绘制直径分别为60和36的两个圆。完成后的效果如图2-115所示。

接下来绘制肋板圆弧。单击"三点/相切端"按钮┐,选取直径为100的圆上一点和直径为60的圆上一点,绘制与这两个大圆相切的圆弧。然后单击"相切"按钮◢,约束该圆弧同时与直径为100的圆和直径为60的圆相切,并修改圆弧的半径为260,完成后的效果如图2-116所示。

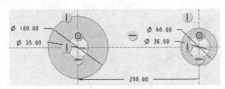

图 2-115 绘制圆后的效果

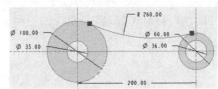

图 2-116 绘制共切圆弧

选取上面绘制的共切圆弧,然后单击"镜像"按钮▥,沿水平中心线对共切圆弧进行镜像,取消"显示尺寸"按钮▯,效果如图2-117所示。

接下来绘制左边小圆孔中的键槽,键槽宽为10,深度距离为到中心线22.5,即槽底与水平中心线的距离为22.5。

单击"线链"按钮∿,按照上述键槽尺寸完成如图2-118所示的绘制,画出槽的深度和宽度。

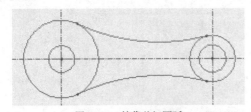

图 2-117 镜像共切圆弧

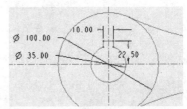

图 2-118 画出槽的深度和宽度

然后单击"删除段"按钮ᓚ,根据要求依次进行修剪即可得到需要的图形。完成后的二维图形效果如图2-119所示。

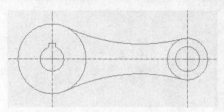

图 2-119 完成后的二维图形效果

2.8 习题

1. 如何进入Creo 8.0的草绘环境？

2. 如何绘制各类型的草图曲线？

3. 简述约束的作用与添加方法。

4. 草绘的作用是什么？

5. 简述删除段操作与拐角操作的区别，各自应用于什么场合？

6. 创建2-1.sec草绘文件，绘制如图2-120所示的草图。

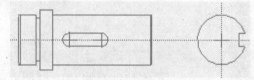

图 2-120 草绘图形

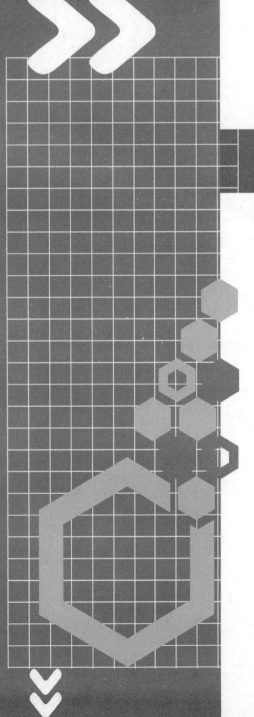

第3章

实体特征建模

　　实体特征是将草绘剖截面通过拉伸、旋转或扫描后而创建的实体或曲面模型。该特征是创建其他复杂特征造型的基础。在零件设计中经常使用这些特征作为载体来添加或细化其他特征，从而创建出各种各样的零件造型。该特征类型主要包括拉伸、旋转、扫描和螺旋扫描等。本章主要介绍各种实体特征的概念和工具，并结合零件的具体造型详细介绍各实体特征的创建方法。此外，还介绍一些基准特征的作用和创建方法。

　　通过本章的学习，读者需要掌握的内容如下。

- ○ 特征的分类及功能
- ○ 各基准特征的建立和操作
- ○ 拉伸特征的创建方法
- ○ 旋转特征的创建方法
- ○ 扫描特征的创建方法
- ○ 螺旋扫描特征的创建方法

3.1 特征概述

模型的设计均是从创建特征开始的，因此特征是组成实体模型的基本单元。在构建实体模型的同时，可以调整特征之间的关系来反映模型的信息。特征包括基础特征(如拉伸、旋转等)、工程特征(如抽壳、拔模、倒圆角等)、高级造型特征(如扭曲、折弯、雕刻等)和作为辅助几何图元的基准特征。

3.1.1 零件特征分类

特征是具有工程意义的空间几何元素，同时承载创建时序与其他特征关系等信息。建模时的所有实体、嵌片和图元对象都是特征。根据特征的创建和应用，可以将其分为实体特征和参考特征。

1. 实体特征

实体特征具有实际的体积和质量，是创建模型的主体。依据成型方法可分为点放特征和草绘特征。其中，点放特征是通过选取特征的类型和放置位置，并赋予必要的尺寸参数而创建的特征；而草绘特征则是在点放特征的基础上，由草绘创建实体，如图3-1所示。

2. 参考特征

参考特征是绘制零件过程中所需的参考，相当于几何学中的辅助点、线或面，包括基准特征、曲面特征和修饰特征。其中，基准特征包括基准平面、基准轴、基准点、基准坐标系和基准曲线等类型。曲面特征主要用于实体模型创建的参考。修饰特征主要用于实体必要的修饰，从而达到理想的设计效果，如图3-2所示。

图 3-1 实体特征

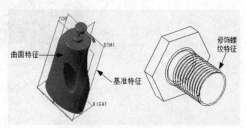

图 3-2 参考特征

3.1.2 建模界面

单击"新建"按钮 ，在打开的"新建"对话框中选择"零件"|"实体"选项，然后在"名称"文本框内输入零件名称，并单击"确定"按钮，即进入零件建模环境，如图3-3所示。

该环境界面的"模型"选项卡为创建所有特征的工具选项板。由于基础特征是创建其他所有特征的基础，且基准特征用于辅助创建基础特征或其他特征，因此"基准"和"形状"这两个工具选项板处于激活状态。当创建基础特征后,其他特征的工具选项板将被激活。此时可以启用相应的工具创建其他类型的特征。

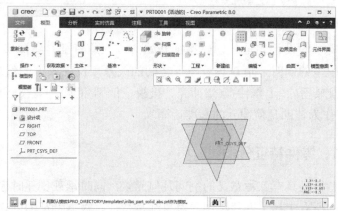

图3-3　进入零件建模环境

3.2　基准特征

基准特征是建模过程中创建的辅助特征,即在创建其他特征时,通常需要将基准特征作为参考,包括用作尺寸参考、特征放置参考和装配参考。图形窗口中基准特征的默认颜色是棕色。可创建的基准特征类型包括基准平面、基准轴、基准点、基准坐标系和基准曲线,如图3-4所示。

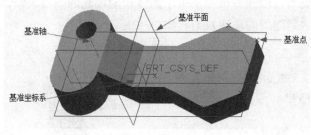

图3-4　基准特征

3.2.1　基准平面

基准平面是一个无限大的平面,没有大小、体积和质量。通常,基准平面以方框的形式显示,当鼠标放在方框上方时标示出其名称。当新建一个零件文件时,在绘图区中会显示3个相互垂直的基准平面和1个基准坐标系;在建模过程中,可以根据建模需要创建其他基准平面,如图3-5所示。

基准平面是独立的特征,可被重定义、隐含、隐藏或删除。基准平面的尺寸不受限,可以将其显示尺寸编辑为在视觉上与零件、特征、曲面、边、轴或半径相适合。基准平面的两侧显示为棕色和灰色,一般将位于前方棕色的那一侧视为正面,而后方灰色的那一侧视为反面，如图3-6所示。

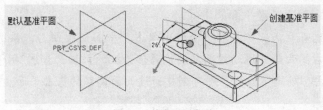

图 3-5 基准平面类型

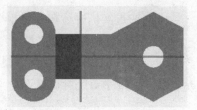

图 3-6 基准平面正面显示

1. 基准平面的使用

通常认为包含在所有默认模板中的RIGHT、FRONT和TOP基准平面是默认基准平面。每个特征均直接或间接地基于这些基准平面而创建。可以将基准平面用作特征的构造几何，也可以将其用作以下内容的参考：基准平面可以作为特征的草绘平面或视图参考平面，也可以用于尺寸定位参考或约束参考，还可以用作特征的终止平面、镜像的参考平面和创建基准轴、基准点的参考。

2. 基准平面的参考方式

创建基准平面时，可以在三维空间中选择单个或多个参考，将其设置为下列7种参考类型的组合，从而定义基准平面几何，如图3-7所示。

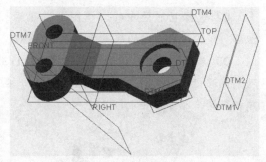

图 3-7 创建基准平面的参考

❑ 穿过：该方式可以选择线(轴、边或曲线)、点或顶点、平面、圆柱中的任何一个特征作为创建基准平面的参考。

❑ 垂直：该方式可以选择轴、边、曲线、平面中的任何一个特征作为创建基准平面的参考。

❑ 平行：该方式可以选择平面作为创建基准平面的参考。

❑ 偏移：该方式可以选择平面、坐标系两个特征中的一个作为创建基准平面的参考。

❑ 角度：该方式可以选择平面作为创建基准平面的参考。

❑ 相切：该方式可以选择圆柱面作为创建基准平面的参考。

❑ 混合截面：该方式可以选择混合特征和截面编号作为创建基准平面的参考。

3. 选择基准平面

可使用下列方法选择基准平面。

❑ 选择基准框。

❑ 选择基准平面标记。

❑ 在模型树中选择基准平面。

❑ 在搜索工具中按名称查找基准平面。

4. 创建基准平面

下面通过实例讲述在零件模型中创建基准平面的步骤。

01 选择功能区中的"模型"选项卡，从"基准"面板中单击"平面"按钮□，系统将打开"基准平面"对话框，选择右侧曲面并拖动控制柄到偏移值为30的位置，如图3-8所示。在"基准平面"对话框中，单击"确定"按钮，即可创建通过曲面偏移的基准平面。

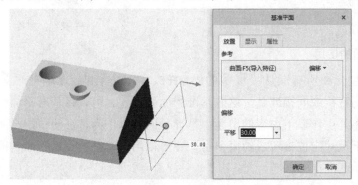

图3-8　通过曲面偏移创建基准平面

02 选择功能区中的"视图"选项卡，在"显示"面板中单击"平面标记显示"按钮□，可显示所创建的基准平面名称DTM1，如图3-9所示。

03 选择"模型"选项卡，选定DTM1，单击"平面"按钮□。将DTM1上的控制柄拖动到偏移值为30的位置，如图3-10所示。在"基准平面"对话框中单击"确定"按钮，创建相应的平移基准平面DTM2。

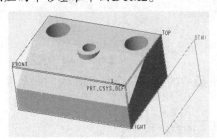
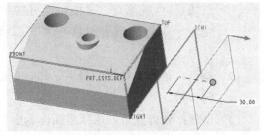

图3-9　显示基准平面的名称　　　　　　图3-10　通过基准平面偏移创建基准平面

04 单击"平面"按钮□，选择曲面。在"基准平面"对话框的"放置"选项卡中，从下拉列表中选择"穿过"选项，如图3-11所示。

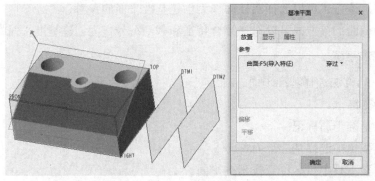

图3-11　选择穿过平面创建基准平面

05 在"基准平面"对话框中选择"显示"选项卡。

① 选中"使用显示参考"复选框。

② 单击"轮廓参考"按钮 选择项 ，激活收集器。

③ 再次选择曲面。取消"使用显示参考"复选框的选中状态。

④ 分别将宽度和高度改为110和60，如图3-12所示。

⑤ 单击"确定"按钮并取消选择基准平面DTM3。

06 单击"平面"按钮 ⬦ ，按住Ctrl键依次选择圆柱面和边，如图3-13所示。

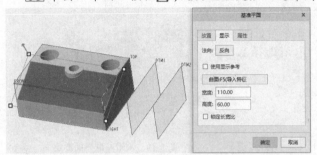 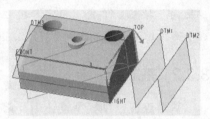

图 3-12 编辑基准平面的大小　　　　　　图 3-13 选择圆柱面作为参考面

07 在"基准平面"对话框中，从曲面参考下拉列表中选择"相切"。单击"确定"按钮并取消选择基准平面DTM4，结果如图3-14所示。

08 单击"平面"按钮 ⬦ ，按住Ctrl键并选择基准轴 A_1 和基准平面 RIGHT。在"基准平面"对话框中，从基准平面参考下拉列表中选择"平行"选项。单击"确定"按钮，创建与基准平面平行的基准平面DTM5，如图3-15所示。

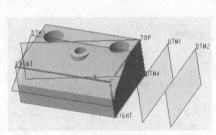 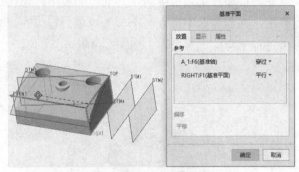

图 3-14 通过与圆柱面相切创建基准平面　　　图 3-15 通过与基准平面平行创建基准平面

09 选定DTM5，单击"平面"按钮 ⬦ ，按住 Ctrl键并选择基准轴 A_1。在"基准平面"对话框中，从基准平面参考下拉列表中选择"法向"选项，如图3-16所示。单击"确定"按钮，创建与基准平面DTM5垂直的基准平面DTM6。

10 单击"平面"按钮 ⬦ ，按住 Ctrl键并选择基准轴 A_1 和曲面。将偏移值改为旋转45或-45，调整到合适的方向，然后单击"确定"按钮，创建平面绕基准轴旋转某一角度的基准平面DTM7，如图3-17所示。

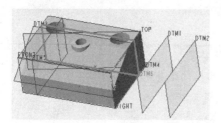

图 3-16 通过与基准平面垂直创建基准平面

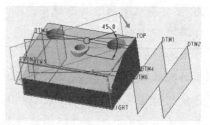

图 3-17 通过平面旋转某一角度创建基准平面

11 编辑基准平面DTM4 的定义。在"基准平面"对话框中选择"显示"选项卡，然后单击"反向"按钮。单击"确定"按钮，取消选择基准平面，结果如图3-18所示。

3.2.2 基准点

基准点在三维模型设计中，常用来辅助创建基准曲线、样条曲线，以及设定实体特征上特定点的参数等。

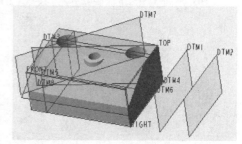

图 3-18 编辑基准平面的定义

1. 创建一般基准点

创建一般基准点时，首先选择基准点的放置参考。以指定基准点的放置对象(包括曲面、曲线、边、基准平面等)，然后选择偏移参考，用于设置基准点的准确位置。偏移参考会根据所选择的放置参考类型自行改变。

在"模型"选项卡中的"基准"面板中，单击"点"按钮 ××，系统会弹出"基准点"对话框。在绘图区中选取一个参考对象，可以在"参考"列表框中右击相应对象，对所选参考进行"移除"等操作，如图3-19所示。

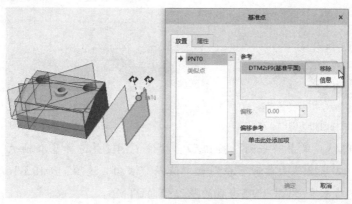

图 3-19 移除参考对象

在"基准点"对话框中的"偏移参考"选项组中可以通过以下两种方式设置偏移参考。

○ "曲线末端"方式：以所选曲线或实边的端点作为偏移参考，通过设置与该偏移参考的距离创建基准点。偏移距离可以通过"比率"或"实际值"两种方式设置，如图3-20所示。

○　"参考"方式：以选取的平面作为尺寸标注参考。其中，所选平面必须与所选曲线或实体边线相交，设置偏移距离为基准点参考平面的垂直距离，如图3-21所示。

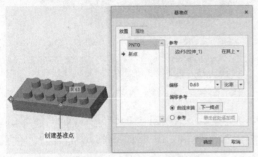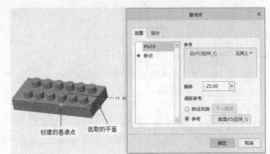

图3-20　通过"曲线末端"方式设置偏移距离　　　图3-21　通过"参考"方式设置偏移距离

在创建基准点时根据所选参考对象的不同，有多种创建方式，现分别介绍如下。

(1) 在曲线和边线上创建基准点

该方式是使用已知的曲线或实体边线创建单个基准点或多个基准点，通过设置该点在边线上的比例值来确定点的位置。

选取如图3-22所示的实体边线，基准点以黄色圆框显示，标注有相应的比例值。双击比例值，修改数值大小，从而改变点在边线上的位置。

(2) 在圆或椭圆的中心处创建基准点

对于圆或椭圆这类封闭曲线，既可以在弧线上创建基准点，又可以在圆弧中心创建基准点。

在绘图区中选取圆或椭圆曲线，指定参考为"居中"方式，即在圆弧中心创建基准点，如图3-23所示。

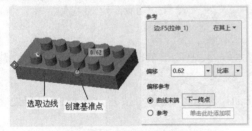

图3-22　在边线上创建基准点　　　　　　图3-23　在圆弧中心创建基准点

(3) 在曲线的相交点处创建基准点

该方式适用于在两条曲线的最短距离或相交处创建基准点，基准点首先落在选取的第一条曲线上，如图3-24所示。按住Ctrl键依次选取两条曲线，则在其最短距离处创建基准点。

(4) 在曲线和曲面的交点处创建基准点

该方式是在曲线与曲面的相交处创建基准点，其中，曲线可以是实体边、曲线边和基准轴等；曲面可以是实体面、基准面和不规则曲面。

按住Ctrl键依次选取曲面和曲线，单击"确定"按钮，即可创建基准点，如图3-25所示。

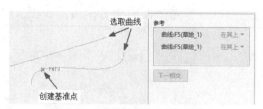

图 3-24　在曲线的交点处创建基准点　　　　图 3-25　在曲线和曲面的交点处创建基准点

(5) 偏移点创建基准点

该方式是选取模型上的顶点、角落点、基准点或坐标系原点，沿指定方向偏移一定距离创建基准点。其中，可以使用3种偏移参考指定偏移方向：一是沿直线型实体边、曲线或基准轴的轴向偏移；二是沿所选平面的法向偏移；三是沿坐标系的任意轴向平移。

在实体模型上选取一点，并指定偏移方式，在绘图区按住Ctrl键选取一个参考方向，输入相应偏移距离，即可创建基准点，如图3-26所示。

(6) 在曲面或偏移曲面上创建基准点

首先指定两平面或实体边作为偏移定位参考，以确定基准点的坐标位置，然后设置沿该曲面的法向偏移数值，即可创建相应的基准点，如图3-27所示。

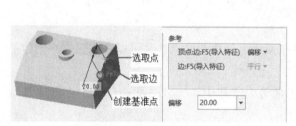

图 3-26　偏移点创建基准点

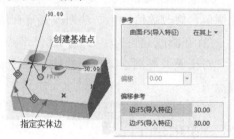

图 3-27　在曲面上创建基准点

(7) 通过相交曲面创建基准点

该方式适用于在三个曲面的交点处创建基准点。其中，三个曲面可以是实体面、不规则曲面或基准平面等。

在绘图区中按住Ctrl键依次选取三个相交曲面，单击"确定"按钮，在曲面相交处将生成相应的基准点，如图3-28所示。

图 3-28　通过相交曲面创建基准点

2. 创建偏移坐标基准点

偏移坐标基准点是通过设置相对于所选参考坐标系的偏移距离而确定的一系列基准

点。如果连续设置多个坐标系的轴向坐标值，可以创建多个基准点，即基准点矩阵。

在"基准点"下拉菜单中单击"偏移坐标系"按
钮 ，系统会弹出"基准点"对话框，如图3-29所示。其
主要选项的功能含义介绍如下。

- "参考"选项：可以指定基准点所参考的坐
  标系。
- "类型"选项：设置输入坐标系的类型，包括笛
  卡儿、柱坐标和球坐标3种类型。
- "使用非参数阵列"复选框：启用该复选框，系
  统将移除尺寸，并将点数据转换为不可修改的非
  参数化形式。
- "导入"按钮：可以导入已编辑好的文本文件
  (扩展名改为.pts)，创建相应的基准点。

图3-29 "基准点"对话框

- "更新值"按钮：可在打开的记事本文件中编辑基准点文件。
- "保存"按钮：将基准点文本保存为点文件(*.pts)。

在绘图区中选取用于参考的坐标系，在对话框中指定坐标系类型，然后单击数值区
域中的单元格，设置相对于参考坐标系的坐标值，即可创建偏移坐标基准点，如图3-30
所示。

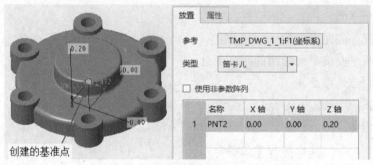

图3-30 创建偏移坐标基准点

3. 创建域基准点

域基准点是在曲线、实边或曲面上的任意位置创建的基准点，是建模中用于分析的
点，主要用于标识一个几何域的域点。创建域基准点一般需要通过辅助特征才能定义其准
确位置。

在"基准点"下拉菜单中单击
"域"按钮 ，系统会弹出"基准点"
对话框。在绘图区中直接选取参考对象
(点的放置位置)，即可创建相应的域基
准点，如图3-31所示。

图3-31 创建域基准点

3.2.3 基准轴

基准轴是一种独立的基准特征,可被重定义、隐含、隐藏或删除。基准轴是没有质量的线性参考。其长度不受限,但是可以通过选择参考、指定值或拖动控制柄等方法来编辑其显示长度。

1. 基准轴的使用

基准轴可以用作特征中的构造几何,如在三维空间中为柱体、台体、孔特征和盘类零件的中心轴线;也可以在建模过程中用作下述特征创建的定位参考。

○ 创建其他基准特征,如基准平面的参考。

○ 创建其他特征,如孔位置、特征环形阵列的中心参考。

○ 组装元件的参考。

2. 基准轴类型

在Creo 8.0中可以创建4种不同类型的基准轴。

(1) 自动轴:一般是指在拉伸圆柱和创建孔特征的情况下由系统自动创建的中心轴。

(2) 轴特征:在三维空间中选择单个或多个参考,将其设置为"通过""法向""相切"和"中心"等约束类型的组合,从而定义一条线来创建基准轴。可创建的轴特征具有下述类型。

○ 穿过边。

○ 垂直于平面。

○ 通过圆柱曲面。

○ 通过两平面或平面曲面的相交部分。

○ 通过两点或顶点。

○ 通过弧的中心。

○ 与边相切。

○ 通过一点或一顶点,与平面垂直。

○ 通过坐标系的X、Y或Z轴。

(3) 几何点:即基准点,在草绘环境中创建完毕后,轴将出现在几何点的位置,并与草绘平面垂直。用于拉伸特征的内部草绘时,几何点只能创建轴。

(4) 几何中心线:即基准中心线,只能在草绘环境中创建。几何中心线在草绘平面上创建完毕后,将在图形窗口中显示为基准轴。如图3-32所示为旋转特征所创建的基准轴(中心线)。

图3-32　旋转特征的基准轴

3. 选择基准轴

可使用下列方法选择基准轴。

○ 选择轴线。

○ 选择轴名称标记。

○ 在模型树中选择轴。

○ 在搜索工具中按名称搜索轴。

4.创建基准轴

根据基准轴类型的不同,可以有多种创建基准轴的方法,下面以在一个零件模型上创建基准轴为例,讲述创建基准轴的一般操步骤。

01 在功能区中选择"模型"选项卡,从"基准"面板中单击"轴"按钮,系统会打开"基准轴"对话框。在绘图区选择模型上的一个边,在"基准轴"对话框中单击"确定"按钮,即可创建穿过边的基准轴,如图3-33所示。

02 取消选择基准轴。在"视图"选项卡中,启用"轴标记显示"。

03 选择"模型"选项卡。单击"轴"按钮,系统会打开"基准轴"对话框,在绘图区选择一个曲面,单击"确定"按钮,即可创建通过圆柱曲面的基准轴,如图3-34所示。

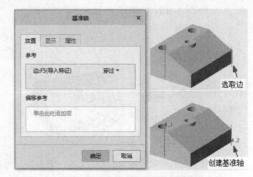

图3-33 创建穿过边的基准轴

04 单击"轴"按钮,按住Ctrl键并选择基准平面FRONT和曲面,如图3-35所示。

图3-34 创建通过圆柱曲面的基准轴

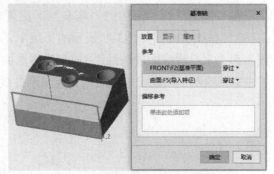

图3-35 选择基准平面 FRONT 和曲面

05 在"基准轴"对话框中选择"显示"选项卡,选中"调整轮廓"复选框,从下拉列表中选择"参考",再次选择同一个曲面,如图3-36所示。

06 在"基准轴"对话框中选择"属性"选项卡,将"名称"改为REF_1,单击"确定"按钮并取消选择基准轴。如图3-37所示即为通过平面曲面的相交部分创建基准轴。

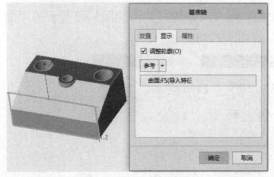

图3-36 "显示"选项卡

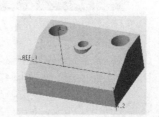

图3-37 创建平面曲面相交基准轴

07 单击"轴"按钮，选择如图3-38所示的曲面。然后选择"偏移参考"选项框，按住Ctrl键并选择两个曲面，将相应的偏移值改为40和8，如图3-39所示。

08 在"基准轴"对话框中，单击"确定"按钮，即可创建垂直于曲面的基准轴A_3，如图3-40所示。

 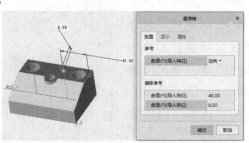 

图3-38　选择曲面　　　　　图3-39　设置偏移参考　　　　　图3-40　创建垂直于曲面的基准轴

3.2.4　基准曲线

在Creo 8.0中，基准曲线通常用作扫描的轨迹线，以及三维造型的辅助曲线等。

在"模型"选项卡中的"基准"下拉菜单中，单击"曲线"按钮～右侧的下级菜单按钮，系统将弹出如图3-41所示的子菜单，其中包括"通过点的曲线""来自方程的曲线"和"来自横截面的曲线"3种创建基准曲线的方式。另外，基准曲线还可以在草绘环境中直接绘制。下面分别对这些创建基准曲线的方式进行介绍。

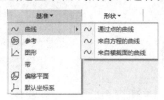

图3-41　"曲线"子菜单

1. 通过点创建基准曲线

通过点创建基准曲线，需要事先定义一系列点，包括曲线的起始点、中间点和终止点等，然后再按照指定的方式选取曲线经过的点。选择的点可以是基准点或模型端点。

在"曲线"子菜单中选择"通过点的曲线"选项，系统将弹出如图3-42所示的"曲线：通过点"操控面板。该操控面板中各主要选项卡的功能如下。

图3-42　"曲线：通过点"操控面板

(1)"放置"选项卡

"放置"选项卡中包含两种连接点的方式，选择"样条"，系统将使用样条曲线连接各点；选择"直线"，系统将使用直线连接各点，且可以在各点的转折处以相同或不同半径的圆角过渡。"放置"选项卡如图3-43所示。

(2)"结束条件"选项卡

"结束条件"选项卡如图3-44所示，其中各选项的含义如下。

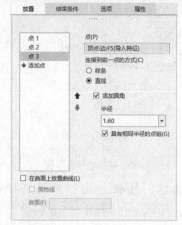

图 3-43　"放置"选项卡

图 3-44　"结束条件"选项卡

- 曲线侧：选择曲线的起点或终点，并显示点的设置。
- 结束条件：在选定曲线的端点设置条件类型。包括"自由""相切""曲率连续"和"垂直"4种类型。

(3)"选项"选项卡

如果曲线仅通过两个点，并以"样条"形式连接，则可以选择"扭曲曲线"选项设置外形。在"曲线：通过点"操控面板中选择"选项"选项卡，启用"扭曲曲线"复选框，如图3-45所示，单击"扭曲曲线设置"按钮，在打开的"修改曲线"对话框中单击拖动控制点可调整曲线的外形，如图3-46所示。

图 3-45　"选项"选项卡

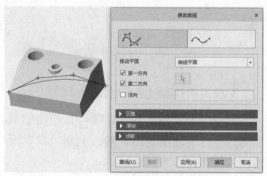

图 3-46　"修改曲线"对话框

2. 根据方程创建基准曲线

根据方程创建基准曲线是相对复杂的一种方法，即给出曲线的数学方程，系统根据方程式创建基准曲线。下面介绍根据方程创建基准曲线的具体步骤。

01 在"曲线"子菜单中选择"来自方程的曲线"选项，打开"曲线：从方程"操控面板，如图3-47所示。

图3-47 "曲线：从方程"操控面板

02 在"曲线：从方程"操控面板中选择"笛卡儿"选项，如图3-48所示。在该操控面板中单击"参考"选项卡，在图形区选择坐标系，如图3-49所示。

图3-48 "设置坐标类型"菜单

图3-49 选择坐标系

03 在"曲线：从方程"操控面板中单击"编辑"按钮 ✎编辑 ，系统将弹出"方程"对话框。在"方程"对话框中设置曲线方程，输入x=50*t并按Enter键，再输入y=10*sin(t*360)并按Enter键，最后输入z=0，如图3-50所示。

04 单击"确定"按钮，结果如图3-51所示。

图3-50 "方程"对话框

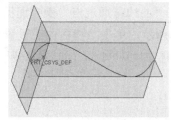

图3-51 根据方程创建基准曲线

3. 使用横截面创建基准曲线

利用横截面创建基准曲线，是指由横截面与零件轮廓的相交线来创建基准曲线。首先需要为零件创建剖切面，然后利用"横截面"创建基准曲线。下面说明使用横截面创建基准曲线的具体步骤。

01 选择"视图"选项卡，单击"模型显示"面板中的"截面"按钮 ，系统将弹出"截面"操控面板，如图3-52所示。选择RIGHT基准平面为参考截面平面，单击"预览而不修剪"按钮 ，单击"确定"按钮 ✔ ，创建截面XSEC0001，如图3-53所示。

图3-52 "截面"操控面板

02 在"曲线"子菜单中选择"来自横截面的曲线"选项，系统将弹出"曲线"操控面板，如图3-54所示。

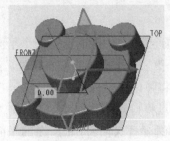

图 3-53 创建截面

图 3-54 "曲线"操控面板

03 在"曲线"操控面板中单击"横截面"右侧的 ▾ 按钮，在弹出的下拉列表中选择XSEC0001截面，单击"确定"按钮，即可创建如图3-55所示的基准曲线。

图 3-55 使用截面创建基准曲线

4. 草绘基准曲线

草绘基准曲线是在草绘环境中利用各种草绘工具绘制的几何曲线。其形式可以由样条曲线、圆弧、直线段以及一个或多个开放或闭合的曲线段组成。

单击"基准"选项板中的"草绘"按钮，进入草绘环境后利用各种草绘工具绘制基准曲线，单击"确定"按钮，即可完成基准曲线的创建，如图3-56所示。

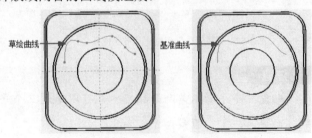

图 3-56 草绘基准曲线

3.2.5 基准坐标系

在Creo 8.0中，可以将坐标系添加到零件和组件的参考特征中，这是创建特征的基础。基准坐标系包括笛卡儿坐标、圆柱坐标和球坐标3种类型。在实际应用中，坐标系主要有以下7种作用。

- ○ 计算模型质量属性。
- ○ 定位装配零件。
- ○ 作为复制特征的基准。
- ○ 作为几何输入、输出使用的基准。
- ○ 作为测量基准。
- ○ 作为加工的基准和参考。

○ 作为几何建模的方向参考。

坐标系的创建方法有许多种，下面介绍几种常用的创建方法。

1. 通过三个平面

该方式是指通过指定三个平面的交点确定坐标系的原点。其中，所选第一个平面法向方向指定X轴方向，第二个平面法向方向确定Y轴方向，第三个平面将坐标系定位。

单击"基准"选项板中的"坐标系"按钮✦，系统将弹出"坐标系"对话框。在绘图区中按住Ctrl键依次选取相交的三个平面，在三面交汇点将自动创建原点。其中，X轴垂直于所选的第一个面、Y轴垂直于所选的第二个面、Z轴垂直于X轴和Y轴所在的平面，效果如图3-57所示。

如果创建的坐标系不符合要求，可以通过"坐标系"对话框中的"方向"选项卡设置坐标系X轴和Y轴的方向，且此时系统会根据右手定则确认坐标系的Z轴方向。若单击"反向"按钮，则可将对应坐标轴的方向反向，效果如图3-58所示。

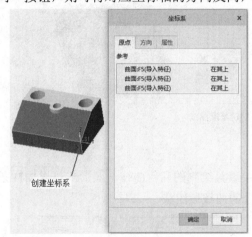

图3-57　通过三个平面创建基准坐标系

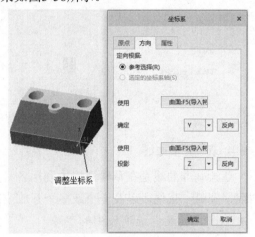

图3-58　调整坐标系的方向

❖ **注意**

即使三个平面不是两两相交，也可以通过三个平面来确定基准坐标系，此时该坐标系的原点位于三个平面的延伸交汇点处。

2. 通过一点两轴

该方式是在绘图区选取坐标系原点和任意两个轴向，并根据右手定则确定第三个轴向来创建基准坐标系。其中，可以选取任意一个基准点、端点、顶点或已有坐标系的原点作为新坐标系的原点；选取任意两个基准轴、实体边线或曲线确定两个轴向。

在绘图区中选取一点作为坐标原点，然后切换至"方向"选项卡，依次选取模型的两条棱边作为参考，并分别指定基准坐标系中X、Y和Z的任意两轴方向即可，效果如图3-59所示。

3. 通过两轴线

该方式是在绘图区选取基准轴、直线型实体边或曲线创建基准坐标系。其中，相交点或最短距离处将被确定为原点，且原点落在所选第一条直线上。同样指定任意两个轴向后，系统会根据右手定则确定第3个轴向。

在绘图区中按住Ctrl键选取两个基准轴或者实体边，系统将默认其相交点为原点。然后在"方向"选项卡中指定任意两个轴向，即可创建相应的基准坐标系，效果如图3-60所示。

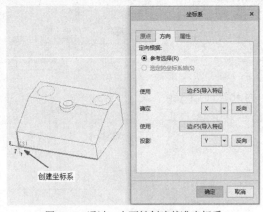

图 3-59 通过一点两轴创建基准坐标系

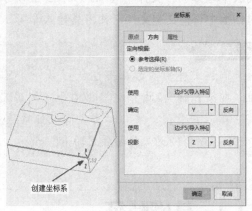

图 3-60 通过两轴线创建基准坐标系

4. 通过偏移或旋转坐标系

该方式是以现有坐标系为参考创建新坐标系。对现有坐标系的操作方式可以分为以下两种类型。

(1) 偏移创建坐标系

在绘图区中选取原有坐标系，并在"坐标系"对话框的"偏移类型"下拉列表中选择一种偏移类型。然后分别设置在X轴、Y轴和Z轴方向上的偏移距离即可，效果如图3-61所示。

(2) 旋转创建坐标系

如果使用旋转方式创建坐标系，则需在打开的对话框中切换至"方向"选项卡。然后输入新坐标系相对于参考坐标的旋转角度，即可重新定位坐标系的X轴、Y轴方向，效果如图3-62所示。

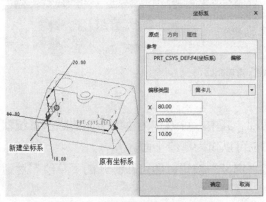

图 3-61 通过偏移创建基准坐标系

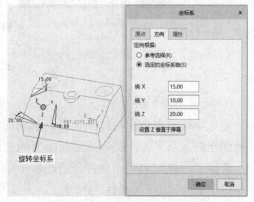

图 3-62 通过旋转创建基准坐标系

5. 自文件

该方式是以现有某一坐标系为参考，导入由记事本编辑器所完成的偏移文件，以创建新坐标系。

在绘图区选取现有坐标系为参考，并在"偏移类型"下拉列表中选择"自文件"选项，如图3-63所示。然后在"打开"对话框中查找文本文件，并将其导入即可。

> ❖ **注意**
>
> 偏移文件的内容应当包括：第一，X与Y两轴向的矢量值，即第三轴向Z由系统根据右手定则确定，因此X3、Y3和Z3可输入任意值；第二，与现有坐标系原点的平移距离，其中TX、TY和TZ的文件扩展名为.trf。

图3-63　导入偏移值

3.3　基础特征

在Creo 8.0系统中，特征是设计和操作的最基本单位，基础特征则是各类高级特征的基础和载体。基础特征主要包括拉伸、旋转、扫描和螺旋扫描。

3.3.1　拉伸特征

拉伸特征以二维草绘为基础。它垂直于草绘平面线性拉伸草绘，以创建或移除材料。可以先选择草绘然后启动"拉伸"工具，也可以先启动"拉伸"工具然后再选择草绘。

1. "拉伸"操控面板

选择"模型"选项卡，单击"形状"面板中的"拉伸"按钮，系统将弹出"拉伸"操控面板，如图3-64所示。

图3-64　"拉伸"操控面板

(1) 定义草绘平面

定义草绘平面是绘制拉伸特征剖截面的基础。其中，可以作为草绘平面的除了系统默认或创建的基准平面，实体或曲面模型的表面也可以作为草绘平面。

选择"放置"选项，在打开的面板中单击"定义"按钮，即可在打开的"草绘"对话框中指定草绘平面，如图3-65所示。

(2) 设置拉伸深度

从二维草绘创建拉伸特征时，特征拉伸的深度可根据要捕获的设计意图以多种方式进行设置。可在"拉伸"操控面板上的"深度"框中输入深度值，或在图形窗口中拖动控制滑块指定所需的深度。"拉伸"操控面板上的拉伸深度选项如图3-66所示。

图 3-65 "放置"面板与"草绘"对话框

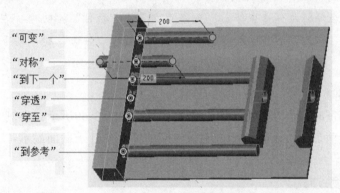

图 3-66 拉伸深度选项

- ○ "可变" ⯑：这是默认的深度选项，从草绘平面按指定深度值拉伸截面。可通过拖动控制滑块、在模型上编辑尺寸或使用操控面板来编辑此深度值。
- ○ "对称" ⯑：截面在草绘平面的两侧进行相同的拉伸。可编辑特征拉伸的总深度，就像可以使用"可变"深度选项一样。
- ○ "到下一个" ⯑：此选项使拉伸操作在遇到下一个曲面时停止。不需要深度尺寸，因为下一个曲面会控制拉伸深度。
- ○ "穿透" ⯑：此选项可使截面穿过整个模型进行拉伸，一般用于创建拉伸的剪切特征。不需要深度尺寸，因为模型自身可控制拉伸深度。
- ○ "穿至" ⯑：此选项可将截面拉伸至与选定的曲面相交。不需要深度尺寸，因为选定曲面可控制拉伸深度。需要注意的是，截面必须通过选定的曲面。
- ○ "到参考" ⯑：此选项可使拉伸在选定曲面上停止。不需要深度尺寸，因为选定曲面可控制拉伸深度。与"穿至"深度选项不同，截面不必穿过选定曲面，如图3-67所示。

另外，若选择"穿至"和"到参考"方式，需要在"选项"下拉面板中激活"侧1"或"侧 2"，如图3-68所示。分别选取两个参考面，在它们之间创建拉伸特征。

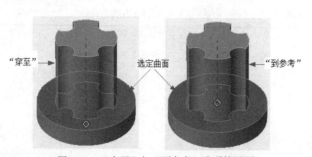

图 3-67　"穿至"与"到参考"选项的区别　　　　图 3-68　"选项"下拉面板

❖ 提示 ▶

　　在首次打开的"拉伸"操控面板中，只有"可变""对称"和"到参考"3种拉伸深度设置方式。当拉伸特征创建完毕后，如果再次单击"拉伸"按钮 ，在打开的"拉伸"操控面板中，除了包括上面3种方式，还包括"穿至""穿透"和"到下一个"拉伸深度设置方式。

　　(3) 调整拉伸方向

　　创建拉伸特征时，会在界面中显示两个箭头，如图3-69所示。右侧的箭头垂直于截面显示，表示深度方向。左侧的箭头平行于截面显示，表示材料方向。

图 3-69　拉伸方向

　　○　指定深度方向

　　界面中的深度方向箭头显示特征是以相对于草绘平面的那个方向创建的。可通过使用操控面板或单击界面中的箭头反向特征创建的方向。在图3-70中，深度方向已反向。

　　默认情况下，仅在一个方向创建特征。这被称为"侧1"。但是，可以添加第二方向以使特征从草绘平面的两个方向上创建。第二侧为"侧2"，在图3-71中，已将"侧2"深度方向添加到特征中。

图 3-70　反向深度方向　　　　图 3-71　在两个方向上创建特征

　　○　指定材料方向

　　界面中的材料方向箭头显示了创建切口时移除了草绘材料的那一侧。此箭头仅在移除材料时显示。与深度方向箭头相似，可使用操控面板或单击界面中的箭头反向材料方向。在图3-72中，切口的材料方向从内侧反向到外侧，因此，移除的材料从内侧反向到外侧。

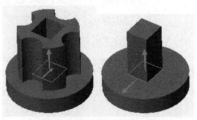

图 3-72　相同的特征、反向材料方向

2. 创建实体拉伸特征

当所绘拉伸截面为封闭的轮廓曲线时，沿垂直于草绘平面的方向进行拉伸，即可创建拉伸实体特征。

首先绘制如图3-73所示的草绘截面，然后在功能区中选择"模型"选项卡，从"形状"面板中单击"拉伸"按钮 ，系统将弹出"拉伸"操控面板。在"拉伸"操控面板中单击"实体"按钮 ，即可选取特征类型。

01 在绘图区选择"草绘1"，将基准平面TOP上的拖动控制滑块向下拖动到深度100，如图3-74所示。在操控面板中单击"确定"按钮 ，完成第一个拉伸特征的创建。

02 单击"拉伸"按钮 。在绘图区选择"草绘2"，将高度改为300，如图3-75所示。在操控面板中单击"确定"按钮 ，完成第二个拉伸特征的创建。

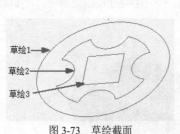
图3-73　草绘截面

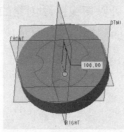
图3-74　拉伸"草绘1"

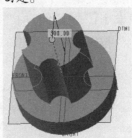
图3-75　拉伸"草绘2"

03 单击"拉伸"按钮 。在绘图区选择"草绘3"，在操控面板中单击"移除材料" ，将深度改为"穿透" ，如图3-76所示。单击"确定"按钮 ，完成整个拉伸实体特征的创建，效果如图3-77所示。

图3-76　拉伸"草绘3"

图3-77　创建拉伸实体特征

3. 创建拉伸曲面

创建拉伸曲面特征时，其所绘的拉伸截面既可以是开放的单条直线、圆弧或多段线等，也可以是封闭的轮廓曲线。

在"拉伸"操控面板中单击"曲面"按钮 ，并绘制截面草图。然后设置相应的拉伸深度，即可创建拉伸曲面特征，如图3-78所示。

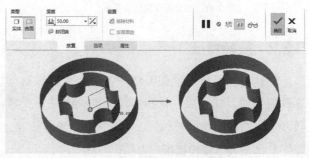
图3-78　创建拉伸曲面特征

4. 创建拉伸薄壁特征

拉伸薄壁特征是实体特征的一种特殊类型，不同于曲面特征，它具有实体的大小和质量，外部形状为具有一定壁厚、内部呈中空的实体模型。可以用"拉伸"操控面板中的"加厚草绘"选项创建拉伸薄壁特征。

> ❖ **提示** ▶
>
> "加厚草绘"功能在很多类型的特征中均可用，包括拉伸、旋转、混合和扫描特征。创建这些特征时，可使用"加厚草绘"选项将厚度分配到选定的截面轮廓。

在"拉伸"操控面板中选择"实体"类型后，单击"加厚草绘"按钮⊏。然后在其右侧的深度文本框中设置壁厚，即可将绘制的截面草图加厚为薄壁实体，如图3-79所示。

其中，单击"反向"按钮⁒，可以切换壁厚创建的方向，如图3-80所示。单击"移除材料"按钮◿，可创建薄壁剪切特征，如图3-81所示。

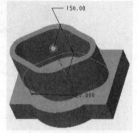

图 3-79 创建拉伸薄壁特征

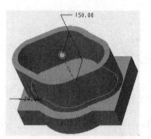

图 3-80 反向加厚侧

在开放草绘和封闭草绘上均可使用"加厚草绘"。例如，可使用该选项将草绘的一个封闭圆或矩形拉伸成具有指定壁厚的管道形状，也可将草绘的一个开放的折线拉伸为具有指定壁厚的折板形状，如图3-82所示。

图 3-81 创建薄壁剪切特征

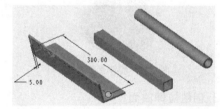

图 3-82 开放和封闭草绘创建拉伸薄壁特征

3.3.2 旋转特征

旋转特征是将草绘截面绕一条中心线旋转而创建的实体或曲面特征，主要用于回转类零件的创建，如端盖、轴和齿轮等盘类或柱体类零件都可看作是将剖截面绕轴向中心线旋转360°而创建的轮廓特征。

1. "旋转"操控面板

旋转特征是将草绘剖截面绕着草绘平面内的中心轴线，单向或双向旋转一定角度而创建的特征。可以向模型中添加或移除材料。

选择"模型"选项卡，单击"形状"面板中的"旋转"按钮⬥，系统将弹出"旋转"

操控面板，如图3-83所示。该操控面板中包含以下3种设置旋转角度的方式，效果分别如图3-84、图3-85、图3-86所示。

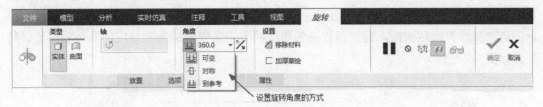

图 3-83　"旋转"操控面板

- ❍　"可变" ⬆：从草绘平面以指定角度值旋转截面。
- ❍　"对称" ⬇：在草绘平面的每一侧上以各个方向上指定角度值的一半旋转截面。
- ❍　"到参考" ⬆：将截面旋转至一个选定点、平面或曲面。

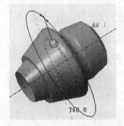

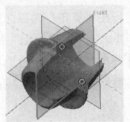

图 3-84　"可变"方式　　　　图 3-85　"对称"方式　　　　图 3-86　"到参考"方式

2. 创建旋转特征

(1) 定义旋转轴

选择要旋转的草绘后，默认情况下，特征将使用截面中草绘的第一条几何中心线作为旋转轴，如图3-87中的左图所示。如果要旋转的草绘不包含几何中心线，也可以选择任何其他直曲线或边、基准轴或坐标系轴作为旋转轴。在图3-87的右图中，旋转轴更改为水平基准轴。定义旋转轴有两条规则：截面几何只能在旋转轴的一侧进行草绘；旋转轴必须位于截面的草绘平面中。

(2) 绘制剖截面

旋转特征包括实体和曲面两种类型。其中，实体特征又分为实心实体和薄壁两种。如果要创建实体特征，绘制的剖截面必须是封闭的轮廓曲线；如果要创建曲面特征，则剖截面可以是单个的直线、圆弧、样条曲线或封闭的曲线组合。

另外，封闭的草绘截面可用于创建添加材料的特征；开放的草绘截面则可用于创建移除材料的切口，如图3-88所示。

图 3-87　使用不同旋转轴创建旋转特征　　　　图 3-88　使用旋转特征移除材料

(3) 创建旋转特征的步骤

要创建旋转特征，首先应在"旋转"操控面板中选择旋转特征的类型，然后在"放置"下拉面板中单击"定义"按钮 定义... ，指定草绘平面进入草绘环境绘制截面草图。再返回到"旋转"操控面板，通过设置旋转角度的方式来限制旋转的角度，从而创建旋转特征，如图3-89所示。

图 3-89　创建旋转特征

若在"旋转"操控面板中单击"曲面"按钮 ，则创建曲面特征；单击"实体"按钮 ，并单击"加厚草绘"按钮 ，则创建实体薄壁特征，如图3-90所示。

若在"旋转"操控面板中单击"实体"按钮 ，并单击"去除材料"按钮 ，则创建旋转剪切特征，如图3-91所示。

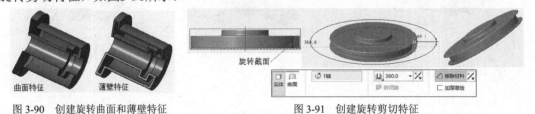

图 3-90　创建旋转曲面和薄壁特征　　　　图 3-91　创建旋转剪切特征

3.3.3　扫描特征

扫描特征是将一个截面沿着指定的轨迹曲线掠过而创建的实体或曲面特征。创建该特征通常需要定义扫描轨迹线和扫描剖截面等参数。

1. "扫描"操控面板

选择"模型"选项卡，单击"形状"面板中的"扫描"按钮 ，系统将打开"扫描"操控面板，如图3-92所示。该面板中各选项的含义如下。

图 3-92　"扫描"操控面板

(1) 设置扫描特征类型

在该操控面板中单击"实体"按钮 或"曲面"按钮 ，可创建实体或曲面类型的扫描特征；单击"加厚草绘"按钮 ，可创建扫描薄壁特征，如图3-93所示；而单击"移除材料"按钮 ，可将扫描特征从实体模型中去除材料。

(2) 创建或编辑扫描截面

单击"创建或编辑扫描截面"按钮，可以进入草绘环境绘制扫描特征的剖截面。根据所选特征类型，可以绘制开放或封闭的剖截面。可以通过设定剖截面与扫描轨迹之间的约束关系来实现扫描轨迹对草图截面的控制，如图3-94所示。

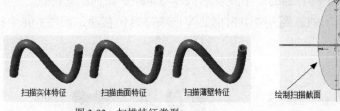

图 3-93　扫描特征类型

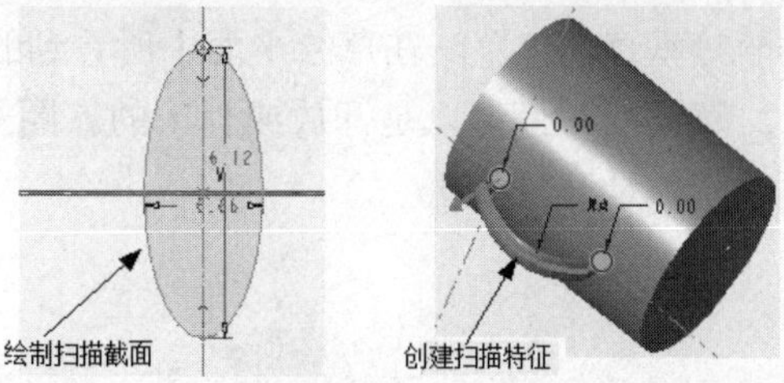

图 3-94　创建扫描截面

(3) 可变截面和恒定截面

在该操控面板中可定义创建扫描特征的方式，包括可变截面和恒定截面两种。其中，单击"恒定截面"按钮，创建的扫描特征在沿着轨迹曲线延伸时，草图截面将保持不变；单击"可变截面"按钮，创建的扫描特征的草图截面将由扫描轨迹决定，如图3-95所示。

(4) "参考"选项

在"参考"下拉面板中可定义扫描的原点轨迹和辅助轨迹，以及剖截面与轨迹线的位置关系。其中，原点轨迹是必不可少的，辅助轨迹控制草图截面形状与方位的变化。

剖截面在扫描过程中的位置包括草图剖面朝向和剖面的X方向。通常，可以在"截平面控制"和"水平/竖直控制"选项列表中进行相应的设置，如图3-96所示。

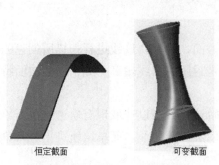

图 3-95　恒定截面和可变截面扫描

图 3-96　设置可变截面扫描参数

2. 选择轨迹

轨迹是截面沿其扫描的路径。轨迹可以是开放的，即不一定创建为一个环，它可以具有锐角或相切角。可以使用下列方法选择轨迹。

- ❑ 选择已经创建的外部草绘。
- ❑ 从现有几何中选择各个曲线或边。要将其他相邻边作为轨迹包含在内，可以在按住 Shift 键的同时选择相邻边。
- ❑ 选择目的链。

3. 定义截面

为截面选择起点。起点是截面开始扫描的位置，并会以洋红色箭头显示在图形窗口中。可以单击箭头将起点切换至反向的轨迹端点。

定义完轨迹和起点之后，可以草绘沿轨迹扫描的截面。截面的草绘平面放置在起点处与轨迹垂直的位置。在草绘平面中所看到的十字线表示轨迹与草绘平面的相交位置。

草绘的截面可以是开放或封闭的。图3-97中扫描的伸出项是封闭截面，而图3-98中扫描的切口是开放截面。

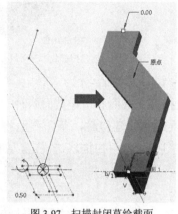

图 3-97　扫描封闭草绘截面

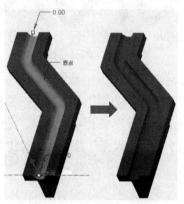

图 3-98　扫描开放草绘截面

4. 创建扫描特征

扫描特征是拉伸特征的一种特殊形式，它是剖截面沿着扫描轨迹线延伸而创建的实体或曲面特征。它与拉伸特征的区别是轨迹线为不确定的曲线，并且扫描的剖截面具有可变性。

(1) 恒定截面扫描特征

恒定截面扫描特征是指大小和形状恒定的剖截面，沿着轨迹线进行扫描所创建的实体或曲面特征。如果创建实体特征，则剖截面必须是封闭的曲线轮廓；如果创建曲面特征，则剖截面可以是开放的单个曲线或曲线组合。

要创建恒定截面扫描特征，应首先指定扫描轨迹线，可以选取现有轨迹或重新绘制轨迹线。其中，选取轨迹指选取已有模型的边线或轮廓线等曲线，而草绘轨迹指进入草绘环境绘制作为轨迹线的曲线，如图3-99所示。

图 3-99　绘制扫描轨迹线

❖ 提示

也可以利用"扫描"操控面板右侧的"草绘"工具绘制扫描轨迹线。此时整个操控面板灰显,处于暂停状态。当完成轨迹线绘制后,单击"暂停"按钮▶,可重新激活操控面板。

完成轨迹线的绘制后,退出草图环境。然后在"形状"面板上的"扫描"类型下拉菜单中单击"扫描"按钮🔖。在打开的"扫描"操控面板中选择特征的类型,并单击"恒定截面"按钮⊟。从绘图窗口中选择轨迹后,在操控面板中单击"创建或编辑扫描截面"按钮☑,进入草绘环境绘制扫描截面,如图3-100所示。

扫描截面绘制完毕后,返回特征操控面板。在"参考"选项卡中定义原点轨迹线、剖截面和轨迹线的位置关系。一般系统以经过扫描轨迹的起点并垂直于扫描轨迹的平面作为草绘平面,自动设定X和Y向参考。单击"确定"按钮☑,即可创建恒定截面扫描特征,如图3-101所示。

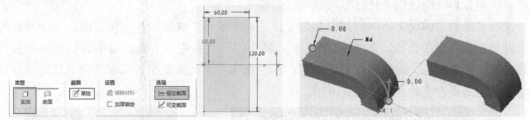

图 3-100 绘制扫描截面　　　　　图 3-101 创建恒定截面扫描特征

(2) 可变截面扫描特征

可变截面扫描特征是指剖截面沿轨迹线有规律地延伸,呈无规则变化生成的实体和曲面特征。一般通过扫描轨迹线来控制剖截面的扫描过程。在绘制剖截面的过程中,需要设定草图对象与扫描轨迹线之间的几何约束关系,从而创建形态多变的实体模型。

要创建可变截面扫描特征,应首先定义扫描轨迹线,主要包括原点轨迹线和辅助轨迹线两种。其中原点轨迹线只有一条,一旦选取将不能删除,但是可以用其他曲线代替原点轨迹。而绘制的辅助轨迹线可以由两条或两条以上组成。如图3-102所示就是绘制的3条轨迹线。

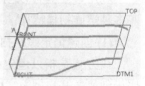

图 3-102 绘制扫描轨迹线

❖ 提示

在绘制轨迹线时,可以一次将原点轨迹线和辅助轨迹线全部绘制。但为了方便将来更改,最好是分别绘制。

扫描轨迹线绘制完毕后,单击"扫描"按钮🔖,在打开的操控面板中单击"实体"按钮▢,并单击"可变截面扫描"按钮☑,然后按住Ctrl键分别选取3条曲线。其中,第一条曲线为原点轨迹线,左边曲线为辅助X向轨迹线,如图3-103所示。

单击"创建或编辑扫描截面"按钮☑,进入草绘环境,绘制如图3-104所示的扫描截面(截面通过3条轨迹线的起点)。然后退出草绘环境,单击"应用"按钮☑。此时,系统将以该截面与3条轨迹线之间的几何约束关系，使截面沿轨迹线有规律地变化，自动生成可变截面的扫描特征，如图3-105所示。

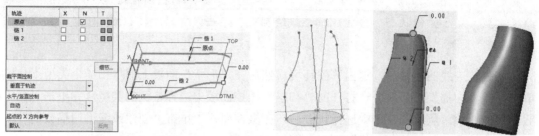

图 3-103　设置曲线属性　　　图 3-104　绘制扫描截面　　图 3-105　创建可变截面扫描特征

3.3.4　螺旋扫描特征

螺旋扫描是将截面沿着螺旋轨迹曲线扫描而创建的特征。该工具经常用于创建包含弹簧、冷却管和线圈绕组等具有螺旋线特征的模型。

在"形状"面板上的"扫描"类型下拉菜单中单击"螺旋扫描"按钮 ，系统将打开"螺旋扫描"操控面板，如图3-106所示。其中，在"参考"下拉面板中可以定义螺旋扫描轮廓、轮廓起点、旋转轴、截面方向；在"选项"下拉面板中可以设置沿着轨迹是保持恒定截面还是改变截面，如图3-107所示。

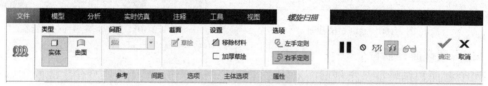

图 3-106　"螺旋扫描"操控面板

利用该工具可以创建螺旋实体特征和螺旋切口特征等多种螺旋扫描特征。

(1) 创建恒定螺距扫描特征

该方式是指以恒定螺距方式创建螺旋扫描特征，常用于创建弹簧和吊钩等机械零件。

单击"螺旋扫描"按钮 ，并依次单击"实体"按钮 和"右手定则"按钮 ，然后在"参考"下拉面板中指定"截面方向"为"穿过螺旋轴"，并单击"定义"按钮，指定草绘平面进入草绘环境，如图3-108所示。

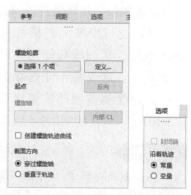

图 3-107　"参考"与"选项"下拉面板

进入草绘环境后，绘制一条直线为扫描轨迹线，并绘制一条与轨迹线平行的中心线为旋转轴。然后单击"确定"按钮 ，退出草绘环境，返回至"螺旋扫描"操控面板。在"间距值"文本框中输入螺距值20，并单击"创建或编辑扫描截面"按钮 ，再次进入草绘环境绘制扫描剖截面，如图3-109所示。

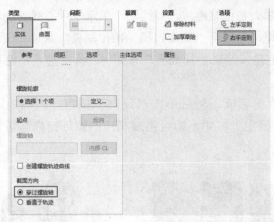

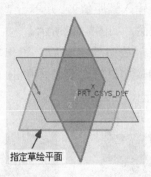

图 3-108 指定草绘平面

完成剖截面的绘制后，退出草图环境。然后单击"预览"按钮 ，预览螺旋扫描特征效果。如果符合要求，单击"确定"按钮，即可生成相应的螺旋扫描特征，如图3-110所示。

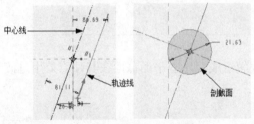

图 3-109 绘制扫描轨迹线和剖截面

图 3-110 创建螺旋扫描特征

(2) 创建螺纹切口特征

该方式是指以螺旋扫描方式从现有的实体上去除材料，常用于创建坚固零件上的外螺纹和内螺纹。

单击"螺旋扫描"按钮 ，并依次单击"实体"按钮 ，"移除材料"按钮 和"右手定则"按钮 ，然后在"参考"下拉面板中指定"截面方向"为"穿过螺旋轴"，并单击"定义"按钮，指定草绘平面进入草绘环境，如图3-111所示。

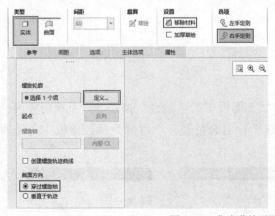

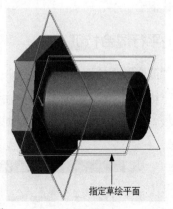

图 3-111 指定草绘平面

进入草绘环境后，绘制一条直线为扫描轨迹线，并绘制一条水平中心线为旋转轴。然后单击"确定"按钮，退出草绘环境，返回至"螺旋扫描"操控面板。此时，在"间距"文本框中输入螺距值9，并单击"创建或编辑扫描截面"按钮，再次进入草绘环境绘制扫描剖截面，如图3-112所示。

完成剖截面的绘制后，退出草图环境。然后单击"反向"按钮，来确定该特征的剪切方向。如果符合要求，单击"确定"按钮，即可生成相应的螺旋扫描剪切特征，如图3-113所示。

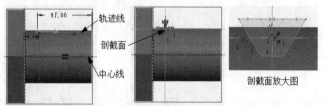

图 3-112　绘制轨迹线和剖截面

图 3-113　创建螺旋扫描剪切特征

3.4　混合特征

一个混合特征至少由一系列的两个平面截面组成，这些平面截面在其顶点处用过渡曲面连接形成一个连续特征。

Creo 8.0中有以下3种基本的混合类型。

- ❑　"平行"：所有混合截面均位于平行平面上。
- ❑　"旋转"：混合截面绕旋转轴旋转，旋转的角度范围为-120°～120°。
- ❑　"常规"：一般混合截面可以绕X轴、Y轴和Z轴旋转，也可以沿这3个轴平移。每个截面都单独草绘，并用截面坐标系对齐。

"扫描混合"是一种特殊的混合特征。该特征沿轨迹的扫描截面是一组变化的截面，具有混合特征的特性。

创建混合特征有两种方式：一是通过使用草绘截面来创建混合，二是通过使用选定截面来创建混合。

3.4.1　平行混合特征

1. "混合"操控面板

在"模型"选项卡中，单击"形状"面板中的"混合"按钮，系统将弹出"混合"操控面板，如图3-114所示，可以创建平行混合特征。"混合"操控面板中各选项的含义如下。

图 3-114　"混合"操控面板

○ "截面"选项卡：在如图3-115所示的"截面"选项卡上，选中"草绘截面"单选
按钮，或单击操控面板上的"创建或编辑扫描截面"按钮 ✎，将通过草绘截面来
创建混合特征。选择"选定截面"选项，或单击操控面板上的"选定截面"按钮
∿，则通过选定现有的截面来创建混合。

○ "选项"选项卡：在如图3-116所示的"选项"选项卡上，选中"直"单选按钮用
直线连接混合截面并通过直纹曲面连接截面的边，或选中"平滑"单选按钮创建
平滑直线并通过样条曲面来连接截面的边。单击"混合"操控面板上的"曲面"
按钮 ◻后，选中"封闭端"复选框则封闭混合特征的两端。

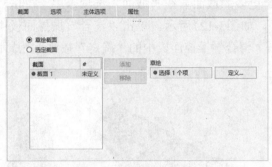

图3-115 "截面"选项卡

图3-116 "选项"选项卡

2. 创建平行混合特征

单击"混合"按钮 ✍，系统将弹出"混合"操控面板，单击"实体"按钮 ◻创建实体
特征，或单击"曲面"按钮 ◻创建曲面特征。单击"创建或编辑扫描截面"按钮 ✎或选择
"截面"选项卡上的"草绘截面"选项。

首先创建第一个截面。单击"截面"选项卡，然后单击"草绘"收集器旁的"定义"
按钮。指定草绘平面进入草绘环境，如图3-117所示。进入草绘环境后，绘制第一个截
面，如图3-118所示。单击"确定"按钮 ✓，退出草绘环境，返回至"混合"操控面板。

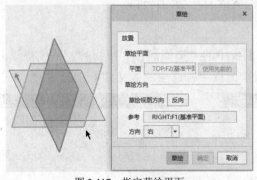

图3-117 指定草绘平面

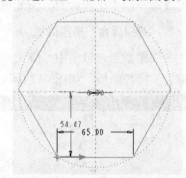

图3-118 草绘"截面1"

然后创建第二个截面。单击"截面"按钮，再次打开"截面"选项卡。在草绘新的截
面前，首先要定义草绘平面的位置。选中"草绘平面位置定义方式"选项组中的"偏移尺
寸"单选按钮，在"偏移自"列表中选择新截面偏移时参考的截面，并在选定的截面旁输
入偏移值75，如图3-119所示。然后，单击"草绘"按钮进入草绘环境，创建如图3-120所
示的截面。

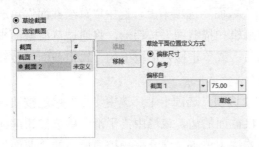

图 3-119　定义草绘平面的位置

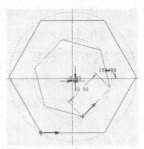

图 3-120　草绘"截面 2"

　　根据需要,通过重复前一步骤来草绘更多的截面。在"截面"选项卡中,单击"添加"按钮,插入新截面,绘制"截面3",如图3-121所示。单击"混合"操控面板中的"加厚草绘"按钮□,设置数值为4,单击"混合"操控面板中的"确定"按钮✔完成平行混合特征的创建,如图3-122所示。

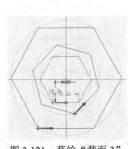

图 3-121　草绘"截面 3"

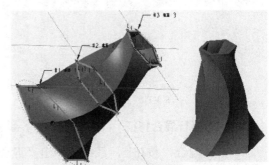

图 3-122　创建平行混合特征

3.4.2　扫描混合特征

　　扫描混合特征就是使截面沿着指定的轨迹进行扫描,生成实体,而且沿轨迹的扫描截面可以是一组变化的截面,因此该特征有兼备混合特征的特性。

1. "扫描混合"操控面板

　　在"模型"选项卡中,单击"形状"面板中的"扫描混合"按钮🖉,系统将弹出"扫描混合"操控面板,如图3-123所示。该操控面板中各选项的含义如下。

图 3-123　"扫描混合"操控面板

　　○　"参考"选项卡

　　单击"扫描混合"操控面板中的"参考"按钮,系统将弹出"参考"选项卡,如图3-124所示。该选项卡用于定义截面的扫描原点。原点轨迹可以是一条线段或样条曲线,但曲线上需要创建多个用于定义截面位置的基准点。原点轨迹的指定方法、截面的控制方式同创建扫描特征相同,故不再赘述。

○ "截面"选项卡

在指定扫描原点轨迹曲线和截面方向后，可以定义扫描混合特征的各截面。单击"扫描混合"操控面板中的"截面"按钮，系统将弹出"截面"选项卡。选中其中的"草绘截面"单选按钮，在绘图区选取扫描轨迹曲线上的节点，如图3-125所示。单击"草绘"按钮，即可进入草绘环境绘制扫描截面，如图3-126所示。

创建"截面1"后，单击"截面"选项卡中的"插入"按钮创建其他截面，在轨迹曲线上选择一个节点，从而指定截面的位置，如图3-127所示。

图3-124 "参考"选项卡

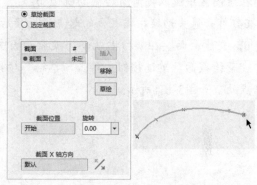

图3-125 选取草绘节点

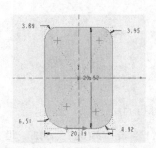

图3-126 绘制扫描混合截面

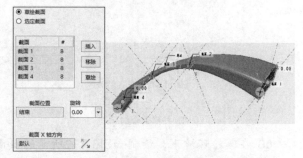

图3-127 创建其他各截面

○ "相切"选项卡

在定义各截面后即可生成扫描混合特征。如果该扫描特征的两个端面与其他特征存在连接关系，即可约束端面的相切类型。系统默认的连接类型为"自由"，可以在该选项卡的下拉列表中选择"相切"或"垂直"选项，设置开始截面和终止截面与其他实体的连接方式。

2. 创建扫描混合特征

创建扫描混合特征时，首先需要绘制出一条扫描原点轨迹曲线，并在这条曲线上绘制出一些基准点，然后以原点轨迹曲线上的各点为截面位置参考，以端点所在轨迹线位置的法向平面为草绘平面，绘制出垂直于轨迹曲线的截面。再设置所创建特征与其他特征之间的相切关系，即可完成扫描混合特征的创建。

下面通过实例讲解创建扫描混合特征的步骤。

01 创建轨迹曲线。在"模型"选项卡中，单击"基准"面板上的"草绘"按钮，选取草绘平面进入草绘环境，绘制如图3-128所示的轨迹曲线。

02 单击"基准"面板上的"点"按钮※※，创建基准点，如图3-129所示。

图 3-128　绘制轨迹曲线

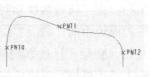

图 3-129　创建基准点

03 单击"形状"面板上的"扫描混合"按钮✎，系统将弹出"扫描混合"操控面板，在绘图区中选取之前所绘制的轨迹曲线。

04 单击箭头切换扫描混合的起点，切换后的轨迹曲线如图3-130所示。

05 创建截面。在"扫描混合"操控面板中单击"截面"按钮，在"截面"选项卡中选中"草绘截面"单选按钮。单击"草绘"按钮，进入草绘环境，指定草绘的原点在轨迹起始点处，如图3-131所示。

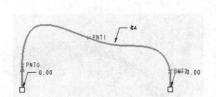

图 3-130　切换扫描混合的起点

图 3-131　"截面"选项卡

06 在草绘环境下，绘制如图3-132所示的截面草图，单击"确定"按钮，退出草绘环境。

07 返回"扫描混合"操控面板，单击"截面"选项卡中的"插入"按钮，单击"草绘"按钮，如图3-133所示，指定基准点2，系统再次进入草绘环境。绘制如图3-134所示的截面草图后，单击"确定"按钮，退出草绘环境。

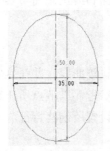

图 3-132　绘制"截面1"

图 3-133　"截面"选项卡

08 按照上述步骤，插入"截面3""截面4""截面5"，分别绘制截面草图，如图3-135所示。单击"确定"按钮，退出草绘环境。

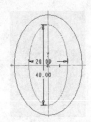

图 3-134 绘制"截面 2"

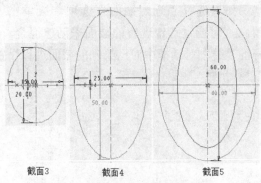

截面3 　　截面4 　　截面5

图 3-135 绘制其余截面草图

09 单击"扫描混合"操控面板中的
"加厚草绘"按钮□，设置数值为4，单击
"确定"按钮，完成扫描混合特征的创建，
如图3-136所示。

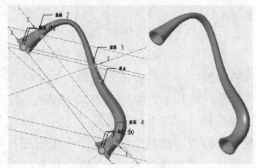

图 3-136 创建扫描混合特征

3.4.3 旋转混合特征

　　旋转混合特征是通过使用绕旋转轴旋转
的两个以上的截面创建的。如果第一个截面
包含一个旋转轴或中心线，会将其自动选定
为旋转轴。如果第一个草绘不包含旋转轴或中心线，可选择其他几何作为旋转轴。

　　截面的方向可以相对于其他截面而定义。所有截面必须位于相交于同一旋转轴的平面
中。对于草绘截面来说，可以通过使用相对于混合特征中另一截面的偏移值或通过选择一
个参考来定义截面的草绘平面。

　　如果要创建闭合的旋转混合特征，则Creo 8.0系统能够自动使用第一个截面作为最后
一个截面，创建一个闭合的特征，而不需要草绘最后一个截面。

1. "旋转混合"操控面板

　　在"模型"选项卡中，单击"形状"面板中的"旋转混合"按钮🔁，系统将弹出
"旋转混合"操控面板，如图3-137所示。该操控面板中各选项的含义如下。

图 3-137 "旋转混合"操控面板

　　○ "截面"选项卡

　　单击"旋转混合"操控面板中的"截面"按钮，系统将弹出"截面"选项卡。选择其
中的"草绘截面"选项，或单击"旋转混合"操控面板上的"草绘截面"按钮🗹，然后单
击"草绘"选项组中的"定义"按钮，即可进入草绘环境草绘第一个截面(同时可以绘制
中心线作为旋转轴)，如图3-138所示。

如果选择"选定截面"选项，或单击"旋转混合"操控面板上的"选定截面"按钮～，可通过选定现有的截面来创建混合。可单击"细节"按钮，如图3-139所示，在打开的"链"对话框中对已绘制的截面进行设置。

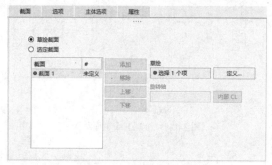

图3-138　"截面"选项卡1

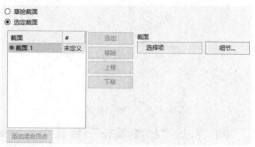

图3-139　"截面"选项卡2

绘制完第一截面后，返回"旋转混合"操控面板，单击"截面"按钮，系统将弹出"截面"选项卡。单击"添加"按钮，可以通过选择"草绘平面位置定义方式"设置草绘平面位置，然后单击"草绘"按钮进入草绘环境，绘制除"截面1"外的其余截面，如图3-140所示。

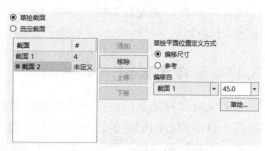

图3-140　"截面"选项卡3

○　"选项"选项卡

该选项卡用于设置两个截面间曲面的形状。选择"直"，在两个截面间形成直曲面；选择"平滑"，形成平滑曲面。选中"连接终止截面和起始截面"复选框可以将起始截面和终止截面连接起来以形成封闭混合。单击"旋转混合"操控面板上的"曲面"按钮▢后，选中"封闭端"复选框则可以封闭混合特征的每一端。

○　"相切"选项卡

该选项卡用于设置每个截面与曲面参考的相对条件，包括"自由""相切"和"垂直"等选项。

2. 创建旋转混合特征

单击"旋转混合"按钮🔄，系统将弹出"旋转混合"操控面板，单击其中的"实体"按钮▢创建实体特征，或单击"曲面"按钮▢创建曲面特征。单击"草绘截面"按钮▢或选中"截面"选项卡中的"草绘截面"单选按钮。

首先创建第一个截面。单击"截面"选项卡，然后单击"草绘"收集器旁的"定义"按钮。指定草绘平面进入草绘环境，如图3-141所示。进入草绘环境后，草绘第一个截面及中心线作为旋转轴，如图3-142所示。然后单击"确定"按钮✔，退出草绘环境，返回至"旋转混合"操控面板。

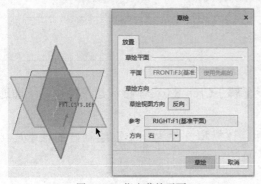

图 3-141　指定草绘平面

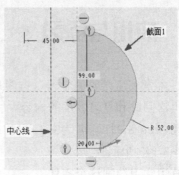

图 3-142　草绘中心线及"截面 1"

　　如果草绘的截面中不包含几何中心线，可单击"旋转轴"收集器，然后选择线性参考作为旋转轴。

　　然后创建另一个截面。打开"截面"选项卡，单击"添加"按钮。首先确定草绘平面的位置。选择"偏移尺寸"选项，在"偏移自"下拉列表中选择偏移参考截面，并在截面旁边输入−120°～120°的角度偏移值，如图3-143所示。之后，单击"草绘"按钮进入草绘环境，并创建"截面2"，如图3-144所示。

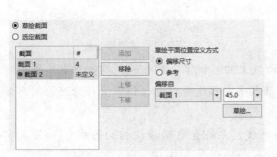

图 3-143　设置草绘平面位置

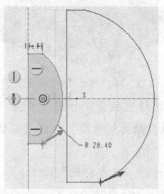

图 3-144　草绘"截面 2"

　　重复前一步骤，草绘更多的截面，如图3-145所示。在"旋转混合"操控面板中单击"确定"按钮，完成旋转混合特征的创建，如图3-146所示。

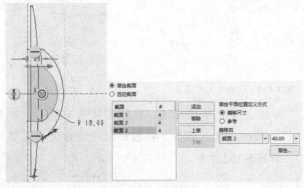

图 3-145　草绘"截面 3"

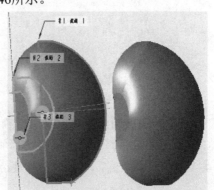

图 3-146　创建旋转混合特征

3.5 应用与练习

通过本章上述内容的学习，读者应已初步了解了Creo 8.0实体特征建模操作。下面通过练习再次回顾和复习本章的内容。

使用Creo 8.0打开名为3_1.prt的模型文件。该模型文件为一个已绘制好的轴承连接件，如图3-147所示。

本练习学习绘制这个零件。

01 新建一个零件，在"基准"面板中单击"草绘"按钮，打开"草绘"对话框，选择草绘平面，单击"草绘"按钮，进入草绘环境。首先利用"中心线"工具绘制互相垂直的两条中心线，然后利用"圆心和点"工具，在水平中心线上绘制一个直径为50、圆心距垂直中心线为100的圆；在垂直中心线上绘制一个直径为25、圆心距水平中心线为50的圆，如图3-148所示。

图 3-147 轴承连接件示意图

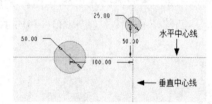

图 3-148 草绘第 1 步

02 选择直径为50的圆，单击"编辑"面板上的"镜像"按钮，以垂直中心线为对称轴镜像直径为50的圆，然后用同样方法，以水平中心线为对称轴镜像直径为25的圆，如图3-149所示。

03 选择"直线相切"命令，绘制4条直线，系统会自动捕捉相切的约束(如果没有自动捕捉，请注意选择位置或绘制完后手工施加相切约束)，如图3-150所示。

04 使用草图的"删除段"工具，裁掉内部不需要的部分，只留下外面的草图轮廓，如图3-151所示。

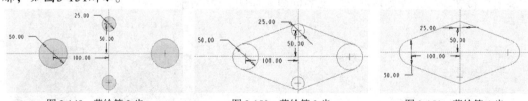

图 3-149 草绘第 2 步　　　　　图 3-150 草绘第 3 步　　　　　图 3-151 草绘第 4 步

05 草图绘制完毕后，单击"确定"按钮✔退出草图环境。在绘图区选中草图，单击"拉伸"按钮，系统将弹出"拉伸"操控面板。在"拉伸"操控面板中，分别设置拉伸类型为"对称"，输入拉伸厚度为20，如图3-152所示。

图 3-152　设置拉伸厚度

06 在拉伸体的表面打两个通孔。单击"拉伸"按钮 🗗，在"放置"下拉面板中单击"定义"按钮，选择拉伸体的表面为草绘平面，进入草绘环境，在两个直径为50的圆的圆心上，分别绘制两个直径为25的圆。返回"拉伸"操控面板，单击"移除材料"按钮 🗗，并将深度改为"穿透" ⊒╞，如图3-153所示。单击"确定"按钮 ✔，完成整个拉伸实体特征的创建，效果如图3-154所示。

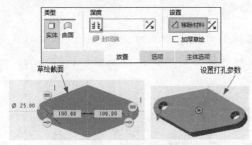

图 3-153　用"移除材料"拉伸打孔　　　　　　　图 3-154　打孔完毕

07 在实体的上表面，使用"拉伸"工具，创建一个圆柱凸台，设置直径为50，高度为30，锥角角度为0，圆台中心位于草绘中心线的交点，如图3-155所示。

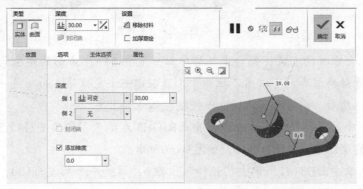

图 3-155　设置圆台参数

08 单击"确定"按钮 ✔，这样就创建了一个圆台，如图3-156所示。仍使用"移除材料"拉伸的方法，在圆台中心打直径为25的通孔，如图3-157所示。

图 3-156　圆台完成后的效果　　　　　　　图 3-157　在圆台中心打通孔

09 使用旋转特征移除材料，在圆台外表面创建一个环形槽，槽的直径为37.5，宽度为13。单击"旋转"按钮 ✦，然后在"放置"下拉面板中单击"定义"按钮 定义... ，指定草绘平面进入草绘环境绘制截面草图，如图3-158所示。

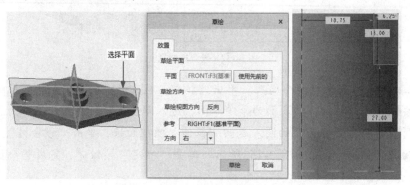

图 3-158　绘制截面草图

[10] 返回到"旋转"操控面板，在绘图区选择圆台的中轴线为旋转轴，设置旋转角度为360，单击"移除材料"按钮 □，从而创建旋转移除材料特征，即圆台开槽的效果，如图3-159所示。

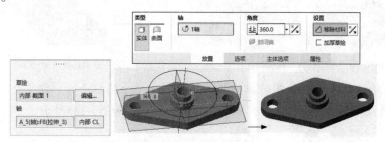

图 3-159　创建圆台开槽效果

[11] 为了配合零件的安装，圆台上孔的中心一定要有一个方形的定位销，这是为了满足工程上防止滑动的需要。可以用"拉伸"工具创建一个定位销，而孔是一个曲面，因而需要创建一个辅助面，让它和孔相切，以便把腔体施加上去。

[12] 单击"平面"按钮 □，选择基准平面RIGHT为参考，将其平移12.5，创建一个和圆台上孔相切的辅助基准平面DTM1，如图3-160所示。

[13] 选择基准平面DTM1，单击"拉伸"按钮 □，草绘一个长度为100、宽度为15的矩形截面，如图3-161所示。

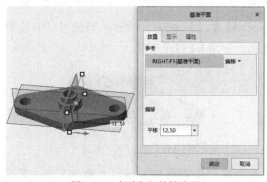

图 3-160　创建相切的辅助面

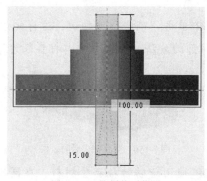

图 3-161　绘制截面草图

14 返回到"拉伸"操控面板,输入拉伸深度为20,设置拉伸方向⚟,并单击"移除材料"按钮⚏,即可创建这个定位销的位置,如图3-162所示。最终效果如图3-163所示。

图 3-162 设置拉伸参数

图 3-163 最终效果

此时,一个完整的轴承连接件就绘制完毕了。若有任何不明白的地方,可以直接打开3_1.prt文件,找到对应的特征,详细查看。

3.6 习题

1. 基准特征的作用有哪些?

2. 创建基准平面、基准轴可以选择哪些参考,这些参考有哪些组合方式?

3. 如何调整坐标轴的位置和方向?

4. 创建来自方程的曲线有哪些主要操作步骤?

5. 创建拉伸特征时有哪些控制深度的方法?如何应用这些方法?

6. 创建可变截面扫描特征时,控制截面形状变化的轨迹线与截面之间具有怎样的关系?

7. 创建扫描混合特征时如何在轨迹线上的不同位置插入截面?

8. 可以采用何种方法创建变螺距螺旋扫描特征?

9. 绘制如图3-164所示的花瓶实体,保存为3_2.prt零件文件。

图 3-164 花瓶实体

第4章

工程特征建模

工程特征包括孔、壳、筋、拔模、倒圆角和倒角等基本工程特征，还包括修饰、扭曲、环形折弯等高级工程特征。工程特征是从工程实践中引入的实体造型概念，与基础特征不同的是，基础特征可以单独创建出零件实体模型，而工程特征只是在基础特征上对模型进行修改。

本章主要介绍各种基本工程特征的概念和创建方法，并详细介绍各高级工程特征的作用和创建方法。此外，还介绍一些其他高级工程特征的创建方法。

通过本章的学习，读者需要掌握的内容如下。

- ❑ 孔、壳、筋、拔模等基本工程特征的创建方法
- ❑ 修饰、扭曲和环形折弯等高级工程特征的创建方法
- ❑ 管道、环形折弯、骨架折弯等相关高级工程特征建模的创建方法

4.1 基本工程特征

工程特征是针对基础特征进一步加工而设计的特征，是从工程实践中引入的实体造型概念。此类特征和前面章节中介绍的基础特征存在着本质区别，基础特征可以创建零件的基本实体并可以单独应用，而工程特征只能在现有特征的基础上进行修改。

Creo 8.0具有孔、壳、筋、拔模、倒圆角和倒角等基本工程特征。下面就逐一介绍这些工程特征的创建方法。

4.1.1 孔特征

孔特征是在模型上切除实体材料后留下的中空回转结构，在产品设计中使用广泛，如创建底板零件上的定位孔、螺纹孔的底孔和箱体类零件的轴孔等。在创建孔特征时，一方面要准确确定孔的直径、深度和孔的样式(如沉头孔、矩形孔)等定型条件，另一方面还需要确定孔在实体上的相对位置，主要是其轴线位置。因为零件与其他零件的扣合，一般都是通过孔完成的。

孔特征是在基本实体中去除一个横断面为圆形、纵断面以孔中心轴线为旋转中心线的旋转实体所创建的特征。在Creo 8.0中，孔特征可分为：简单孔、草绘孔和标准孔3种类型。

1. "孔"操控面板

选择"模型"选项卡，单击"工程"命令组面板上的"孔"按钮，系统将弹出如图4-1所示的"孔"操控面板。

图 4-1 "孔"操控面板

"孔"操控面板由一些命令组成，这些命令从左向右排列，引导用户逐步完成创建过程。通过"孔"操控面板，可以设置孔的放置位置、定位方式、类型、直径和深度等参数。根据设计条件和孔类型的不同，某些选项会不可用。下面介绍该操控面板中各选项的用法。

(1) "放置"选项卡

通过"放置"选项卡可以指定用于创建孔特征的放置曲面、钻孔方向、定位方向和偏移参考以及各种定位参数等。

① 放置：该选项用于指定孔特征的放置面，放置面可以是基准平面、实体模型表面等。单击该选项下面的文本框激活参考收集器，即可选取或删除参考。单击收集器右边的"反向"按钮，可以改变孔相对于放置面的放置方向，如图4-2所示。

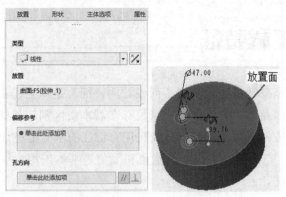

图4-2　指定孔特征的放置面

② 类型：该选项用于设置孔特征的定位方式，包括线性、径向、直径、同轴、点上和草绘6种方式。

○ 线性 ⬚：是通过两个线性尺寸对孔进行定位。使用这种放置方式需要在模型上定义一个主参考。主参考一般定义在实体的表面，线性次参考可以是实体边、基准轴、平面或基准面等，如图4-3所示。

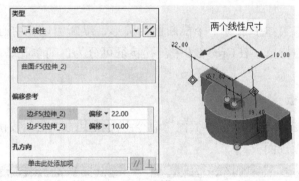

图4-3　定位孔的线性方式

○ 径向 ⊘：是通过一个线性尺寸和一个角度尺寸进行定位。使用径向时，需要在零件中创建基准轴，使用一个角度和基准轴的距离尺寸放置孔。该方式用于选取平面、基准平面、基准轴，以作为放置的主参考，如图4-4所示。

○ 直径 ⊘：是通过绕直径参考旋转来放置孔。该类型除了使用线性和角度尺寸，与径向差不多，也会用到轴。该方式主要用于选取实体表面或基准平面，以作为旋转的主参考，如图4-5所示。

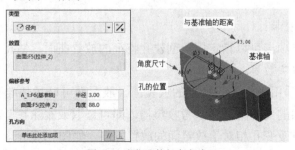

图4-4　定位孔的径向方式

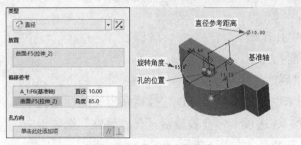

图 4-5 定位孔的直径方式

- 同轴 ⚡ ：在轴和曲面的交点处放置孔。
- 点上 ⚡ ：将孔放置在曲面上的一点、偏离曲面的一点或投影到曲面的一点上。
- 草绘 ⚡ ：将孔放置在草绘点、端点或中点上。

③ 偏移参考：该选项指定孔的定位参考对象，并可以设置孔相对于偏移参考之间的距离或角度。单击该选项下面的文本框激活参考收集器，按住Ctrl键，即可选取、修改或删除偏移参考，如图4-6所示。

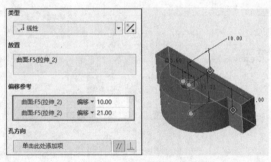

图 4-6 指定偏移参考

④ 孔方向：利用该选项可以确定尺寸方向的参考对象。选择"线性"方式定位孔时，如果选取的是一个偏移参考，可进入"尺寸方向参考"收集器确定尺寸方向的参考对象。

(2) "形状"选项卡

通过"形状"选项卡可以显示孔的形状，并设置钻孔深、直径及锥角等参数。在其下拉列表中，可以选取不同的深度设置方式。

- 盲孔 ⚊ ：单击该按钮，可以在第一方向上指定钻孔的深度。
- 对称 ⊟ ：单击该按钮，可以在对称的两个方向上指定钻孔深度的1/2。
- 到下一个 ⚊ ：单击该按钮，在第一方向上钻孔，一直钻到下一个曲面。
- 穿透 ⚊ ：单击该按钮，在第一方向上钻孔，一直钻到与所有曲面相交。
- 穿至 ⚊ ：单击该按钮，在第一方向上钻孔，一直钻到与所选的曲面或平面相交为止。
- 到参考 ⚊ ：单击该按钮，在第一方向上钻孔，一直钻到与所选的点、曲线、平面或曲面相交为止。

其他各选项含义如下。

- ⊔：创建简单孔按钮。
- ☷：创建标准孔按钮。

(3) "注解"与"属性"选项卡

在"注解"选项卡中，可预览正在创建或重新定义的标准孔特征的特征注解。且只有在创建标准孔特征时，该选项卡才会被激活。在"属性"选项卡中，可查看孔特征的参数信息，并能够重命名孔特征，如图4-7所示。

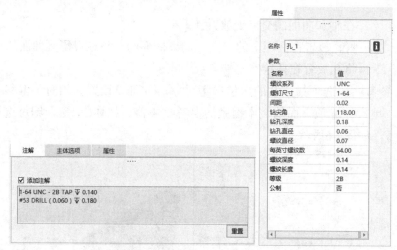

图4-7 "注解"与"属性"选项卡

2. 创建简单孔

简单孔是最常用的孔创建方式。该类孔是具有单一半径的直孔，其横向截面为固定大小的圆形。此外，通过拉伸、旋转特征中的切除材料功能也可以创建简单孔。根据放置参考的不同，简单孔可分为以下3种类型。

线性是最常用的一种放置类型。该方式需要在模型上指定一个用于放置孔的参考平面和两个用于定位孔的偏移参考，然后设置偏移参数和孔形状参数。

径向和直径都是通过平面极坐标系定义孔的位置。因此在选取放置面后，必须指定用于确定角度值的参考平面和确定径向值的中心参考轴线。然后设置具体偏移尺寸、孔径和孔深等参数。

下面通过实例介绍创建简单孔的基本方法。

01 绘制一个实体模型。在"模型"选项卡中，单击"工程"面板上的"孔"按钮◙，系统将弹出"孔"操控面板，单击"简单孔"按钮⊔和"使用预定义矩形作为钻孔轮廓"按钮⊔，在"直径"文本框中输入60。单击"深度"下拉列表中的"对称"按钮₤，并输入钻孔深度值为100，如图4-8所示。

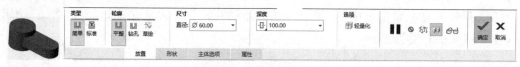

图4-8 "孔"操控面板

02 单击"孔"操控面板中的"放置"按钮，系统将弹出"放置"选项卡。在绘图区内选择实体上的一个面为放置参考，然后在"类型"选项组中选择"径向"选项，单击激活"偏移参考"收集器，按住Ctrl键，在绘图区内选择基准轴线A_1和基准平面RIGHT，如图4-9所示。

03 设置角度和距离，单击"孔"操控面板中的"确定"按钮，完成简单孔的创建，如图4-10所示。

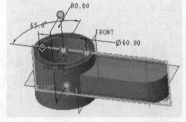

图4-9 "放置"选项卡　　　　　　图4-10 设置角度和距离

04 按上述方法，指定孔的直径为30，单击"钻孔至所有曲面相交"按钮，选择放置参考、偏移类型及偏移参考。

05 单击"孔"操控面板中的"确定"按钮，完成简单孔的创建，如图4-11所示。

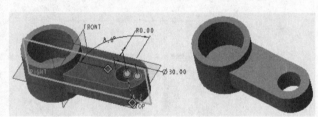

图4-11 创建简单孔

3. 创建草绘孔

草绘孔是使用草绘截面旋转而成的，非单一直径、非标准的圆孔特征。草绘孔与简单孔的创建方式类似，不同之处在于，草绘孔特征的孔直径与孔深都是通过草绘方式定义的。

创建草绘孔旋转截面有如下原则。

截面中必须包含几何图元；必须以一条中心线作为旋转轴；至少要有一个图元垂直于该中心线；如果仅有一条线段与中心线垂直，则系统会自动将该线段对齐到放置面上；草绘截面必须为封闭型截面。

在"孔"操控面板中单击"使用草绘定义钻孔轮廓"按钮，此时在该按钮的右侧将出现两个按钮：单击"打开现有的草绘轮廓"按钮，可打开现有的草绘文件作为孔的侧向截面；单击"激活草绘器以创建截面"按钮，可进入草绘环境绘制孔的剖面轮廓，如

图4-12所示。在退出草绘环境后，即可按照以上内容中介绍的方法创建孔特征，效果如图4-13所示。

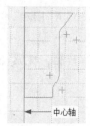

图4-12 草绘孔的剖面

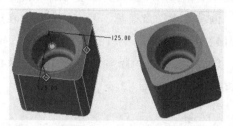

图4-13 创建草绘孔

4. 创建标准孔

标准孔是指利用现有工业标准规格创建的孔，与工业标准的坚固件配合。利用"孔"工具可以创建ISO、UNC和UNF 3种通用规格的标准孔。其中，ISO与我国的GB最为接近，是应用较广泛的机械类标准。

标准孔的主参考定义方法与直孔相同，不同之处在于标准孔的形状已经标准化。单击"孔"操控面板中的"创建标准孔"按钮，在"螺钉尺寸"下拉列表和"形状"下拉面板中，可以选择孔的标准，并可以对标准孔的具体形状做进一步修改，如图4-14所示。

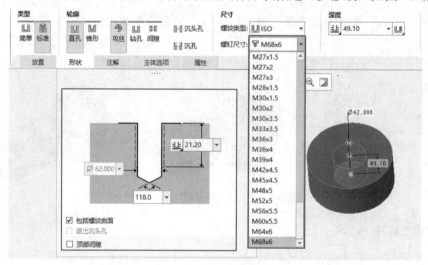

图4-14 标准孔操控面板

标准孔包括螺纹孔、沉头孔、沉孔和标准底孔等，下面分别介绍其创建方法。

(1) 攻丝

攻丝是所有标准孔的默认创建方式。当该按钮处于激活状态时，可以创建具有螺纹特征的标准孔。

单击"添加攻丝"按钮，即可启用或关闭螺纹孔。螺纹孔的形状可在"形状"下拉面板中设置，效果如图4-15所示。其中，虚线表示螺纹顶径。如果指定孔深为"盲孔"方式，则无法取消攻丝功能。

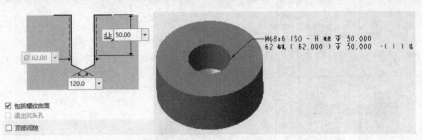

图 4-15 创建 ISO 标准螺纹孔

(2) 沉头孔

在使用沉头螺钉的连接件中,连接件的螺孔部位一般都需要加工出具有一定锥度的沉头孔特征。这样可以使螺钉头部与沉头孔配合,使连接表面平齐美观。

单击"沉头孔"按钮 ,在"形状"下拉面板中对孔的形状和尺寸进行设置,并进行孔的放置和定位,即可创建相应的沉头孔,效果如图4-16所示。

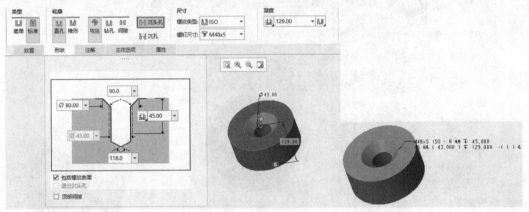

图 4-16 创建沉头孔

(3) 沉孔

使用螺栓进行零件之间的连接时,为了使螺栓坚固牢靠或在螺栓所在平面上安装其他零件,往往需要在安装螺栓的平面上加工直径大于螺孔头的矩形盲孔特征,以达到使螺栓的头部低于连接表面的目的。

单击"沉孔"按钮 ,在"形状"下拉面板中对孔的形状和尺寸进行设置,并进行孔的放置和定位,即可创建相应的沉孔,效果如图4-17所示。

(4) 矩形孔和标准底孔

矩形孔是底面为平面的孔特征,其创建方法与简单直孔相同。标准底孔是以标准孔的轮廓作为钻孔轮廓所形成的孔特征。该类孔可分为沉头孔和沉孔两种类型。其创建方法与标准孔基本相同,区别在于创建标准孔时,孔的径向尺寸只能在"螺钉尺寸"下拉菜单中选取,不能任意设置;但创建标准底孔时,孔的尺寸可以在"形状"下拉面板中任意设置。标准底孔不属于标准孔,因此要依次单击"创建简单孔"按钮 和"使用标准孔轮廓作为钻孔轮廓"按钮 进行创建,效果如图4-18所示。

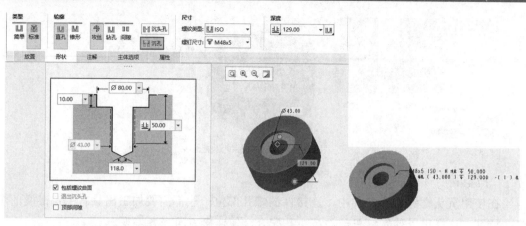

图 4-17　创建沉孔

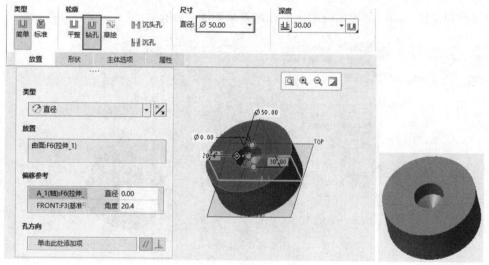

图 4-18　创建标准沉头底孔

4.1.2　壳特征

壳特征是指从实体内"挖"去一部分材料面后创建的新特征，主要用于塑料或者铸造零件。通过壳特征将成型零件的内部掏空，使零件具有质轻、低成本等优点。

1. "壳"操控面板

单击"壳"按钮 ，系统将打开"壳"操控面板，如图4-19所示。其中各个选项的含义介绍如下。

图 4-19　"壳"操控面板

(1)"参考"下拉面板

该下拉面板中包括两个用于指定参考对象的收集器。其中,"移除曲面"收集器用于选取需要移除的曲面或曲面组;"非默认厚度"收集器可以选取需指定不同厚度的曲面,并对该收集器中的每一个曲面分别指定厚度,如图4-20所示。

(2)"选项"下拉面板

在该下拉面板中可以对抽壳对象中的排除曲面、抽壳操作与其他凹拐角或凸拐角特征之间的切削穿透关系进行设置,如图4-21所示。

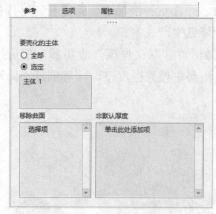

图4-20 "参考"下拉面板

图4-21 "选项"下拉面板

(3)"属性"下拉面板

在该下拉面板中可以浏览壳特征的删除曲面、厚度、方向和排除曲面等信息,并能够对壳特征进行重命名。

(4)厚度和方向

在"厚度"文本框中可以设置壳体的厚度。单击"反向"按钮，可以在参考的另一侧创建壳体,其效果与输入负值厚度相同。通常,输入正值是指挖空实体内部形成壳体,而输入负值则是指在实体外部加上指定厚度,效果如图4-22所示。

图4-22 挖空和加厚

2. 创建抽壳特征

(1)删除面抽壳

删除面抽壳是创建抽壳特征中最为常用的抽壳方法。该方法可以通过删除实体的一个或多个表面创建出壳特征。

选择"壳"工具后,按住Ctrl键依次选取模型上要删除的面,并设置壳体厚度,即可创建厚度均匀的壳体特征,效果如图4-23所示。

(2)保留面抽壳

该方法是将整个实体内部挖空,以在

图4-23 删除面抽壳

实体中创建一个封闭的壳。在创建各类
球模型和气垫等空心模型时较为常用。

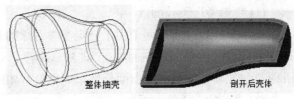

选择"壳"工具后，在"壳"操控
面板上设置抽壳厚度，即可完成此类壳
体的创建，效果如图4-24所示。

图 4-24　保留面抽壳

(3) 不同厚度抽壳

在创建比较复杂的壳体特征时，有些表面需要承受较大的载荷，因此需要加大其厚
度，但其余的表面使用正常的厚度即可满足使用要求。在这种情况下，就需要创建具有不
同厚度的壳体特征，以便既能满足使用要求，又能降低生产成本。

选取要删除的面后，在"参考"下拉面板中激活"非默认厚度"收集器，然后按住
Ctrl键选取需要进行厚度设置的模型表面，并在收集器中设置厚度值，即可创建不同厚度
的壳特征，效果如图4-25所示。

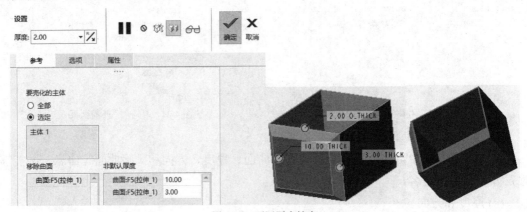

图 4-25　不同厚度抽壳

3. 壳特征的创建顺序

在设计过程中，某些特征的创建顺序不同，产生的结果也将不同。通常情况下，创建
模型的顺序是先创建产品外形，再创建孔特征。而壳特征与倒角和拔模之间也存在着特定
的创建顺序。

(1) 倒角与抽壳

当一个模型中包含倒角和壳两种特征时，首先要创建倒角特征再进行抽壳，这样可以
有效地解决壳体厚度不均匀的问题，效果如图4-26所示。

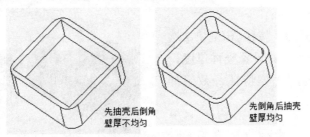

图 4-26　倒圆角与抽壳顺序不同而创建壳特征的效果对比

(2) 拔模与抽壳

当一个模型中既存在拔模特征，又存在壳特征时，首先应创建拔模特征再添加壳特征，这样同样可以解决壳体的不均匀问题。

(3) 孔与抽壳

遇到孔特征与壳特征时，创建的先后顺序不同，所得到的模型效果也会不同，如图4-27所示。

先抽壳后打孔　　　　先打孔后抽壳

图 4-27　孔与壳顺序不同而创建壳特征的效果对比

4.1.3　筋特征

筋特征也称为"肋板"，是机械设计中为了增加产品刚度而添加的一种辅助性实体特征，通常用于加固零件，防止出现不必要的折弯。筋特征的截面草图不是封闭的，筋的截面只是一条直线，且线段两端必须与接触面对齐。草绘端点必须与形成封闭区域的连接曲面对齐。

在"模型"选项卡中，单击"工程"面板中"筋"选项的按钮，可以看到其中包括"轨迹筋"与"轮廓筋"两种筋特征。

1. 轨迹筋特征

"轨迹筋"常用于加固塑料零件，这些零件在腔槽曲面之间含有基础和壳或其他空心区域。腔槽曲面和基础必须由实体几何组成。可以通过在腔槽曲面之间草绘筋路径，或通过选择现有草绘来创建轨迹筋。筋具有顶部和底部，底部是与零件曲面相交的一端，所选的草绘平面用于定义筋的顶部曲面。筋几何的侧曲面延伸至遇到的下一个曲面。筋草绘可包含开放环、封闭环、自交环或多环。

"轨迹筋"特征是一条轨迹，利用"轨迹筋"工具可以一次性创建多条加强筋。该类型筋的轨迹截面可以是多条开放线段，也可以是相互交叉的截面线段。

单击"轨迹筋"按钮，系统将弹出"轨迹筋"操控面板，如图4-28所示。"轨迹筋"操控面板中主要选项的含义介绍如下。

图 4-28　"轨迹筋"操控面板

- ❑ 放置：在该下拉面板中可以指定筋的草绘平面，进入草绘环境绘制筋的截面形状。其中，绘制的截面不需要使用边界作为参考，因为系统会自动延伸所绘截面几何，直到和边界实体几何进行融合。
- ❑ 形状：在该下拉面板中可以设置筋的厚度参数。
- ❑ 属性：在该下拉面板中可以修改筋特征的名称，可以浏览筋特征的草绘平面、参考和厚度等参数信息。

○ 添加拔模 ：为所创建的筋实体添加拔模特征。

○ 倒圆角暴露边 ：在所创建筋实体的暴露边上添加圆角。

○ 倒圆角内部边 ：在所创建筋实体的内部边上添加圆角。

要创建轨迹筋特征，首先需在"放置"下拉面板中单击"定义"按钮，选取草绘平面，进入草绘环境绘制多条截面线段，如图4-29所示。然后退出草绘环境，设置厚度参数，即可创建相应的轨迹筋特征，如图4-30所示。

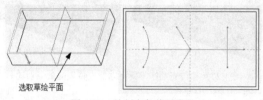

图 4-29　绘制多条截面线段　　　　　　　图 4-30　创建轨迹筋特征

2. 轮廓筋特征

"轮廓筋"特征是设计中连接到实体曲面的薄翼或腹板伸出项。通常，这些筋用来加固设计中的零件，也常用来防止出现不需要的折弯。可以通过定义两个垂直曲面之间的特征横截面来创建轮廓筋。

单击"轮廓筋"按钮 ，将弹出如图4-31所示的"轮廓筋"操控面板，其中各个选项的含义介绍如下。

图 4-31　"轮廓筋"操控面板

○ 参考：该下拉面板用于指定筋的放置平面，可以进入草绘环境绘制截面直线。然后还可以利用"编辑"和"反向"工具，对该截面直线进行重新修改，或改变筋特征的创建方向，如图4-32所示。

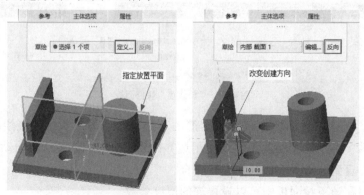

图 4-32　改变筋的创建方向

○ 属性：在该下拉面板中可以对筋特征的草绘平面、参考、厚度和方向等参数信息进行浏览，并能对筋特征进行重命名。

- 深度：单击"反向方向"按钮 ⚒，可以将筋的深度方向更改为草绘的另一侧。
- 厚度和厚度方向：在"宽度"下的文本框中可以输入筋特征的厚度，也可以直接拖动图中的厚度调整手柄进行厚度设置。单击"厚度方向"按钮 ⊠，可以更改筋的两侧面相对于放置平面之间的厚度。在指定了筋的厚度后，连续单击 ⊠ 按钮，可在对称、正向和反向3种厚度效果之间切换，如图4-33所示。

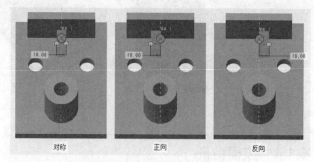

图 4-33 改变筋的厚度方向

3. 创建筋特征

(1) 创建直立式筋特征

直立式筋是指与筋特征所接触的表面都是在平面的情况下所创建的筋特征，如矩形表面等。这种筋的创建方法同拉伸特征相似。

单击"轮廓筋"按钮 ⚒，在展开的"参考"下拉面板中，单击"定义"按钮，进入草绘环境绘制筋的截面直线。然后退出草绘环境，指定筋的厚度和方向，即可完成直立式筋特征的创建，如图4-34所示。

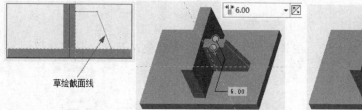

图 4-34 创建直立式筋特征

❖ **提示**

在绘制筋的截面线时，可以将线的端点与曲面加上"重合"约束，这样就能满足草绘端点必须与连接曲面对齐的要求，从而得到有效的筋特征草绘，如图4-35所示。

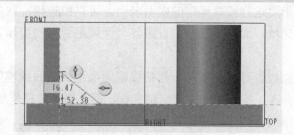

图 4-35 草绘端点与连接曲面对齐

(2) 创建旋转式筋特征

旋转式筋特征的草绘平面将通过某一个具有回旋特征的表面，如圆柱体的表面。此类筋特征以该特征的旋转轴为旋转中心，产生"圆锥形曲面"外形。其创建方法与直立式筋特征的创建方法相同，如图4-36所示。

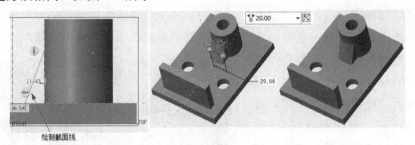

图 4-36　创建旋转式筋特征

4.1.4　拔模特征

在机械零件的铸造工艺中，注塑件和铸件往往需要一个拔模斜面才能顺利脱模，这就是所谓的拔模处理。拔模就是将实体模型的表面沿指定的拔模方向倾斜一定角度的操作，广泛应用于各种模具的设计领域。

1. "拔模"操控面板

单击"拔模"按钮，系统将弹出如图4-37所示的"拔模"操控面板。其中各选项的含义介绍如下。

(1) "参考"下拉面板

该下拉面板如图4-38所示，在其中可指定以下参考对象，其含义分别介绍如下。

图 4-37　"拔模"操控面板　　　　　图 4-38　"参考"下拉面板

- 拔模曲面：指要进行拔模操作的模型表面，可以由拔模枢轴、曲面或者草绘曲线分割为多个区域，而且可以分别设定各个区域是否参与拔模以及定义不同的拔模角度。

- 拔模枢轴：指拔模过程的参考，包括拔模曲面上的曲线或模型平面。拔模枢轴是拔模操作的参考，拔模围绕拔模枢轴进行，而不影响拔模枢轴自身的形态。

- 拖拉方向：指用于测量拔模角度的参考，可通过选取平面、直边、基准轴、两点或坐标系对其进行定义。拖拉方向一般都垂直于拔模枢轴，一般系统会自动设定，而不需要手动设定。

(2) "分割"下拉面板

在该下拉面板中可对拔模曲面进行分割，并可设置拔模面上的分割区域，以及各区域是否进行拔模。其中各选项的含义介绍如下。

○ 分割选项：在该下拉列表中包括3个选项。其中"不分割"为默认选项，是指拔模面绕拔模枢轴按指定的角度进行拔模，没有分割效果；另一种是以指定的拔模枢轴为分割参考，创建分割拔模特征；"根据分割对象分割"是通过拔模曲面上的曲线或者草绘截面进行分割，创建相应的分割拔模特征，如图4-39所示。

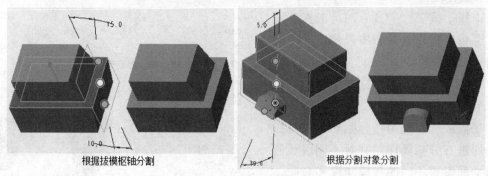

根据拔模枢轴分割　　　　　　　　根据分割对象分割

图 4-39　分割拔模效果

○ 分割对象：该选项仅在选择了"分割选择"下拉列表中的"根据分割对象分割"选项后，才处于激活状态。单击该选项下侧的收集器，可以选取模型上现有的草绘、平面或面组作为拔模曲面的分割区域；若单击"定义"按钮，则可以指定一个曲面作为草绘平面，绘制封闭的草绘轮廓作为拔模曲面的分割区域。

○ 侧选项："侧选项"下拉列表中有4个选项。其中，"独立拔模侧面"选项分别针对分割后的拔模曲面区域设定不同的拔模角度；"从属拔模侧面"按照同一个角度，从相反的方向执行拔模操作，该方式广泛应用于具有对称面的模具设计；"只拔模第一侧"和"只拔模第二侧"只针对拔模曲面的某个分割区域进行拔模，而另一个区域则保持不变。

(3) "角度"下拉面板

角度是指拔模方向与创建的拔模曲面之间的夹角。如果拔模曲面被分割，则可以为拔模曲面的每一侧定义一个独立的角度。在"角度"下拉面板中，可以在-30°～30°设置拔模角度。此外，还可以在拔模曲面的不同位置设定不同的拔模角度，如图4-40所示。

(4) "选项"和"属性"下拉面板

在"选项"下拉面板中，可以定义与指定拔模曲面相切或相交面的拔模效果，如图4-41所示。而在"属性"下拉面板中，可以浏览拔模特征的分割方式、拔模曲面和角度等参数信息，对拔模特征进行重命名。

图 4-40　"角度"下拉面板　　　图 4-41　"选项"下拉面板

2. 创建拔模特征

使用注塑或铸造方式制造零件时，塑料射出件、金属铸造件和锻造件与模具之间一般会保留1°～10°或者更大的倾斜角，以便成型品更容易自模腔中取出，这就是所谓的拔模处理。在"拔模"操控面板中，系统提供了以下两种拔模方法。

(1) 创建一般拔模特征

在创建一般拔模特征时，拔模枢轴是不变的，拔模曲面围绕拔模枢轴进行旋转，从而创建拔模特征。

选择"拔模"工具后，选取拔模曲面，并指定拔模枢轴和拔模角度，即可创建一般的拔模特征，如图4-42所示。

(2) 创建分割拔模特征

分割拔模特征就是将拔模枢轴、草图、平面或平面组用作分割对象，对拔模曲面进行分割操作，并对不同区域的拔模曲面设置不同的拔模角度和方向，从而创建出较为复杂的拔模特征。按照分割对象的不同，分割拔模特征可分为以下两种类型。

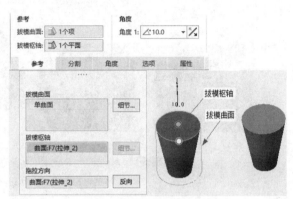

图 4-42　创建一般的拔模特征

① 根据拔模枢轴分割

此类拔模特征能够以拔模枢轴为分割对象将拔模曲面分割，并可以分别设置位于拔模枢轴两侧拔模曲面的拔模方向和角度。

选择拔模工具后，分别指定拔模曲面和拔模枢轴。然后在"分割选项"下拉列表中选择"根据拔模枢轴分割"选项，并分别指定位于拔模枢轴两侧拔模曲面的拔模角度和方向，即可创建此类拔模特征，如图4-43所示。

② 根据分割对象分割

该方法是通过草绘对拔模曲面进行分割，从而可以创建形状较为复杂的拔模特征。

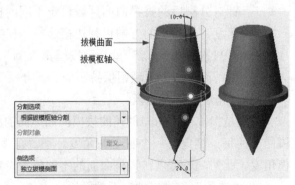

图 4-43　根据拔模枢轴分割拔模

要创建此类拔模特征，首先需指定拔模曲面和拔模枢轴，在"分割选项"下拉列表中选择"根据分割对象分割"选项。然后单击"分割对象"右侧的"定义"按钮，选取拔模曲面或一个基准平面为草绘平面，绘制用以确定分割区域的封闭草绘轮廓。之后再分别设定两个区域的拔模角度和方向即可，如图4-44所示。

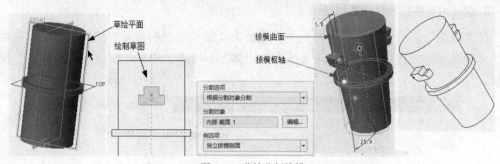

图 4-44　草绘分割拔模

在使用该方式创建分割拔模时，作为分割对象的草绘截面必须是闭合的。系统会自动将该截面的轮廓向拔模曲面垂直投影，对拔模曲面进行分割。

(3) 创建可变拔模特征

根据拔模角在拔模曲面的不同位置，可以将拔模分为"恒定"拔模与"可变"拔模两种。前面讲述的都是"恒定"拔模，系统把恒定拔模角应用于整个拔模曲面；而在"可变"拔模中，系统把可变拔模角应用于拔模曲面的各个控制点上。如图4-45所示。

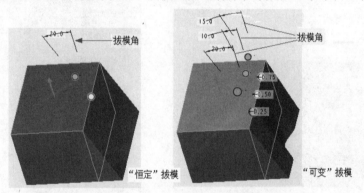

图 4-45　"恒定"拔模与"可变"拔模的区别

选择"拔模"工具后，选取拔模曲面，并指定拔模枢轴和拖拉方向。在"角度"下拉面板中右击拔模角列表的任一项，选取右键菜单中的"添加角度"，系统将添加另一个拔模角控制位置，单击拔模角控件的圆形控制滑块，将其拖到合适位置，再分别设定各个拔模角度和方向即可，如图4-46所示。

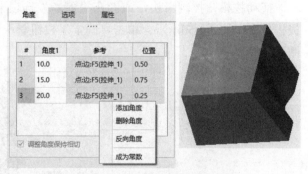

图 4-46　创建可变拔模特征

3. 创建可变拖拉方向拔模特征

在"模型"选项卡中，单击"工程"面板中"拔模"按钮旁边的展开箭头，然后单击"可变拖拉方向拔模"按钮，系统将弹出如图4-47所示的"可变拖拉方向拔模"操控面板。

图 4-47   "可变拖拉方向拔模"操控面板

在"参考"下拉面板中，单击"拖拉方向参考曲面"收集器，在绘图区选择一个曲面、基准平面或面组作为拖拉方向参考曲面。单击"拔模枢轴"收集器，在绘图区单击边或曲线作为拔模枢轴。同时系统在枢轴一端添加了第一个拔模角控制滑块，如图4-48所示。

在"参考"选项卡上右击"角度"框并从快捷菜单中选择"添加角度"，系统将在拔模枢轴的另一端添加第二个拔模角控制滑块。可以在前两个控制滑块之间添加更多的拔模角控制滑块，如图4-49所示。

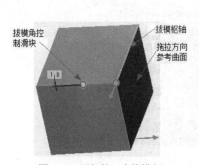

图 4-48   添加第一个拔模角   图 4-49   添加其他拔模角

拖动拔模角控制滑块，或者在"参考"选项卡上的"角度"表内更改值，即可调整拔模角度，如图4-50所示。单击"确定"按钮，完成可变拖拉方向拔模特征的创建，如图4-51所示。

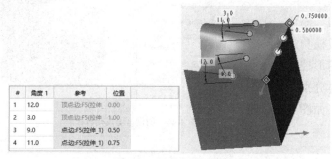

图 4-50   调整拔模角度   图 4-51   创建可变拖拉方向拔模特征

要在拔模曲面上创建分割，需在"参考"选项卡的"集"区域中，选中"分割曲面"复选框，选择曲面、基准平面或面组作为参考。在分割曲面参考位置，将拔模角拖动器添加到该集的每个拔模角控制滑块。可以相对于拖拉方向参考曲面来调整此点的拔模角。

❖ 注意

要恢复为恒定拔模，可右击"角度"框并选取快捷菜单上的"成为常数"选项。这将删除第一个拔模角以外的所有拔模角。

4.1.5 圆角特征

在实际机械加工过程中，为零件添加倒圆角特征具有安装方便、防止轴肩应力集中和划伤的作用，因此在工程设计中得到了广泛的应用。

1."倒圆角"操控面板

利用"倒圆角"工具可创建曲面间或中间曲面位置的倒圆角。其中，曲面可以是实体模型曲面，或是曲面特征。

单击"倒圆角"按钮 ，系统将弹出如图4-52所示的"倒圆角"操控面板。其中各选项的含义介绍如下。

图4-52 "倒圆角"操控面板

(1)"集"模式

"集"模式为系统默认的模式。在该模式下可选取倒圆角的参考，控制倒圆角的各项参数。

(2)"过渡"模式

在该模式下可以定义倒圆角特征的所有过渡。切换至该模式后，系统会自动在模型中显示可设置的过渡区。

(3)"集"下拉面板

只有在"集"模式下，该下拉面板中的选项才会被激活。在该面板中可以指定所选对象之间圆角的类型，设置圆角的参数，转换倒角对象和参考对象。

- 集列表：该区域中列出了当前的所有倒圆角集，可以通过右键菜单在该区中添加或删除当前的倒圆角集，如图4-53所示。
- 类型选择区：可根据所选倒圆角对象的类别和相互间的位置关系，在类型选择区中设置圆角面的截面形状、创建方式和圆角种类等。
- 参考：该区域用于显示倒圆角集所选取的有效参考。用户可通过右键菜单将对象移除，还可以单击"细节"按钮，在打开的"链"对话框中对参考对象进行添加或移除，以及对参考的选取规则进行详细编辑，如图4-54所示。

图 4-53　"集"下拉面板

图 4-54　"链"对话框

○　参数设置区：在该选项区域中，可以对所选倒圆角对象的圆角参数进行设置，并且可以利用右键菜单添加圆角半径，从而创建出多种圆角特征，如图4-55所示。

(4) "段"下拉面板

在该下拉面板中可以显示所有已选的圆角对象，以及圆角对象所包含的曲线段，如图4-56所示。

图 4-55　设置多种半径参数

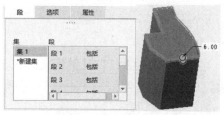

图 4-56　显示段效果

(5) "选项"下拉面板

在该下拉面板中包括"实体"和"曲面"两个单选按钮。当选中前者时，生成的圆角特征为实体；选中后者时，生成的圆角特征为曲面，如图4-57所示。

图 4-57　创建圆角实体和圆角曲面

(6) "属性"下拉面板

在该下拉面板中可以对圆角特征的类型、参考和半径等参数信息进行浏览，并可以重命名圆角特征。

倒圆角可以圆化零件实体的尖锐边缘，提高产品外观美感，防止模型由于应力集中造成开裂，保障使用过程的安全性。倒圆角的形式多种多样，既有多半径倒圆角，也有多条边相交的倒圆角。

2. 创建恒定倒圆角

使用固定半径创建的圆角即为恒定倒圆角，倒圆角对象可以是"边链""曲面—曲面"或"边—曲面"等形式。

在模型上选取倒圆角对象，并在"倒圆角"操控面板中设置圆角半径，即可创建恒定倒圆角特征。下面介绍3种恒定倒圆角的创建方法。

(1) 选取边链倒圆角

该方法是最常用、最简单的创建恒定倒圆角的方法。只要直接在模型上选取一条或数条边，然后设置圆角半径即可，如图4-58所示。

❖ 注意

选取边链后，双击其尺寸值，在打开的文本框中直接输入定义的尺寸值，可对倒圆角半径进行修改。

(2) 选取曲面倒圆角

该方法能够以模型表面或空间曲面为倒圆角参考，创建连接两个曲面的圆角特征。其中，选取曲面创建倒圆角主要有以下两种类型。

○ 选取模型曲面倒圆角：该方法能够以两个相交模型的曲面为参考，创建两个曲面之间的圆角特征。只需按住Ctrl键依次选取模型中的两个相交表面，并设置圆角半径即可，如图4-59所示。

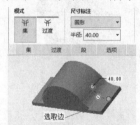

图 4-58　选取边链倒圆角　　　　　　　　图 4-59　在模型曲面间倒圆角

○ 选取模型曲面和空间曲面倒圆角：该方法是以模型表面和空间曲面为参考创建倒圆角。其中，生成的圆角特征只能是曲面，如图4-60所示。

图 4-60　在模型曲面和空间曲面间倒圆角

(3) 选取边和曲面倒圆角

该方法是指选取一条边线和一个曲面作为参考创建圆角特征。只需按住Ctrl键依次选取模型上的曲面和另一个曲面上的边，并设置圆角半径即可，如图4-61所示。

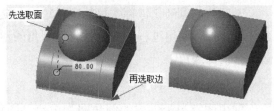

图 4-61 选取边和曲面倒圆角

3. 创建完全倒圆角

完全倒圆角是将两参考边线或两曲面之间的模型表面全部转换为倒圆角。根据参与倒圆角操作的几何对象的不同，可分为以下两种。

(1) 选取两边线倒圆角

当选取模型在同一表面两侧的两条边线作为倒圆角参考时，完全倒圆角的效果是将该模型表面全部转换为圆角面。

按住Ctrl键并选取模型的两条边线，在"集"下拉面板中单击"完全倒圆角"按钮即可，如图4-62所示。

(2) 选取模型表面倒圆角

该方法是选取模型的两个表面和一个驱动曲面，将两个曲面之间的模型表面转换为由驱动曲面决定的圆角特征。

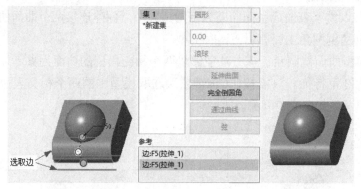

图 4-62 选取两边线完全倒圆角

按住Ctrl键依次选取模型的两个表面，并指定驱动曲面，即可创建由驱动曲面决定轮廓曲率的完全倒圆角，如图4-63所示。

4. 创建可变倒圆角

可变倒圆角即半径在一条边线上发生变化的倒圆角。创建可变倒圆角时，一次只能对一条边线进行圆角操作。

选取模型的一条边线，系统

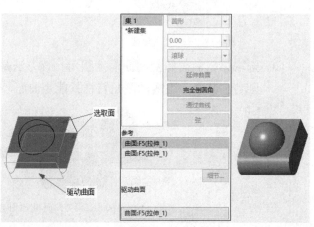

图 4-63 选取模型表面完全倒圆角

将自动标注有半径。然后选取该半径数值并右击，在打开的快捷菜单中选择"添加半径"选项，即可为圆角添加新的半径值，从而完成半径发生变化的圆角特征的创建，如图4-64所示。

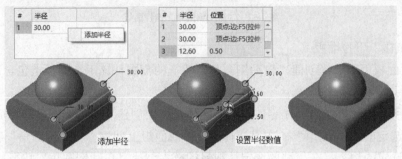

图 4-64 创建可变倒圆角

5. 创建曲线驱动倒圆角

曲线驱动倒圆角是由曲线形态决定半径变化的圆角，即该类圆角不需要输入圆角半径值，只需要指定驱动圆角的曲线即可。

创建该类圆角之前，需要在模型上定义一条驱动曲线。然后利用"倒圆角"工具选取指定的模型棱边作为倒圆角的创建参考，并在"集"下拉面板中单击"通过曲线"按钮，接着选取之前绘制的驱动曲线即可，如图4-65所示。

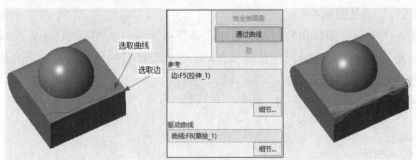

图 4-65 创建曲线驱动倒圆角

6. 创建自动倒圆角

"自动倒圆角"特征可以在实体几何、零件或装配的面组上创建恒定半径的倒圆角几何，如图4-66所示。

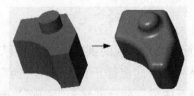

图 4-66 创建自动倒圆角

在"模型"选项卡中，单击"工程"面板中"倒圆角"旁边的箭头，然后单击"自动倒圆角"按钮，可打开"自动倒圆角"操控面板，如图4-67所示。其中各选项的含义介绍如下。

图 4-67　"自动倒圆角"操控面板

(1) "范围"下拉面板

该下拉面板用于选择创建"自动倒圆角"特征的范围。该下拉面板上包含以下选项，如图4-68所示。

- ❍　"所有主体"：自动在零件内所有实体几何上创建"自动倒圆角"特征。
- ❍　"选定的主体/面组"：在已选择的主体或面组上创建"自动倒圆角"特征。
- ❍　"选定的边"：在模型的选定边或目的链上创建"自动倒圆角"特征。
- ❍　"凸边"：可在模型的所有凸边上创建"自动倒圆角"特征。
- ❍　"凹边"：可在模型的所有凹边上创建"自动倒圆角"特征。

(2) 曲率半径输入框

在❒或❒的相邻框中可以分别为凸边或凹边输入半径值。

(3) "排除"下拉面板

若不想对某些边倒圆角，可以单击该下拉面板，如图4-69所示。然后从模型中选择要从"自动倒圆角"特征中排除的边。

(4) "选项"下拉面板

要创建一组常规的倒圆角特征，可以单击该下拉面板，如图4-70所示。然后选中"创建常规倒圆角特征组"复选框，可以将"自动倒圆角"特征的结果设置为倒圆角组，而不是一个"自动倒圆角"特征。

图 4-68　"范围"下拉面板

图 4-69　"排除"下拉面板

图 4-70　"选项"下拉面板

如果要将自动倒圆角特征转换为常规的倒圆角组，可以在"模型树"中，右击"自动倒圆角"特征并选取"转换为组"。在打开的"确认转换"对话框中，单击"确定"按钮，"自动倒圆角"特征被重新生成，并会创建一组规则的倒圆角特征。

4.1.6　倒角特征

倒角又称为倒斜角或去角特征，是处理模型周围棱角的方法之一，可以美化零件外观和防止零件锐边划伤。倒角操作方法与倒圆角基本相同，主要包括边倒角和拐角倒角两种倒角类型。

1. 创建边倒角特征

边倒角是常用的一种倒角形式。该类倒角以模型上的实边线为参考，通过移除共有边两侧的两个原始曲面之间的材料来创建斜角曲面。

单击"边倒角"按钮 ，系统将打开"边倒角"操控面板，如图4-71所示。然后在实体模型上选取边线，设置倒角类型并输入参数值，即可创建边倒角特征。其中"边倒角"操控面板中各选项的含义介绍如下。

图4-71　"边倒角"操控面板

(1) 边倒角类型

边倒角可以分为多种类型，下面介绍几种常用的类型。

○ D×D：通过该方式可以对两平面之间的相交边创建倒角特征，并且倒角两侧的倒角距离D相等。创建此类倒角时，只需要选取创建倒角的边线，并设置距离参数即可，如图4-72所示。

○ D1×D2：通过该方式可以在倒角边的两侧创建倒角距离不相等的倒角特征。创建此类倒角时，在指定倒角边后，分别设置两侧倒角距离D1和D2即可，如图4-73所示。

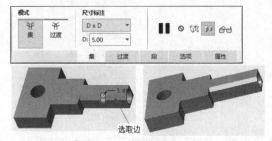

图4-72　创建 D×D 倒角

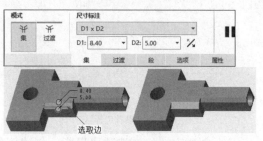

图4-73　创建 D1×D2 倒角

○ 角度×D：该方式需要指定一倒角距离和一倒角角度创建倒角特征。创建此类倒角时，在指定倒角边线、距离和角度值后，可在"边倒角"操控面板中单击"切换角度使用的曲面"按钮，切换角度的参考基面，如图4-74所示。

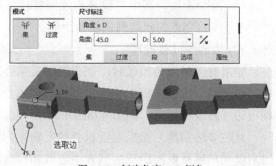

图4-74　创建角度 ×D 倒角

○ 45×D：该方式仅限于两正交平面相交边线处的倒角操作。创建此类倒角时，只需要在选择边线后设置一个距离即可，倒角的角度系统默认为45°，如图4-75所示。

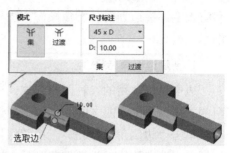

图4-75　创建 45×D 倒角

(2) "集"下拉面板

在"集"下拉面板中可以一次定义多个倒角参数，添加或删除倒角参考，设置倒角创建方式等。

○ 参考选择区：可在该选择区中选择"新建集"选项，并选取模型边来定义参考。还可以通过右键菜单来添加或删除相应的倒角集。单击"细节"按钮，可以在打开的"链"对话框中精确定义倒角参考，如图4-76所示。

○ 参数设置区：在该设置区中可以对所选参考对象的倒角尺寸进行详细的设置。该区域中的参数选项可随倒角类型的不同而变化，并可以通过下方下拉菜单中的"值"和"参考"两个选项，指定倒角距离的驱动方式，如图4-77所示。

图4-76　参考选择区

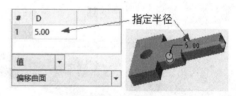

图4-77　参数设置区

○ 创建方式：该选项可以指定创建倒角的方式，包括"偏移曲面"和"相切距离"两个选项。其中，前者通过偏移相邻曲面确定倒角距离；后者是以相邻曲面相切线的交点为起点确定倒角距离。

(3) 边倒角过渡设置

如果有多组倒角相接时，在相接处常常会发生故障，或者需要修改过渡类型。此时可在"边倒角"操控面板中单击"过渡"按钮，切换至过渡显示模式，模型窗口中将显示相应的过渡区域样式，如图4-78所示。

此时"边倒角"操控面板也会随之转换为过渡显示模式，选取需要修改的过渡区，通过右键菜单或从操控面板的列表中选取相应选项，即可完成过渡设置。过渡设置的各选项的含义介绍如下。

○ 默认：选择默认选项时，倒角过渡处会按照系统默认的类型进行创建，如图4-79 所示。

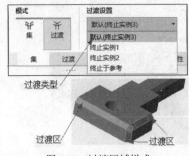

图 4-78 过渡区域样式

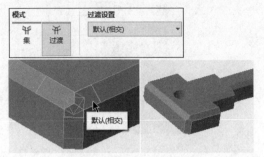

图 4-79 倒角过渡处的默认效果

○ 曲面片：可在3或4个倒角的交点之间创建一个曲面片曲面。当在3个倒角相交所形成过渡区的情况下，可以设置曲面片相对于参考曲面的圆角参数；当4个倒角相交时，则只能创建系统默认的曲面片，如图4-80所示。

○ 拐角平面：可以使用平面对由3个倒角相交形成的拐角进行倒角处理。只有在存在拐角的情况下才可使用该方式，如图4-81所示。

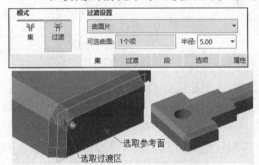

图 4-80 倒角过渡处的曲面片效果

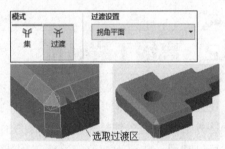

图 4-81 倒角过渡处的拐角平面效果

2. 创建拐角倒角特征

利用该工具可以从零件的拐角处去除材料，从而创建拐角处的倒角特征。下面分别介绍拐角倒角的创建和修改方法。

(1) 创建拐角倒角

首先指定拐角顶点的位置，然后依次设置拐角各边线上倒角距拐角顶点的距离，即可完成拐角倒角的创建。

单击"拐角倒角"按钮█，系统将打开"拐角倒角"操控面板。然后在实体模型上选取拐角顶点，设置拐角各边线上倒角距拐角顶点的距离，即可创建相应的拐角倒角，如图4-82所示。

(2) 编辑拐角倒角

当所创建的拐角倒角不符合设计要求时，可以双击倒角特征显示倒角尺寸。然后双击要修改的倒角尺寸，对其进行修改，并单击"重新生成"按钮█，系统即可显示编辑后的倒角效果，如图4-83所示。

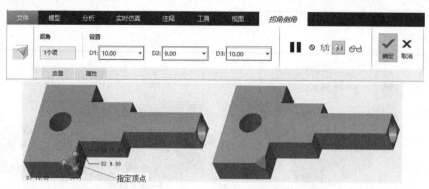

图 4-82　创建拐角倒角

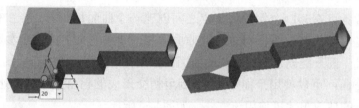

图 4-83　修改倒角尺寸

4.2　高级工程特征

在建模过程中，简单的拉伸、旋转等操作只能创建形状规则的实体模型，而无法创建一些外形复杂的实体模型，如扭曲的轴、折弯的管道和环形折弯的轮毂等。在Creo 8.0中，可以利用一些更为细致的高级工程特征工具，通过单一或多重的扭曲和环形折弯等操作，轻松创建复杂造型的模型。

4.2.1　修饰特征

修饰特征是在其他特征上绘制的一种复杂几何图形，能够在模型上清楚地显示。如零件模型上的一些修饰性纹理、螺丝上的螺纹示意线、零件产品的名称或标志等。

1. 修饰草绘特征

修饰草绘特征主要用于在零件的表面上充当修饰性纹理，包括公司徽标、序列号和铭牌等内容。此外，修饰草绘特征也可用于定义有限元局部负荷区域的边界，但不能作为创建其他特征的参考边或参考尺寸。

在"工程"选项板中单击"修饰草绘"按钮，系统将打开"修饰草绘"对话框。然后在绘图区中指定草绘平面和草绘方向参考，进入草绘模式绘制相应的图形轮廓或文本即可，如图4-84所示。

在创建修饰草绘特征时，还可以指定为其添加剖面线或无剖面线，如图4-85所示。其中，如果选中"添加剖面线"复选框，添加的剖面线只能在工程图环境中修改，在零件或装配环境中，剖面线以45°显示。

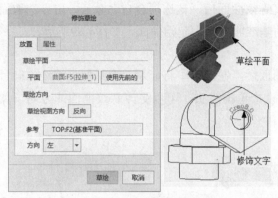

图 4-84　创建修饰草绘特征　　　　　图 4-85　添加的剖面线

❖ **注意**

　草绘特征不需要再生成标注，在非参数状态时，其截面或位置不能修改。如果需要非参数截面且需要标注该截面，可以在草绘环境中修改特征形状，删除所有尺寸。

2. 修饰螺纹特征

修饰螺纹是一种组合的修饰特征，在零件上主要用于表示螺纹直径。修饰螺纹特征可以是外螺纹或内螺纹，也可以是盲孔或贯通的。修饰螺纹在机械零件上用洋红色显示，并且与实际螺纹一致。

创建修饰螺纹时，要指定螺纹内径或螺纹外径、起始曲面和螺纹长度或终止边。在"工程"选项板中单击"修饰螺纹"按钮，系统将打开"螺纹"操控面板，如图4-86所示。下面介绍各主要选项的含义。

图 4-86　"螺纹"操控面板

(1) 螺纹模式

在"螺纹"操控面板中可以定义两种螺纹特征：简单螺纹和标准螺纹。其中，单击"标准螺纹"按钮，在展开的操控面板中通过选择标准螺纹的类型和尺寸即可创建相应的特征，如图4-87所示。

(2) 螺纹曲面

用于定义螺纹所在的曲面。在打开

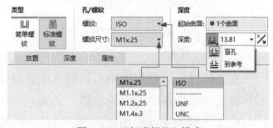

图 4-87　"标准螺纹"模式

"螺纹"操控面板时，该选项一般处于激活状态，并提示选取螺纹曲面。如图4-88所示为选取实体上的一个曲面。

(3) 起始曲面

用于定义螺纹的起始曲面。一般在定义螺纹曲面后，该选项会自动激活，可以选取面组曲面、常规曲面、分割曲面或实体表面的基准曲面作为起始曲面，如图4-89所示。

(4) 方向

用于定义螺纹的创建方向。定义起始曲面后，在图形中将显示一个沿螺杆法线方向且呈浅红色的箭头。单击"反向"按钮  或直接单击箭头，可以更改螺纹曲面的方向，如图4-90所示。

图 4-88　选取螺纹曲面　　　图 4-89　选取实体端面为起始曲面　　　图 4-90　定义螺纹方向

(5) 螺纹长度

用于定义螺纹的长度。"螺纹"操控面板中包括以下两种设置螺纹长度的方式。

- 盲孔 ：一种常用的设置方式。通过一个固定的尺寸值控制螺纹长度，具体值由用户定义。

- 到参考 ：以指定的点或顶点，选取的轴、边线或三维图元等参考来定义螺纹长度。创建从起始曲面到选定参考的螺纹，如图4-91所示。

(6) 螺纹直径

在"直径"文本框中可以定义螺纹的直径值，如图4-92所示。通常，系统会给出默认的直径值。如果是内螺纹，该直径值将比孔的直径大10%；如果是外螺纹，该直径值将比轴的直径小10%。

图 4-91　通过指定点设置螺纹长度　　　　　图 4-92　输入螺纹直径值

(7) 螺纹属性

在"属性"下拉面板中可以输入创建螺纹特征的名称，并可以在"参数"列表框中查看和修改该修饰螺纹的相关参数，如图4-93所示。

单击"修饰螺纹"按钮，然后在绘图区中依次指定螺纹曲面和螺纹起始曲面，并设置螺纹深度。接着指定螺纹曲面的创建方向，并设置螺纹直径和间距值，即可完成修饰螺纹特征的创建，如图4-94所示。

图 4-93 "属性"下拉面板

图 4-94 创建修饰螺纹特征

❖ 注意

修饰螺纹特征与其他修饰特征不同，修饰螺纹的线型、线宽等属性不能修改，而且受"环境"对话框中"显示线型"和"相切边"等选项设置的影响。

3. 修饰槽特征

槽特征是将绘制的草图投影到曲面或平面上而创建的投影修饰特征。其中的槽没有深度修饰概念，不能跨越曲面边界，其效果相当于投影截面的草绘修饰特征。

在"工程"选项板中单击"修饰槽"按钮，系统将打开"特征参考"菜单。选取指定的零件曲面作为要放置修饰槽特征的曲面，然后选择"完成参考"选项，并通过定义草绘平面和视图方向进入草绘环境，如图4-95所示。

进入草绘环境后，可以绘制封闭或开放的曲线及曲线段组合。其中，绘制的图形必须依附于草绘平面，其投影不能超越投影曲面的边界。然后退出草图环境，即可观察到零件表面上创建的修饰槽特征，如图4-96所示。

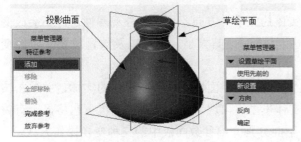

图 4-95 定义投影曲面和草绘平面

图 4-96 创建修饰槽特征

4.2.2 扭曲特征

扭曲特征是通过自由变换实体操作而创建的一种特殊造型。通常，此类功能集中在一个编辑框中，可以从整体上调整编辑框，对整个实体进行调整，这样增强了集合建模的灵活性，在设计中可以任意修改和变换实体造型。

1. "扭曲"操控面板

在"编辑"选项板中单击"扭曲"按钮 ，系统将打开"扭曲"操控面板。此时面板处于未激活状态，展开"参考"下拉面板，并选取欲扭曲的实体，即可激活该操控面板，如图4-97所示。下面介绍"扭曲"操控面板中主要选项的含义。

(1) 缩放

调整框的端点和顶点是缩放实体的操作图柄。其中，拖动顶点操作图柄可以在3个方向上同时调整操作对象的缩放比例，也称为3D缩放；拖动端点处的图柄可以在两个方向上同时调整对象的缩放比例，也称为2D缩放，如图4-101所示。

如果在"缩放"下拉列表中选择"中心(Alt+Shift)"选项，则实体模型将由中心进行2D或3D等比例缩放。如图4-102所示为拖动端点进行2D缩放实体。

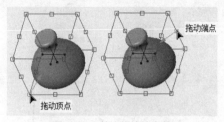

图 4-101 等比例缩放实体

图 4-102 由中心进行 2D 缩放实体

(2) 旋转

在调整框中显示的3条正交蓝色直线是旋转控制杆。控制杆本身就是旋转操作的中心轴。如果选择"变换"方式为"选择"，则拖动控制杆端部的圆点，可以旋转实体，而拖动控制杆的杆部，则可以移动实体；如果选择"变换"方式为"控制杆"，则拖动控制杆端部的圆点，可以旋转实体外部的调整框，而拖动控制杆的杆部，可以移动控制杆，如图4-103所示。

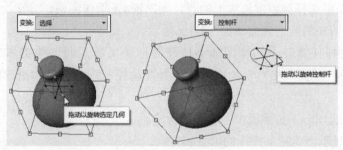

图 4-103 拖动控制杆

移动或旋转控制杆后，在"变换"参数面板中单击"将控制杆置于选取框中心"按钮，可以使控制杆恢复到初始位置，即调整框的中心位置。通常，调整框的中心位置默认为实体的中心。

(3) 移动

如果要移动对象，只需要在绘图区中的任意位置单击(注意不要选取调整框的边线和顶点)，然后按住鼠标左键并拖动，就可以相对于参考坐标系任意移动变换对象。如果同时按住Alt键，只能在Z轴方向上移动对象；如果按住Ctrl+Alt键，只能在X轴或者Y轴方向上移动对象，如图4-104所示。

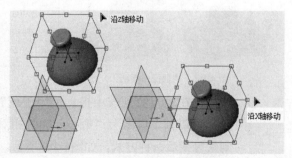

图 4-104 沿 Z 轴和 Y 轴方向移动实体

3. 扭曲操作

利用该工具可以使实体或曲面模型在空间实现错位扭曲。同"变换"工具类似,"扭曲"工具直接作用的对象也是通过调整实体周围的调整框来实现错位扭曲。

打开"扭曲"操控面板后,选取一个实体和坐标系,单击"扭曲"按钮 🔳 ,此时实体周围会出现调整框。单击并拖动调整框上的控制点即可将实体错位扭曲,如图4-105所示。

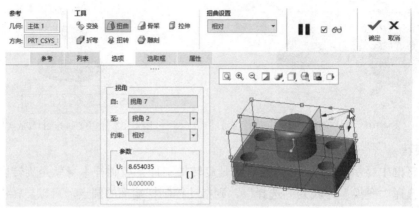

图4-105　扭曲调整框和参数面板

在绘图区选择调整框上的顶点,将出现6条操作图柄,分别为沿着与顶点相连的3条边线和3个表面;如果选择调整框边线上的点,则出现4条操作图柄,分别为沿着该边线的两个方向和该边线所在的两个表面,如图4-106所示。

在绘图区选择任意一个操作图柄不松开并拖动鼠标,即可使实体模型在该方向上发生扭曲。例如,设置"相对"约束方式,并拖动控制顶点使实体沿表面发生扭曲,如图4-107所示。

下面介绍"选项"下拉面板中各选项的含义。

- ❑ 自:仅显示当前扭曲操作的位置和方向。
- ❑ 至:针对"自"选项的位置和方向,显示当前调整的所有扭曲状态,通常至少包括两个状态。

图4-106　扭曲操作图柄

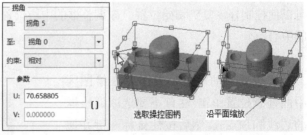

图4-107　沿实体表面扭曲实体

- ❑ 约束:在该下拉列表中提供了用于设置扭曲的约束方式,如果通过控制顶点扭曲,主要有"自由""中心"和"相对"3种方式;如果通过边线上的点扭曲,则仅包括后两种方式,如图4-108所示。

- 参数：选中"参数"复选框，可以通过设置U、V向的参数精确改变扭曲的形状。

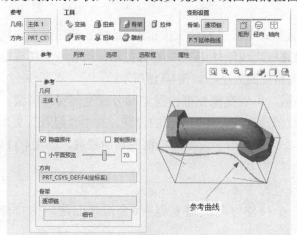

中心扭曲　　相对扭曲　　自由扭曲

图4-108　扭曲的约束方式

4. 骨架操作

利用该工具进行扭曲，主要是根据参考的曲线、实体边线或曲面的边界线，改变实体或曲面的轮廓造型。因此选取参考线是骨架变形操作的关键。

首先利用"草绘"工具绘制一条曲线作为骨架曲线。然后打开"扭曲"操控面板，选取实体参考和方向参考，并单击"骨架"按钮 。在"参考"下拉面板中选择"骨架"选项，选取刚刚绘制的曲线作为扭曲骨架的参考曲线，如图4-109所示。

指定骨架参考线后，绘图区中将显示一条红色的线条。拖动该线条上的控制点就可以改变线条的形状，从而间接实现实体或曲面的扭曲，如图4-110所示。

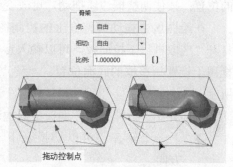

图4-109　选取骨架参考曲线　　　　图4-110　通过控制点扭曲实体

为了更精确地调整实体或曲面的形状，可以向骨架曲线中添加一点或多点。在骨架参考线上右击，从弹出的快捷菜单中选择"添加点"选项，则可以在曲线上的任意位置添加控制点；如果选择"添加中心"选项，则可以在现有的两个点的中间位置添加点，如图4-111所示。

❖ 注意

在曲线上右击鼠标处为添加控制点或中间点的位置。如果选择参考线上的某个控制点并右击，然后在打开的快捷菜单中选择"删除点"选项，即可将该点从骨架参考线上删除。此外，在"选项"下拉面板中可设置控制点的移动方式。

下面介绍骨架操作主要选项的含义。

- 类型：该选项组用于设置骨架扭曲的类型，主要包括"矩形" 、"径向" 和"轴向" 3种类型。其中每一种类型对应的调整框都不相同，如图4-112所示。
- 延伸曲线：如果所选曲线比调整框短，启用该复选框，可以使曲线延伸到调整框架面；若禁用该复选框，则曲线保持原样。

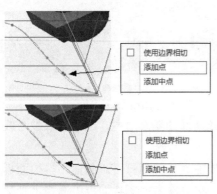

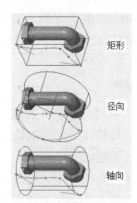

图 4-111　在骨架参考线上添加点　　　　　　　图 4-112　骨架扭曲类型

5. 拉伸操作

利用该工具可以使实体或曲面的一部分或全部几何体沿某一方向拉伸，创建新的轮廓实体或曲面。

打开"扭曲"操控面板，选取实体几何，单击"拉伸"按钮🗂。此时在绘图区会出现拉伸操作的调整框。然后在任意位置(调整框边线除外)按住鼠标并拖动，可以改变调整框的位置；按住调整框边线拖动，可改变调整框的大小，如图4-113所示。

在绘图区中拖动调整框上的控制图柄，可以在调整框内拉伸部分或全部实体模型。打开"选取框"下拉面板，可以输入参数值精确地设置调整框的位置。其中"起点"文本框用于设置调整框的底面位置；"终点"文本框用于设置调整框的顶面位置，如图4-114所示。

下面介绍"拉伸扭曲"面板中其他选项的含义。

- ❍ 下一个轴🗗：可以切换至下一个拉伸方向，调整框有6个沿平面法向的拉伸方向。
- ❍ 反向方向✎：可以将拉伸方向反向，改变拉伸操作面或影响范围。

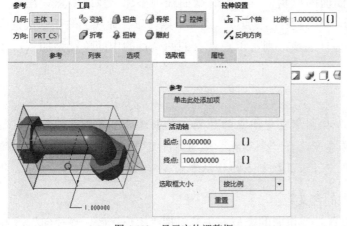

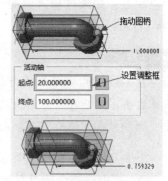

图 4-113　显示实体调整框　　　　　　　图 4-114　拉伸部分几何实体

- ❍ 比例：该文本框用来设置输出的拉伸比例值。

❖ **注意**

在绘图区中改变调整框的位置时，按住Shift键或者Alt键，可以将调整框限制在法向方向上移动。

6. 折弯操作

利用该工具既可以方便地创建弯口和接口的管道模型，又可以通过手动调整或者任意设置参数改变弯曲的方向和角度。与一般的弯曲不同，折弯操作可以通过调整弯曲框对实体或曲面进行更大范围的弯曲修改，并且可以在实体的不同位置进行折弯调整。

打开"扭曲"操控面板，单击"折弯"按钮 📐 ，在实体模型周围会出现调整框。然后在任意位置(调整框边线除外)按住鼠标并拖动，可以改变调整框的位置；按住边线拖动可改变调整框的大小；拖动轴心点的折弯倾斜轴可旋转调整框，如图4-115所示。

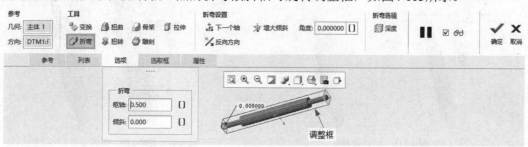

图 4-115　折弯调整框

在调整框上按住操控图柄拖动，或在"角度"文本框内设置折弯角度，可以使实体模型沿折弯轴折弯一定角度，如图4-116所示。

下面介绍"折弯扭曲"面板中主要选项的含义。

- ❍　下一个轴 ：可以切换至下一个折弯轴的方向，调整框有6个折弯轴的方向。
- ❍　以90°增大倾斜角 ：可以调整弯曲的方向，调整框有4个弯曲的方向。
- ❍　角度：可以设置折弯角度。
- ❍　深度：启用该选项，受折弯的实体部位将会根据折弯角度的参数，扭曲一定的耳廓形状，同时折弯调整框也会发生形状改变，如图4-117所示。

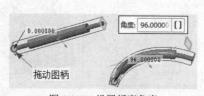

图 4-116　设置折弯角度

图 4-117　启用"深度"选项

❖ **注意**

通过调整框边线改变调整框大小时，只可以选取沿折弯轴向弯曲的两个矩形框边线调整大小，其他4个矩形框不可选取。

7. 扭转操作

该工具主要用于创建具有螺旋扭曲外形的实体模型，例如丝锥、麻花钻头和车床铣刀等零件。

打开"扭曲"操控面板，单击"扭转"按钮，在实体模型周围会出现调整框。通过调整框的两个端面可改变调整框的大小；在任意位置单击并拖动鼠标，可以改变调整框的位置；拖动操控图柄可以将实体扭转一定角度，如图4-118所示。

此外，在该面板的"角度"文本框中输入角度可精确地设置扭转角度。若单击"下一个轴"按钮或"反向方向"按钮，可以切换到下一个扭转轴向或相反方向，如图4-119所示。

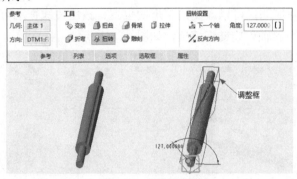

图 4-118　扭转调整框

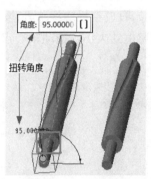

图 4-119　扭转效果

8. 雕刻操作

雕刻操作需要选好雕刻面区域的大小，行列数的多少直接决定了雕刻的精细程度。如果要求越精细，则需要的行列数越多，移动顶点时也需要更加细心。

打开"扭曲"操控面板，单击"雕刻"按钮，然后通过拖动实体模型周围调整框的边线，可以调整终止造型深度、行和列方向上的起点或终点位置，使实体模型受影响的区域发生改变。如果要精确定位调整框影响的区域，可以打开"选取框"下拉面板，设置精确参数值即可。调整好控制框的形状后，就可以在操控面板中设置网格的行数和列数了，如图4-120所示。

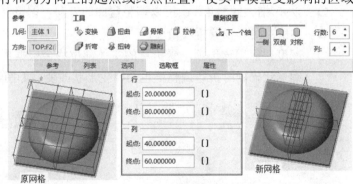

图 4-120　设置雕刻面区域

调整框中的所有控制点均按比例值1进行位移。如果需要改变该比例值，在"选项"下拉面板的"比例"文本框中指定值，即可按所需要的值移动控制点，如图4-121所示。如果启用"比例"后侧的复选框，则可以在完成扭曲操作后使用该参数，即使用该比例控制雕刻效果。

下面介绍"选取框"下拉面板中主要选项的含义。

○ 行：该选项组包括两个文本框，"起点"文本框用于设置行方向上的起始值，

"终点"文本框用于设置行方向上的终
止值。

- ○ 列：该选项组包括两个文本框，"起点"文本框用于设置列方向上的起始值，"终点"文本框用于设置列方向上的终止值。

- ○ 深度：该选项组包括两个文本框，"起点"文本框用于设置雕刻的起始深度值，"终点"文本框用于设置雕刻的终止深度值。

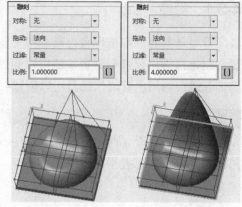

图4-121　调整控制点移动比例

在"选项"下拉面板的"过滤"下拉列表中，提供了用于控制所指定雕刻的一组点移动的3种行为方式。

- ○ 常量：可以控制选定的点与拖动点移动相同的距离，该选项一般为默认设置。

- ○ 线性：可以控制选定的点相对于拖动点的距离线性减少。

- ○ 平滑：可以控制选定的点相对于拖动点的距离平滑减少。

当完成雕刻操作时，单击"深度"选项组中的任何一个按钮，可以将雕刻特征快速应用到几何实体的相对一侧。主要有以下3种深度设置方式。

- ○ 应用到选定项的一侧◻：可以将雕刻特征限制在几何实体的一侧。

- ○ 应用到选定项的双侧◻：可以将雕刻特征应用到几何实体的另一侧，但是应用到另一侧的雕刻特征与源特征呈不对称状态。

- ○ 对称应用到选定项的双侧◻：可以将雕刻特征对称应用到几何实体的另一侧，如图4-122所示。

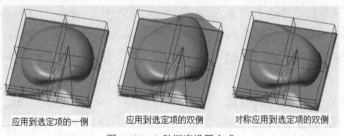

应用到选定项的一侧　　应用到选定项的双侧　　对称应用到选定项的双侧

图4-122　3种深度设置方式

4.3　其他高级工程特征

高级特征具有一般建模特征的操作过程，在此基础上，将该特征进一步细化，创建更为复杂的模型，例如管道布置、环形折弯、骨架折弯等。高级特征弥补了一般建模特征的局限性。

4.3.1 管道

管道是具有一定壁厚且内部呈中空管状的实体零件。除了可以通过拉伸或旋转等基础操作创建直管道或弧形管道，还可以通过恒定剖面扫描或可变剖面扫描创建恒定或多变的弯曲管道。利用"管道"工具可以创建外形更加丰富、多变的管道实体。

❖ 提示

在开始创建管道特征之前，要将 enable_obsoleted_features 配置选项设置为yes，以启用"所有命令"列表中的"管道"命令。然后将"管道"命令添加到功能区中所需的用户定义组中。

创建管道需要指定管道的几何属性、相应壁厚和经过的轨迹路径。在"模型"选项卡"新建组"的面板上，单击"管道"按钮●，系统将打开"选项"菜单，如图4-123所示。

选择"几何"|"空心"|"常数半径"|"完成"选项，在打开的信息栏中输入外部管径值和侧壁厚度值。此时系统将打开"连接类型"菜单，如图4-124所示。

图4-123 "选项"菜单

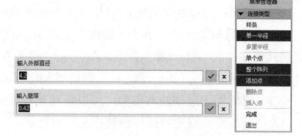

图4-124 输入管道直径和壁厚

在"连接类型"菜单中选择"单一半径"|"单个点"|"添加点"|"完成"选项。然后选取已经绘制的点来定义轨迹，并根据信息栏提示设置折弯半径，即可创建管道特征，如图4-125所示。

下面介绍设置管道几何属性的"选项"菜单和指定管道轨迹路径的"连接类型"菜单中各主要选项的含义。

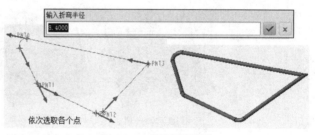

图4-125 创建管道特征

- 几何：用一个具体形状的空心或实心几何体创建管道实体。
- 无几何：用一个抽象的几何体构建管道实体，通常仅显示管道轨迹线。
- 空心：创建一个内部中空，且具有一定壁厚的管道实体。
- 实体：创建一个全实心的管道实体。
- 常数半径：创建的管道实体所有折弯处都具有恒定的圆弧半径。
- 多重半径：创建的管道实体折弯处具有不同的圆弧半径。
- 样条：通过选取或定义样条曲线创建管道实体。

- 单一半径：通过恒定半径的圆弧和直线创建管道实体。
- 多重半径：通过不同半径的圆弧和直线组成的多段线组合创建管道实体。当在"选项"菜单中选择"多重半径"选项时，该选项才被激活。
- 单个点：通过连接创建的单个基准点或顶点创建轨迹线。
- 整个阵列：通过选取所有的基准点特征创建轨迹线。
- 添加点：可以选取一个点来创建轨迹线或添加新点改变管道轨迹线。

4.3.2 环形折弯

环形折弯是在两个方向上将所选实体、曲面或者基准特征折弯，从而创建环形或旋转形的模型，该工具常用于创建轮胎模型。其中，折弯后的形状取决于选取的折弯属性和所绘的横截面轮廓。环形折弯的横截面轮廓必须是开放型的，并且需要平面坐标系辅助定位。

选择"模型"选项卡，在"工程"面板中单击"环形折弯"按钮，系统将打开"环形折弯"操控面板。打开"参考"下拉面板，单击"面组和/或实体主体"收集器，在绘图区选取实体几何为需要折弯的对象。再单击"轮廓截面"选项组中的"定义"按钮，选取如图4-126所示的实体端面为草绘平面，进入草绘环境。

进入草绘环境后，利用"坐标系"工具创建一个定位坐标系，并绘制如图4-127所示的环形折弯轮廓截面。然后退出草绘环境，在"环形折弯"操控面板中设置折弯方式为"360折弯"。

指定折弯方式后，分别选取实体的两个端面。此时系统将进行自动环形折弯，如图4-128所示。

下面介绍"环形折弯"的"选项"下拉面板中各主要选项的含义。

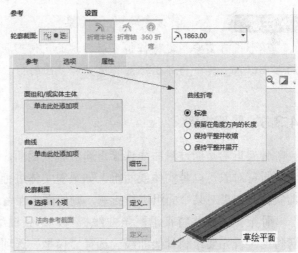

图 4-126 "环形折弯"操控面板

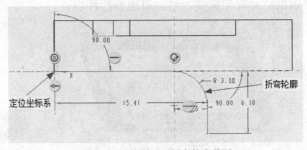

图 4-127 绘制环形折弯轮廓截面

- 保持平整并收缩：选中该单选按钮，折弯的实体、面组或基准曲线将保持平直，并在中性平面内收缩。
- 保持平整并展开：选中该单选按钮，折弯的实体、面组或基准曲线将保持平直，并在中性平面内扩张。

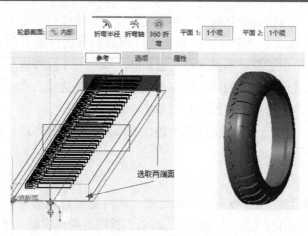

图 4-128　创建环形折弯特征

环形折弯需要指定特征折弯后的端面几何形状，且绘制端面几何截面时必须创建一个局部坐标系。其中局部坐标系的位置和截面的形状将决定环形折弯的最终效果。

4.3.3　骨架折弯

骨架折弯是通过沿曲线连续重新放置横截面，并相对于弯曲骨架将对象折弯。其中，骨架折弯对象可以是实体或面组。如果对实体进行折弯，则原实体将消失，系统将新建弯曲实体；如果对某个面组进行折弯，则原面组保留，并创建新的弯曲面组。

骨架折弯是将特征沿一条曲线折弯，这条曲线就称为"骨架"。因此要创建骨架折弯特征，首先要绘制骨架曲线。选择"模型"选项卡，在"基准"面板中单击"草绘"按钮，选取草绘平面，进入草绘环境，如图4-129所示。在草绘环境中，绘制如图4-130所示的折弯骨架曲线，然后退出草绘环境。

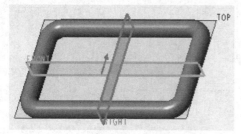

图 4-129　选取草绘平面

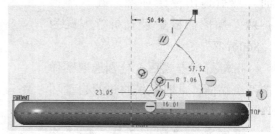

图 4-130　绘制骨架曲线

单击"工程"面板中的"骨架折弯"按钮，系统将打开"骨架折弯"操控面板。单击"参考"选项卡，然后单击"骨架"收集器并在绘图区中选取上面绘制的曲线作为骨架，如图4-131所示。如果单击"细节"按钮，可以打开"链"对话框对骨架线进行设置。

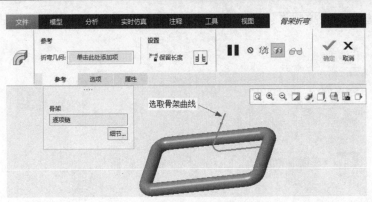

图 4-131　"骨架折弯"操控面板

接着单击"折弯几何"收集器，选取实体表面为需要折弯的对象，如图4-132所示。有以下3种方式可以设置要折弯的几何区域。

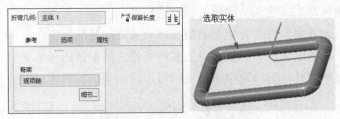

图 4-132　选取要折弯的几何

○　"折弯全部"：从骨架的起点至终点折弯几何。

○　"按值"：从骨架的起点至指定深度折弯几何。从起点输入或选择深度值。

○　"到参考"：将几何折弯至选定参考。选择点、顶点或平面。

单击骨架线上的箭头调整折弯方向，即可创建骨架折弯特征，如图4-133所示。

图 4-133　创建骨架折弯特征

在折弯几何后，若要保持几何的原始长度，可以选中"保留长度"选项；如果禁用"锁定长度"选项，几何将延伸骨架的全长，如图4-134所示。

若要控制骨架横截面属性，可以单击"选项"选项卡，其下拉面板如图4-135所示，其中各选项的含义介绍如下。

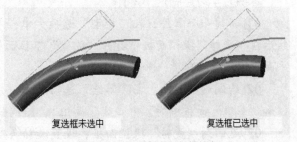

复选框未选中　　　　复选框已选中

图 4-134　控制折弯几何的长度

○ "横截面属性控制"：该下拉列表包含控制横截面各类属性的方式，如图4-136所示。

图4-135　"选项"下拉面板　　　　图4-136 "横截面属性控制"下拉列表

○ "编辑关系"：可以打开"关系"对话框，编辑横截面属性间的关系。
○ "草绘坐标系"：输入草绘器并创建坐标系。
○ "线性"：截面属性在骨架起点值和终点值之间呈线性变化。
○ "图形"：截面属性在骨架起点值和终点值之间根据图形值变化。
○ "移除展平的几何"：选中该复选框可以移除位于折弯区域以外的几何。

❖ 注意

折弯骨架必须为曲率连续的曲线，因此绘制骨架曲线时，其中的各线段间应加以"相切"或"重合"的约束，否则特征曲面可能不相切。经过骨架起点且垂直于骨架的平面必须与原始面组或实体特征相交。

4.4 应用与练习

通过本章上述内容的学习，读者应已初步了解Creo 8.0工程特征建模操作。下面通过练习再次回顾和复习本章的内容。

使用Creo 8.0打开名为4_1.prt的模型文件。该模型文件为一个已绘制好的油缸端盖实体模型，如图4-137所示。

本练习学习绘制这个零件。

01 新建一个零件，在"模型"选项卡中，单击"形状"面板中的"旋转"按钮，然后在"旋转"操控面板中打开"放置"下拉面板，单击"定义"按钮 定义...，指定草绘平面，进入草绘环境，如图4-138所示。

02 绘制旋转截面。在"草绘"选项卡中，分别单击"草绘"面板中的"线链"按钮和"基准"面板中的"中心线"按钮，绘制如图4-139所示的草绘截面。

03 返回到"旋转"操控面板，设置旋转角度为360°，单击"确定"按钮，创建旋转实体特征，如图4-140所示。

图4-137 油缸端盖实体模型

图4-138 草绘平面

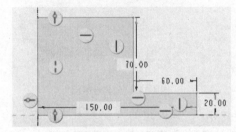

图4-139 草绘截面

图4-140 创建旋转实体特征

04 单击"工程"面板中的"孔"按钮，系统将弹出"孔"操控面板，单击"简单孔"按钮和"使用预定义矩形作为钻孔轮廓"按钮，在"直径"文本框中输入30。单击"深度"下拉列表中的"对称"按钮，并输入钻孔深度值为100，如图4-141所示。

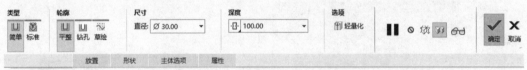

图4-141 "孔"操控面板上的设置

05 单击"孔"操控面板中的"放置"按钮，系统将弹出"放置"选项卡。在绘图区内选择实体上的一个面为放置参考，然后在"类型"选项组中选择"径向"选项，单击激活"偏移参考"收集器，按住Ctrl键，在绘图区内选择旋转特征的中心轴A_1和基准平面RIGHT，设置距离和角度，如图4-142所示。单击"孔"操控面板中的"确定"按钮，完成孔的创建，如图4-143所示。

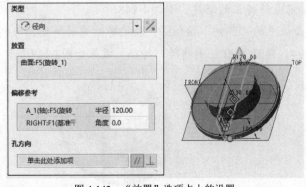

图4-142 "放置"选项卡上的设置

图4-143 创建孔特征

06 选择孔特征，单击"编辑"面板中的"阵列"按钮▦，指定阵列为轴阵列，阵列轴为旋转特征的中心轴A_1，阵列数量为4，角度为90°，创建阵列特征，效果如图4-144所示。

07 单击"基准"面板中的"平面"按钮▱，按住Ctrl键，选择中心轴和基准平面FRONT为参考面，设置旋转角度为45°，创建基准面，如图4-145所示。

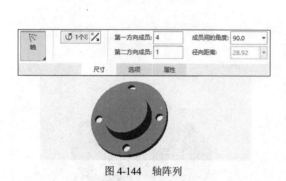

图4-144 轴阵列

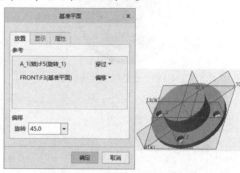

图4-145 创建基准面

08 单击"工程"面板中"筋"选项的下拉按钮▾，在弹出的下拉列表中单击"轮廓筋"按钮，弹出"轮廓筋"操控面板。在该操控面板中展开"参考"下拉面板，单击"定义"按钮，选择基准平面DTM1为草绘平面，进入草绘环境，如图4-146所示。在"草绘"选项卡中，单击"草绘"面板中的"线链"按钮，绘制筋的草绘截面，如图4-147所示。

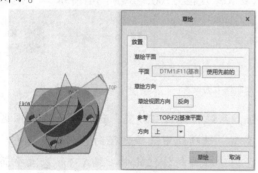

图4-146 选择草绘平面

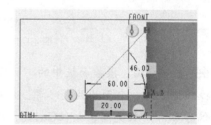

图4-147 草绘筋截面

09 退出草绘环境后，返回到"筋"操控面板，在其中指定筋的厚度为15，方向为"对称"，单击"确定"按钮，即可完成筋特征的创建，如图4-148所示。

10 选择筋特征，单击"编辑"面板中的"阵列"按钮▦，指定阵列为轴阵列，阵列轴为旋转特征的中心轴A_1，阵列数量为4，角度为90°，创建阵列特征，效果如图4-149所示。

图4-148 创建筋特征

图4-149 轴阵列

11 单击"工程"面板中的"孔"按钮🔲，系统将弹出"孔"操控面板，选择要放置孔的面，如图4-150所示。设置直径为160，深度为70，单击"放置"选项卡，选择放置类型为"径向"，将孔放置于中心轴位置，单击"孔"操控面板中的"确定"按钮，完成孔的创建，如图4-151所示。

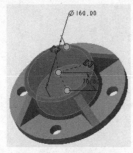

图4-150 选取放置面

图4-151 创建孔特征

12 单击"工程"面板中的"倒角"按钮🔲，系统将弹出"边倒角"操控面板，按住Ctrl键并选择要倒角的筋特征的边，设置倒角半径为5，如图4-152所示。完成后的效果如图4-153所示。

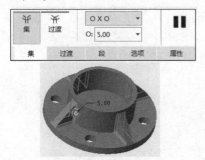

图4-152 选取需倒角的边

图4-153 完成后的倒角特征

13 单击"工程"面板中的"倒圆角"按钮🔲，系统将弹出"倒圆角"操控面板，按住Ctrl键并选择要倒圆角的对象，设置倒圆角半径为5，如图4-154所示。完成后的效果如图4-155所示。

图4-154 选取需倒圆角的边

图4-155 完成后的倒圆角特征

此时，一个完整的油缸端盖实体模型就已绘制完毕。若读者有任何不明白的地方，可以直接打开4_1.prt文件，找到对应的特征，详细查看。

4.5 习题

1. 常用的工程特征有哪些?
2. 进行拔模操作时应该注意哪些问题?
3. 简述圆角类型及创建方法。
4. 简述环形折弯、骨架折弯的应用场合,以及创建零件时的注意事项。
5. 绘制如图4-156所示的轴承座模型(尺寸可自定义)。

图 4-156 轴承座模型

第5章

编辑特征

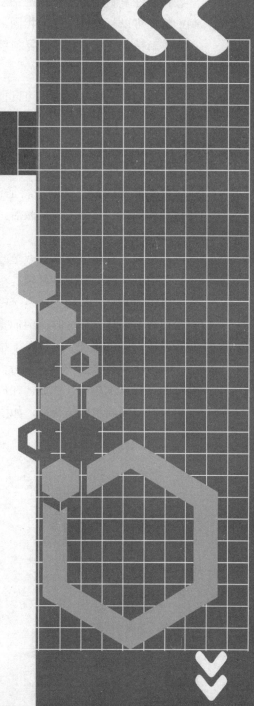

在建模过程中，可以对特征进行复制、镜像和阵列等编辑操作，以便快速创建大量相同或相似的特征，还可以通过修改、重定义、插入和重新排序等操作，改变实体的整体状况。本章主要介绍特征的复制、镜像和阵列及修改、重定义和删除等方法，以及层的操作等内容。

通过本章的学习，读者需要掌握的内容如下。

- ○ 复制、阵列和镜像特征的操作方法
- ○ 特征和特征组的操作方法
- ○ 特征的各种编辑方法
- ○ 层的操作方法

5.1 复制特征

复制特征是将已有的特征重复性复制的一个过程。可以把一个或多个位置上的特征复制到另一个位置，创建一个或多个与原特征相同或相似的新特征。

5.1.1 粘贴性复制

粘贴性复制是将现有特征粘贴到同一模型的不同位置或两个不同的模型上。其中，复制的特征可以与源特征完全相同，也可以具有不同的草绘平面和参考面，还可以通过编辑操作重新指定尺寸。粘贴性复制包括复制和粘贴两个过程。

1. 复制特征

在进行粘贴性复制时，可以把复制过程看作是将特征复制到剪贴板上。例如，选取一个孔特征，单击"操作"选项板中的"复制"按钮 ，即可将源特征复制到剪贴板，如图5-1所示。

2. 粘贴特征

复制特征以后，选取的特征已复制到剪贴板上，同时"操作"选项板中"粘贴"和"选择性粘贴"两个工具被激活。下面分别介绍这两种粘贴特征的操作方式。

(1) 粘贴

利用该工具可以重新选取草绘平面或放置参考等方式，重新定义特征的放置位置和大小。其中创建的特征副本可以是相同或相似的类型。

单击"粘贴"按钮 ，系统将打开相应的"复制"操控面板。通常，打开的"复制"操控面板与创建该特征时对应的操控面板相同，例如，粘贴孔特征时，系统将打开"孔"操控面板。可以通过"放置"下拉面板指定特征的放置面。

通过选取放置面或放置参考，可以重新定义特征的放置位置。重新定义的方式与创建特征的过程基本相同。例如，在放置面上选取位置放置孔，并定义孔的直径大小和位置，即可复制相同或相似的特征，如图5-2所示。

图 5-1 将源特征复制到剪贴板

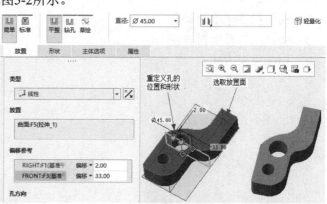

图 5-2 创建粘贴特征

(2) 选择性粘贴

利用该工具可以将复制的特征沿指定的参考方向或沿某条线性边、轴线或曲面的法向进行平移，也可以将复制的特征绕某个轴进行旋转。

单击"选择性粘贴"按钮 ，系统将打开"选择性粘贴"对话框，如图5-3所示。在该对话框中可以设置特征副本与源特征的关联属性。下面介绍各个选项的含义。

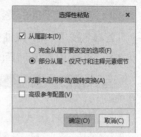

图5-3 "选择性粘贴"对话框

- ◯ 从属副本：选中该复选框，表示特征副本的参数元素将从属于源特征。
- ◯ 完全从属于要改变的选项：选中该单选按钮，则特征副本的所有参数元素都将从属于源特征。
- ◯ 部分从属-仅尺寸和注释元素细节：选中该单选按钮，则特征副本的尺寸/草绘或注释等详细信息将从属于源特征，即与源特征具有关联属性。
- ◯ 对副本应用移动/旋转变换：选中该复选框，可以由源特征的位置开始，通过平移或旋转方式定义特征副本。
- ◯ 高级参考配置：选中该复选框，可在打开的"高级参考配置"对话框中查看并指定创建特征副本时的参考。

在该对话框中选中"完全从属于要改变的选项"单选按钮，并选中"对副本应用移动/旋转变换"复选框，单击"确定"按钮，可以打开"移动(复制)"操控面板。然后在"变换"下拉面板中设置方向参考和偏移距离(或旋转角度)，即可创建相应的特征副本，如图5-4所示。

❖ 注意

复制的特征副本从属于源特征。若源特征改变，同复制特征相应变化，但是可以把特征副本看作独立的特征，改变特征副本的创建参数不会影响源特征。

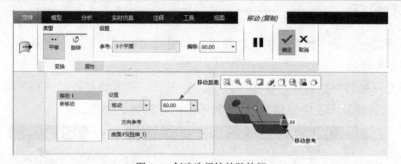

图5-4 创建选择性粘贴特征

5.1.2 镜像特征

镜像特征是以一个平面为对称中心复制相同的特征。其中，可以选取基准平面、实体上的平面和任意形状的平整面作为对称平面，可以镜像的特征包括实体、曲面、曲线以及基准特征等。

创建镜像特征之前，首先选取需要镜像的特征，激活"镜像"工具，然后单击"镜像"按钮 ，系统将弹出如图5-5所示的"镜像"操控面板。在绘图区中指定镜像平面，可以创建相应的镜像特征。"镜像"操控面板中各选项的含义如下。

- ❍ "镜像平面"选项：显示镜像平面状态。
- ❍ "参考"下拉面板：定义镜像平面。
- ❍ "选项"下拉面板：选择镜像特征与源特征间的关系，即独立或从属关系。

图 5-5 "镜像"操控面板

镜像特征的具体操作如图5-6所示。

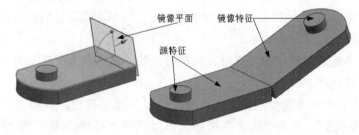

图 5-6 镜像特征

如果在"选项"下拉面板中选中"从属副本"复选框，则创建的镜像特征的尺寸参数与源特征相关联。

如果镜像特征与源特征相关联，那么在编辑源特征大小和形状后，镜像创建的特征也会发生相应的改变。

5.1.3 阵列特征

阵列特征实际上是一种特殊的复制操作。利用该工具可以按照一定规律，以均匀分布的形式创建多个特征副本。

选取需要阵列的特征对象，单击"阵列"按钮 ▦，系统将打开"阵列"操控面板，如图5-7所示。在该操控面板中提供了以下8种不同的阵列特征类型。

图 5-7 "阵列"操控面板

1. 尺寸阵列

尺寸阵列是通过设置特征的定位尺寸来决定阵列的方向和阵列参数。其中，阵列对象必须具有清晰的定位尺寸。该阵列类型包括矩形阵列和圆周阵列两种方式。

(1) 矩形阵列

矩形阵列是在一个或两个方向上沿直线创建阵列。其中只设置一个方向的阵列为单向阵列，设置两个方向的阵列为双向阵列。

选取要阵列的特征，激活"阵列"工具，然后单击"阵列"按钮■，在打开的"阵列"操控面板中选择阵列方式为"尺寸"，在"尺寸"下拉面板中选取第一个方向的尺寸设置增量。再激活"方向2"收集器，选取第二个方向的尺寸设置增量。最后设置第一和第二方向上的阵列数量，即可创建矩形阵列特征，如图5-8所示。

下面介绍"阵列"操控面板中各主要选项的含义。

- 尺寸：在该下拉面板中可以激活"方向1"和"方向2"收集器。然后通过"尺寸"方式定义第一、第二方向的尺寸和增量值。

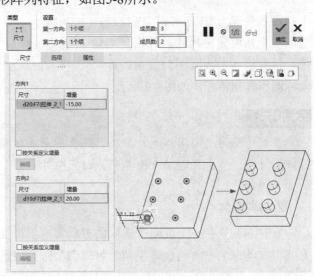

- 表尺寸：指定阵列为"表"方式时，可以激活该选项。在该下拉面板中可以单击激活尺寸值，执行添加或删除操作。

图 5-8 创建矩形阵列特征

- 参考：选择阵列为"填充"或"曲线"方式时可激活该选项。在该下拉面板中可以单击"定义"按钮，指定草绘平面进入草绘环境。

- 表：指定阵列为"表"方式时将同时激活该选项。在该下拉面板中，可通过单击右键选择快捷菜单中的相应选项来添加、删除或编辑表格。

- 选项：在该下拉面板中可通过以下3种再生方式实现特征阵列的再生过程。其中，"相同"方式是最简单的阵列形式，能以最快的速度创建阵列特征。在创建过程中，所有阵列特征都放置在同一个曲面上，且不能与所在表面的边界相交。阵列中各个特征的形状尺寸都相同，且彼此之间互不相交。"可变"方式是一种较复杂的阵列形式，创建速度一般。创建过程中可以改变阵列特征的尺寸，且特征可以在不同的表面上，但特征之间也不能相交。"常规"方式是最复杂的阵列形式，创建速度最慢，但适应性最好。系统对阵列的实体和效果不作要求，但是将计算每个实体的几何形状和每个特征的相交情况。

◆❖ 提示

在设置第一、第二方向尺寸时，增量值表示阵列的两个相邻特征之间的间距值。如果尺寸为负值，则表示阵列的方向为反向；如果仅设置一个方向的尺寸值，可实现单向阵列。

(2) 圆周阵列

圆周阵列是通过选取一个圆周方向上的角度定位尺寸来创建阵列，其中的角度为阵列中两个相邻特征绕中心轴的夹角。通常需要在创建源特征的过程中设置角度定位尺寸。

首先选取需要阵列的特征，并选择"阵列"工具。然后在"尺寸"下拉面板中激活"方向1"收集器，选取一个角度定位尺寸，并设置增量值。接着输入圆周阵列的数量，即可创建圆周阵列特征，如图5-9所示。

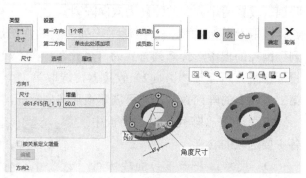

图 5-9 创建圆周阵列特征

❖ **提示**

在创建矩形或圆周阵列特征时，黑色圆点表示要进行阵列的位置；如果在该位置不执行阵列操作，单击黑色圆点使其变为白色即可。

2. 方向阵列

方向阵列是在一个或两个选取的方向参考上添加阵列成员来创建阵列特征。在该阵列方式中拖动每个方向的放置手柄，可以调整阵列成员之间的距离，或者将当前阵列的方向反向。

选择阵列方式为"方向"，在"阵列"操控面板中单击激活"第一方向"收集器，并在绘图区中选取阵列的第一方向参考。然后设置阵列的数目和阵列成员之间的距离，如图5-10所示。

指定阵列的第一方向后，单击激活"第二方向"收集器。然后选取第二方向参考，并设置阵列数目和阵列成员之间的距离，即可创建方向阵列特征，如图5-11所示。

图 5-10 选取阵列第一方向   图 5-11 选取阵列第二方向

❖ **提示**

在选取第一或第二方向参考时，可以选取基准平面、实体上的平面或直边、任意形状的平整面、坐标系或基准轴等对象作为方向参考。

3. 轴阵列

轴阵列是围绕一个选定的旋转轴(基准轴等)创建阵列特征。创建该阵列特征需要指定角度范围和特征数量。其中，阵列的特征绕轴线按逆时针方向的角度放置，指定的角度范围可以在-360°～360°，如图5-12所示。

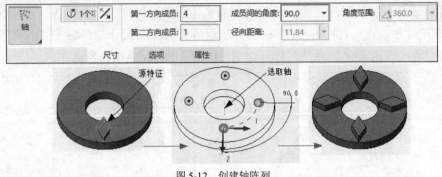

图 5-12 创建轴阵列

4. 填充阵列

填充阵列是选定或绘制一个封闭的或非封闭的二维轮廓进行实体特征填充。该方式主要以栅格定位的特征来填充所确定的区域。一般用于工程领域的修饰性操作，如防滑纹理和电脑外壳上的散热孔等。

选择阵列方式为"填充"，在"参考"下拉面板中单击"定义"按钮，绘制需要进行填充阵列的填充区域。也可以直接选取现有的草绘图形作为填充区域。

绘制填充区域后，退出草绘环境。然后在"栅格阵列"下拉列表中选择"菱形" 选项，并设置填充阵列的参数，即可创建填充阵列特征，如图5-13所示。

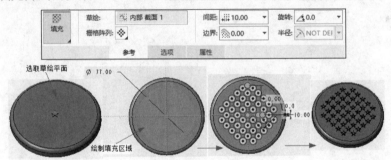

图 5-13 创建菱形填充阵列

下面介绍"填充阵列"操控面板中各文本框的含义。

- ○ 间距 ：指定阵列特征之间的间距值。
- ○ 边界 ：指定成员中心与草绘边界间的最小距离。
- ○ 旋转 ：指定栅格与原点之间的角度。
- ○ 半径 ：指定圆形和螺旋形栅格的径向间距。

❖ 提示 ▶

在"填充阵列"操控面板中，如果在"栅格阵列"下拉列表中选择"正方形""菱形""圆形""曲线"或"螺旋线"等选项，则填充阵列将按选定的阵列形式在草图范围内阵列。

5. 表阵列

表阵列是以表格的方式设置阵列特征的空间位置和尺寸来创建阵列特征。相对于尺寸阵列来说，表阵列更为灵活，而且表阵列中的实体大小可以相同，也可以不同。

选择阵列方式为"表"，按住Ctrl键并选取阵列的控制尺寸。然后在"阵列"操控面板中单击"编辑"按钮，系统将打开如图5-14所示的Pro/TABLE表格。

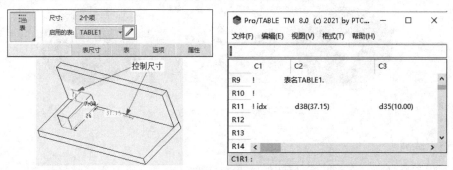

图 5-14　打开 Pro/TABLE 表格

在Pro/TABLE表格中输入实例参数(每一行代表一个阵列成员)，然后关闭Pro/TABLE表格，即可创建相应的表阵列特征，如图5-15所示。

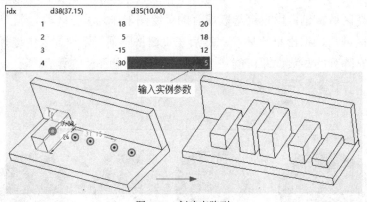

图 5-15　创建表阵列

> ❖ **提示**
>
> 通过一个表阵列，可以为阵列的每个实体指定唯一的尺寸，从而进行特征或组的复杂阵列或不规则阵列操作；也可以为一个阵列创建多个表，这样通过变换阵列的驱动表来改变阵列。

6. 参考阵列

参考阵列是指借助已有的阵列特征创建新阵列。其中，参考阵列的特征必须与已有阵列的源实体之间具有定位的尺寸关系。定位新阵列特征的参考，必须是对初始阵列特征的参考，且实例号总是与初始阵列相同。

下面通过创建参考阵列，向一个已有孔阵列特征的源特征上添加另一个孔特征。首先，在其中一个现有孔内创建另一个孔特征，选择孔轴和现有孔底部作为参考，如图5-16

所示。然后，选择新的孔特征并单击"阵列"按钮▦，打开"阵列"操控面板。系统将自动参考现有孔阵列来创建新孔特征的参考阵列特征，如图5-17所示。

源特征

图 5-16 创建另一个孔特征

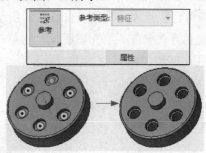

图 5-17 创建参考阵列

针对与孔、凸台关联的倒角、倒圆角等工程特征执行阵列操作时，如果孔或者凸台已经存在阵列，那么将直接创建参考阵列，而不会打开"阵列"操控面板。

7. 曲线阵列

曲线阵列是通过指定阵列特征之间的距离或者特征数量，并沿着绘制的曲线创建阵列特征。它与填充阵列类似，都需要通过草绘图形来限制阵列的范围。

选择阵列方式为"曲线"，在"参考"下拉面板中单击"定义"按钮。然后选取草绘平面绘制曲线草图，如图5-18所示。

绘制曲线草图后，单击"阵列成员间距"按钮⬚，输入阵列特征之间的距离。然后单击"阵列成员数目"按钮⬚，输入阵列特征的数量，即可创建曲线阵列，如图5-19所示。

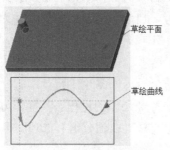

图 5-18 绘制曲线草图

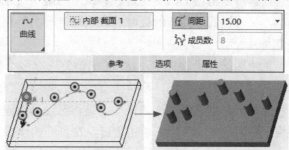

图 5-19 创建曲线阵列

删除阵列特征时，不能直接使用"删除"命令。因为系统将阵列特征作为一个特征组来管理。如果使用"删除"命令删除，将把源特征一并删除。如果只需要删除阵列特征而保留源特征，可以使用"删除阵列"命令。

8. 点阵列

点阵列是将源特征沿着现有的点或重新草绘的点进行阵列，即该阵列方式是以点为阵列参考的。

选择阵列类型为"点"，打开"点阵列"操控面板。如果已经在要放置阵列成员的位置创建了基准点，可以单击"来自基准点"按钮，然后在绘图区选取基准点为阵列参考，即可创建点阵列特征，如图5-20所示；如果还没有创建基准点，则单击"点阵列"操控面板上的"来自草绘"按钮，再单击"参考"下拉面板中的"定义"按钮，选择草绘平面进入草绘环境，然后单击"基准"面板中的"点"按钮，创建多个点，接着选取这些点为阵列参考，从而创建点阵列特征。

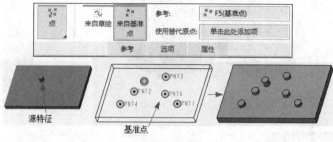

图 5-20　创建点阵列

5.2　特征组

组是系统提供的一种有效的特征组织方法，其中每个组由若干个在模型树中顺序相连的特征构成。通过组可以将多个具有关联关系的特征合并到一个组里，从而减少模型树中的节点数目。另外，还可以将多个特征及其参数融合在一起，从而便于阵列等编辑操作。

5.2.1　创建与分解组

创建组是将特征归类的过程。使用"组"命令既可以将具有关联关系的特征合并为一个组，又可以通过创建的临时基准点和基准面等局部参考，自动与对应的特征合并为一个组类型。

在绘图区或模型树中，按住Ctrl键并选取多个特征，然后单击右键，在打开的快捷菜单中选取"分组"选项，系统会自动将这些特征合并为一个组，如图5-21所示。

分解组是创建组的逆向操作，是将已经形成组的多个特征还原的过程。其操作方法是在模型树中选择一个组，单击右键，在打开的快捷菜单中选择"取消分组"选项即可。

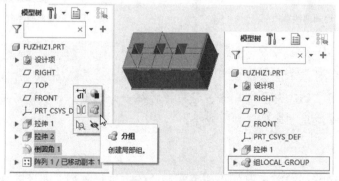

图 5-21　创建组

5.2.2 阵列与复制组

组作为一个归并的整体，可以看作是一个特殊的特征对象。与其他特征一样，可以对组执行复制和阵列等操作，而且阵列或复制后的特征在模型树中仍然以组的形式存在。

在模型树中选择一个组，单击"阵列"按钮 ▦，在打开的"阵列"操控面板中设置阵列方式为"轴"方式。然后选取阵列中心轴，设置阵列数量，即可创建组的阵列，如图5-22所示。

复制组的方法同复制特征类似。在模型树中选择一个组，单击"复制"按钮，将其复制到剪贴板上。然后单击"粘贴"按钮，指定草绘平面，确定放置位置，即可粘贴该组特征，如图5-23所示。

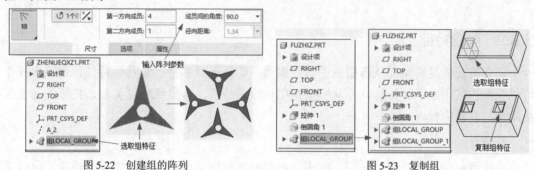

图 5-22　创建组的阵列　　　　　　　　　　图 5-23　复制组

5.3　特征操作

隐藏与隐含特征都是在模型中不显示特征，但两者有相当大的区别，隐藏特征时可以不考虑特征的父子关系，仅是不显示隐藏项目，但项目仍保留在模型树中；而隐含特征则需要考虑特征的父子关系，其效果是从模型树中暂时移除项目。

拭除和删除特征都是将特征从当前图形中清除。两者的区别是拭除只是将特征或零件文件从内存进程中拭除，对文件本身没有影响；而删除操作则是将特征文件从硬盘上删除。

5.3.1 隐藏特征

隐藏特征就是将特征隐藏起来，即在绘图区内不显示特征。除了可以隐藏基准特征，还可以隐藏零件或组件中的非几何项目，包括存在于特征中的基准轴和坐标系等。

在模型树中选择一个特征后右击，在打开的快捷菜单中选择"隐藏"选项，则在模型中将不显示该特征，如图5-24所示。如果选择的特征是几何特征，则隐藏后的特征仍会在绘图区显示。

要恢复隐藏的特征，可以直接在模型树中选择该特征并右击，然后在打开的快捷菜单中选择"显示"选项。

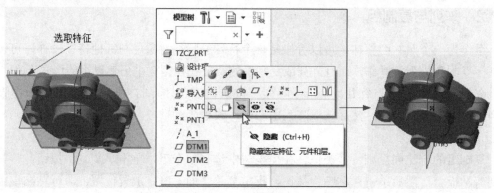

图 5-24　隐藏特征

5.3.2　隐含特征

隐含特征就是将特征从模型树中暂时删除。如果选择的特征是几何特征，则隐含操作可以在操作区不显示该特征，并从模型树中移除该特征。与隐藏特征类似，特征的隐含包括隐含与取消隐含。

1. 隐含

在模型树中选择一个特征后，右击，在打开的快捷菜单中选择"隐含"选项。此时系统将提示"突出显示的特征将被隐含。请确认。"，单击"确定"按钮，模型树中将不显示该特征，并从模型树中暂时删除，如图5-25所示。

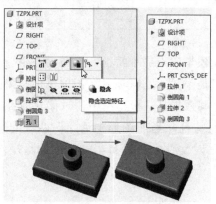

图 5-25　隐含特征

2. 取消隐含

取消隐含是隐含的逆操作。在模型树上方单击"设置"按钮 🔽 ，在打开的下拉菜单中选择"树过滤器"选项，系统将弹出"模型树项"对话框。选中"隐含的对象"复选框，单击"确定"按钮，隐含的特征就会在模型树中显示。再在模型树中选择特征，单击右键，在打开的快捷菜单中选择"恢复"选项，即可取消特征的隐含，如图5-26所示。

图 5-26 取消隐含

5.3.3 拭除特征

拭除特征主要用于清除驻留在内存进程中的文件。选择"文件"|"管理会话"选项,在展开的子菜单中包含"拭除"选项的两个子选项。其中"拭除当前"是指从进程中拭除活动窗口中的对象;"拭除未显示的"是指从进程中拭除所有不在窗口中的对象。

如果希望将关闭的对象从当前进程中清除,可选择"文件"|"管理会话"|"拭除未显示的"选项,系统将打开关闭文件的列表,然后从列表中选择需要拭除的对象即可,如图5-27所示。如果希望将当前活动窗口中的特征从进程中拭除,可选择"文件"|"管理会话"|"拭除当前"选项将其拭除。

图 5-27 拭除特征

5.3.4 删除特征

删除特征是选取当前工作界面中的活动特征,将其从硬盘中永久删除。选取特征后直接按Delete键,或在模型树中右击,在打开的快捷菜单中选择"删除"选项,都可以删除特征,如图5-28所示。

应用"操作"选项板上的"删除"命令也可以删除特征。单击"删除"按钮×旁的▾,在打开的下拉菜单中包括如下3种删除特征的方式。

- 删除:删除选定特征。
- 删除直到模型的终点:删除选定特征之后的所有特征。
- 删除不相关的项:删除除了选定特征及其父特征的所有特征。

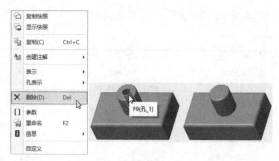

图 5-28　删除特征

5.4　修改特征

在建模过程中经常需要修改特征，以便将参数化设计与特征建模结合起来。这样可以使特征成为参数的载体，将不同特征的形状尺寸和位置尺寸控制在一定范围内。为满足产品的各种设计要求，还可以根据具体情况对特征参数进行调整。

5.4.1　编辑特征尺寸

特征是参数化的几何实体，通过改变特征尺寸参数，可以用有限的特征创建各种零件。编辑尺寸作为修改特征的一种操作手段，主要是通过在三维环境中直接修改特征参数的方式来修改特征形状。

1. 修改尺寸值

对于孔、筋等工程特征，扭曲和环形折弯等高级特征，其编辑方法与基础特征基本相同。例如，在模型树中选取孔特征并右击，在打开的快捷菜单中单击"编辑尺寸"按钮 ，修改孔特征的直径尺寸，然后可以单击"重新生成"按钮 再生模型，如图5-29所示。

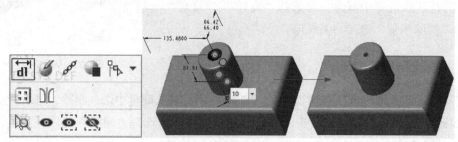

图 5-29　修改孔特征的尺寸值

2. 设置尺寸属性

设置尺寸属性包括设置属性、尺寸文本和文本样式。在绘图区中选取一个尺寸，系统将弹出"尺寸"和"格式"选项卡，如图5-30所示。可在其中编辑尺寸及其属性，下面介绍各选项卡的功能。

"尺寸"选项卡

"格式"选项卡

图5-30 "尺寸"和"格式"选项卡

❖ **注意**

在设置尺寸属性之前，可先将特征尺寸显示出来。选择"注释"选项卡，单击"管理注释"面板中的"显示注释"按钮，在系统弹出的如图5-31所示的"显示注释"对话框中可设置显示特征尺寸。

(1) 设置属性

在"尺寸"选项卡中可以设置尺寸显示、值和公差等尺寸属性。

- "值"选项板：可以调整模型尺寸公称值的显示效果，更改选定尺寸的值。例如，在"公称值"旁的文本框中，输入更改的尺寸值。

- "公差"选项板：通过设置模型的公差值调整尺寸的数值。其中，可以在"上/下公差"文本框中设置公差的上下限公差值大小；而"公差"列表框则用于指定显示的公差样式。选择"文件"|"选项"|"图元显示"选项，在展开的对话框中选择"尺寸公差"为"显示所有公差"，即可激活该列表框，在模型中显示指定的公差样式，如图5-32所示。

图5-31 "显示注释"对话框

- "精度"选项板：主要用于设置小数的格式。在"精度"选项板上的文本框中选择数值可以更改小数的精度，其中，在"小数位数"文本框中可设置尺寸数值小数的保留位数。选中"四舍五入尺寸"复选框，可以按所设置的小数保留位数，将尺寸数值四舍五入。

- "尺寸格式"选项板：单击"尺寸格式"选项弹出下拉面板，若选中"分数"单选按钮，则可以设置分母和最大分母值，如图5-33所示。

(2) 设置尺寸文本显示

"尺寸文本"选项板：主要用于修改尺寸名称，或者为名称添加前缀或后缀。单击"尺寸文本"按钮，将弹出"尺寸文本"对话框，在"符号"列表框中可以选择要添加的文本符号，如图5-34所示。

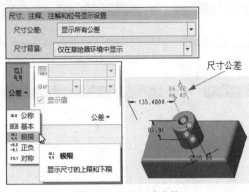

图 5-32　显示尺寸公差

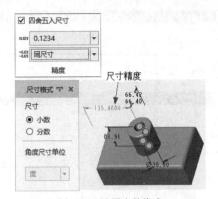

图 5-33　设置小数格式

"显示"选项板：单击"显示"按钮 ，可在如图5-35所示的对话框中设置尺寸文本显示。其中：

○ 显示：该选项组主要用于设置尺寸的显示样式。选择其中任何一个按钮，模型尺寸都将及时更新。其中选中"检查"复选框，系统指定尺寸为检查参考尺寸；选中"ISO公差显示样式"复选框，系统按ISO标准显示尺寸公差；选中"双精度值"复选框，则将尺寸显示为双精度尺寸。

○ 箭头：单击"反向"按钮，可以在尺寸延伸线内部和外部之间切换箭头显示。

(3) 设置文本样式

"格式"选项卡主要用于设置字符的高度、线条粗细、宽度因子和斜角，也可以调整字符大小、注释/尺寸的位置和颜色等属性。单击"样式"下拉列表中的"文本样式"选项，可打开"文本样式"对话框设置文本样式，单击"重置"按钮，可以恢复到系统默认设置状态，如图5-36所示。

图 5-34　设置尺寸文本

图 5-35　设置尺寸文本显示

图 5-36　设置文本样式

5.4.2　重定义参考

在修改特征的过程中，有时需要保留子特征而删除或编辑父特征。此时就需要通过重定义参考断开它们之间的"父子"关系，才能既编辑父特征又不影响子特征。下面介绍重定义参考的方法。

　　如图5-37所示，要删除模型中间的方形体而保留圆柱体。首先在模型树中选取圆柱体并单击右键，在打开的快捷菜单中单击"编辑参考"按钮 ✎，系统将打开"编辑参考"对话框。

　　选取TOP平面替换原草绘平面，同时接受原来的垂直参考平面和尺寸标注参考平面，单击"确定"按钮，退出"编辑参考"对话框。此时两个实体间的父子关系将自动分离，删除方形体而依然保留圆柱体，如图5-38所示。

图 5-37　"编辑参考"对话框

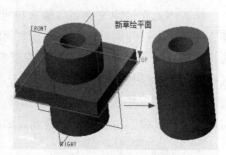

图 5-38　重新指定参考

5.5　特征排序

　　特征顺序是特征创建的次序，它具有两个特点：提供参考的父特征在模型树中必然位于子特征之前；参考已有模型创建的当前特征不会对参考特征产生影响。

5.5.1　特征重新排序

　　特征排序是指创建的特征在模型树中以创建时间的先后顺序排列显示。而特征重新排序是指将插入的新特征或其他特征拖至新位置，从而改变该特征在创建整个实体模型中的次序。当然，特征排序不能将子特征拖至其父特征之前，除非解除特征之间的父子关系。

1. 通过"重新排序"命令排序

　　通过该方式排序可以避免在模型树中进行重复的移动操作。尤其在创建特征较多的模型时，使用该命令可以直接将特征调整到合适的位置。

　　在"操作"选项板中，选择"操作"下拉菜单中的"重新排序"命令，系统将弹出"特征重新排序"对话框，如图5-39所示。

　　❑　"要重新排序的特征"列表框：该列表框显示了用户在"模型树"或绘图区中选择要重新排序的一个或多个特征，根据选择方法的不同对选中的特征进行排序。

○ "从属特征"列表框：所有必须进行重新排序的从
属特征均会自动添加到"从属特征"列表中。这些
从属特征与待进行重新排序的特征一同进行重新
排序。

○ "新建位置"选项组：用于指定特征排列的方式，
有"之前"和"之后"两种方式。"之前"方式表
示将重新排序的特征插入到插入点之前。"之后"
方式表示将重新排序的特征插入到插入点之后。

○ "目标特征"列表框：该列表框显示在"模型树"
或图形窗口中选择的作为插入点的特征。

下面要实现倒圆角和拉伸圆柱特征次序的变换。

图 5-39   "特征重新排序"对话框

原实体是先拉伸生成矩形垫块再进行倒圆角，最后在拉
伸实体表面上拉伸圆柱特征。现在要将倒圆角和拉伸圆柱特征的次序重新排列，实现先生
成拉伸圆柱特征，再对拉伸矩形特征倒圆角。首先单击"要重新排序的特征"，在绘图
区中选择拉伸圆柱("拉伸2")特征，选择"新建位置"为"之前"。然后单击"目标特
征"，在绘图区中选择倒圆角("倒圆角1")特征，单击"确定"按钮便形成新的排序，
排序效果在"模型树"中可以看到，如图5-40所示。

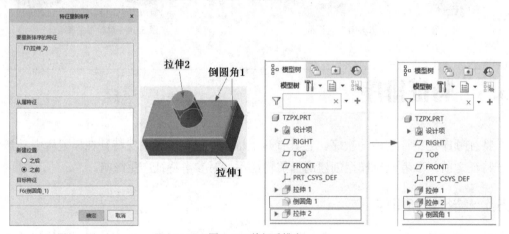

图 5-40   特征重排序

2. 通过模型树排序

在模型树中拖动特征节点到新的位置后，就可以改变特征节点在特征序列中的位置。但
是特征节点的移动必须满足一个条件，即相互顺序发生改变的特征之间不能是父子关系。

在模型树中选取要排序的特征，直接拖动到合适的位置，即可改变该特征在创建整个
实体模型中的次序。

❖ 提示

不论是创建的新实体模型还是排序后的实体模型，模型树的末尾都有一条绿色横线作
为"在此插入"的当前标记，表示当前特征操作在特征次序中的位置。

5.5.2 特征插入操作

特征插入操作是在原有的特征上插入一个已有特征的子特征或相互无父子关系的其他特征,这样可以弥补实体建模的缺陷。特征插入操作不是严格按照模型树的次序新建一个特征,而是由于忽略了某个特征的创建,因而需要在适当位置插入该特征。

与特征重新排序一样,可以利用模型树进行插入操作。在模型树中选中要插入的某一特征,右击,在打开的快捷菜单中选择"在此插入"命令,模型树中将显示插入位置,如图5-41所示。

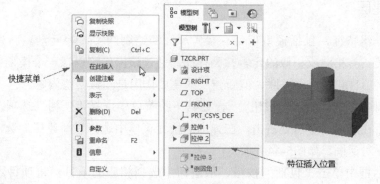

图 5-41　通过快捷菜单设置插入位置

也可以直接在模型树中单击绿色横线,并将其拖至需要的位置。设置插入位置后,即可通过指定的工具创建相应的插入特征,但该特征必须是已有特征的子特征或无父子关系的其他特征。如图5-42所示就是利用"倒圆角"工具在"拉伸2"特征上插入倒圆角特征。

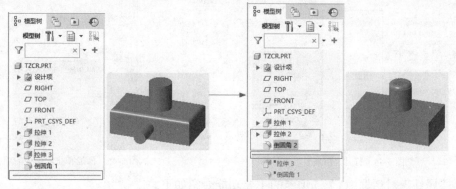

图 5-42　特征插入操作

完成插入操作后,在模型树中右击绿色横线,在弹出的快捷菜单中选择"退出插入模式"选项,即可退出插入操作。此时系统会弹出"确认"对话框,提示是否恢复隐藏的特征,单击"是"按钮,即退出特征插入操作,如图5-43所示。

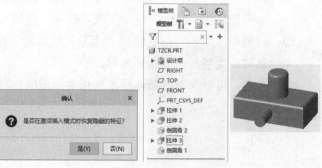

图 5-43　退出插入模式

5.6 层的操作

层作为一种有效的管理手段，可以对模型中的基准点、基准线和基准面等要素进行显示、遮蔽和隐含等操作。通过层操作可以使很多任务流水线化，从而提高可视化程度和工作效率。一个层还可以组织和管理其他许多层，对层中的模型要素进行组织，并简化显示。

5.6.1 新建层

层就是一组特征，包括模型项目、参考平面和绘制的实体等元素。新建层是在模型或布局中将某一类相同或相似的元素归类存储。通过该操作可以在一个模型中创建无数个层，也可以将项目和多个层关联。但新建层的主要作用是隐藏某些内容。

在模型树中单击"显示"按钮 📄▾，在其下拉菜单中选择"层树"选项，打开模型中的层树。然后在层树的空白处右击，在弹出的快捷菜单中选择"新建层"选项，系统将弹出"层属性"对话框，如图5-44所示。

在该对话框中单击"包括"按钮，从层树中选择相应的项目，将项目添加到新建层内。单击"排除"按钮，选择相应的项目，可以从层中排除项目，如图5-45所示。另外，单击"移除"按钮，可以移除指定项目。

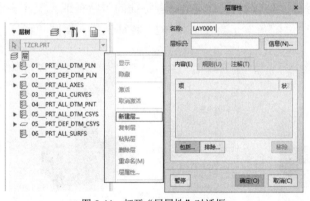

图 5-44　打开"层属性"对话框

图 5-45　添加和排除层中的项目

"层属性"对话框中3个选项卡的主要功能介绍如下。

- ○ 内容：在"名称"文本框中可以设置层的名称，通常以"LAY+编号"的形式来命名新建层。单击"包括"或"排除"按钮可以在新建层中添加或排除项目。
- ○ 规则：可以为当前新建层上选取的项目定义相关规则，包括选取对象范围、对象名称、类型和表达式等内容。
- ○ 注解：可以为当前新建层添加相关的说明注释。

在"层属性"对话框中，"+"表示层中包含的项目，"-"表示层中被排除的项目。如果要使被删除的项目包含在层内，可以单击"包括"按钮，然后选择被排除的项目。

5.6.2 编辑新建层

对于新建的层，可以通过"层属性"对话框添加或删除特征和零件对象，从而改变层的显示状态，还可以在视图中改变层的显示状态、忽略模型中层的状态或者向层中添加注释说明等。当层的显示状态与层对象一起存储时，改变其中一个对象的显示状态并不会影响同一层中另一个活动对象的显示状态。

1. 编辑层规则

如果需要添加多个具有相同特性的项目，可以切换到"规则"选项卡。单击"编辑规则"按钮，系统将弹出"规则编辑器:1"对话框，如图5-46所示。

在"规则编辑器:1"对话框中，通过设置条件，如对象名称、类型、表达式和比较值等，可以限制对象的查找范围。单击"预览结果"按钮，即可进行搜索。当搜索完毕后单击"确定"按钮，"规则"选项卡中将显示编辑效果，如图5-47所示。

图 5-46 打开"规则编辑器:1"对话框

2. 添加文本注释

切换至"注解"选项卡后，可以为层添加文本标注。其中可以在文本框中手动输入文本，也可以单击"插入"按钮，通过打开的"插入"对话框导入外部文件，如图5-48所示。单击"拭除"按钮，可以删除文本框中的文本，单击"保存"按钮，可以将注释保存为新的文件。

图 5-47 编辑层规则

图 5-48　"插入"对话框

5.6.3　编辑其他层

除了编辑新建层的相关操作，还可以通过编辑其他层来控制模型的显示。在打开的层树中选择相应的层并单击右键，在打开的快捷菜单中选择相应选项，即可执行相应的层操作。各主要选项的含义如表5-1所示。

表5-1　编辑层选项列表

名称	含义
隐藏	隐藏选定层
激活	显示选定层
取消激活	设置孤立、隐藏线等高级显示方式
新建层	创建新层
删除层	删除选定层
重命名	在所有模型中重命名选定层
剪切项	将层项目放到剪贴板上
复制项	将层项目的副本放到剪贴板上
层属性	修改选定层的属性
粘贴项	将剪贴板中的层项目放到层中
移除项	从层中移除项目
选择项	选取层中的项目
选取层	选取列出的层
层信息	显示选定层项目的信息
搜索	搜寻所需项目的层并进行添加
保存状况	使活动对象及相关对象中的所有层状态更改长期有效
重置状况	将状态重置为上次保存的状态

层状态文件是控制模型的层和层显示状态的文件，可以将其保存，以便检索和用于其他对象的模型。单击层树上方的"设置"按钮，在下拉菜单中包括所有设置层的相关选项，其功能如表5-2所示。

表5-2 设置层选项列表

名称		功能
显示的层		在层树中列出显示层
隐藏的层		在层树中列出隐藏层
孤立层		在层树中列出隔离层
以隐藏线的方式显示的层		在层树中列出以隐藏线方式显示的层
所有子模型层		显示活动对象及所有相关子模型中的各个层
如果在活动模型中则为子模型层		显示所有相关子模型中的活动对象层
无子模型层		仅显示活动对象的各个层
层项		在层树中列出层项目
嵌套层上的项		显示嵌套层上的项目
项选择首选项	忽略	忽略非本地项目选项
	添加	如果相同名称的子模型层已存在，则进行添加
	自动	需要时自动创建相同名称的子模型层并进行添加
	提示	提示创建或选择要添加的子模型层
传播状况		将对用户定义层的可视性更改应用到子层
设置文件	打开	在文件中检索活动对象的层信息
	保存	将活动对象的层信息保存到文件
	编辑	修改活动对象的层信息
	显示	显示活动对象的层信息

5.7 应用与练习

通过上述内容的讲解，读者应已学会了Creo 8.0编辑特征操作。下面就通过一个练习再次回顾和复习本章所讲述的内容。

使用Creo 8.0打开名为5_1.prt的零件文件，可以看到一个已绘制好的悬臂齿轮座零件，如图5-49所示。

本练习学习绘制这个零件。

01 新建一个零件，在"模型"选项卡中，单击"形状"面板中的"拉伸"按钮，然后在"拉伸"操控面板中打开"放置"下拉面板，单击"定义"按钮 定义... ，指定草绘平面进入草绘环境，如图5-50所示。

图 5-49 悬臂齿轮座

02 绘制拉伸截面。在"草绘"选项卡中，分别单击"草绘"面板中的"中心矩形"按钮 ，绘制如图5-51所示的草绘截面。

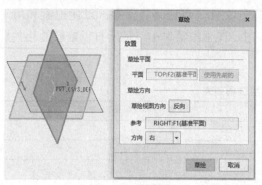

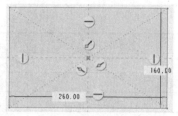

图5-50　草绘平面　　　　　　　　　　　　　图5-51　草绘截面

03 返回到"拉伸"操控面板，设置拉伸深度为20，如图5-52所示。单击"确定"按钮✔，创建一个长为260、宽为160、高为20的方块，如图5-53所示。

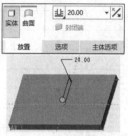

图5-52　设置拉伸深度　　　　　　　　　　　图5-53　创建方块

04 同样，使用"拉伸"工具，在方块的中心创建一个高为30、直径为120的凸台，如图5-54所示。凸台创建效果如图5-55所示。

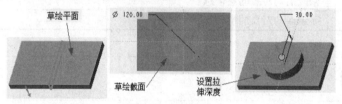

图5-54　创建凸台　　　　　　　　　　　　　图5-55　凸台效果

05 单击"工程"面板中的"倒圆角"按钮⌒，在"倒圆角"操控面板中，单击"集"模式按钮⑄，设置半径为40，然后按住Ctrl键在绘图区依次选择方块的4个边，进行统一倒圆角，如图5-56所示。

06 继续使用"倒圆角"工具，选择凸台的根部，倒一个半径为30的角，如图5-57所示。

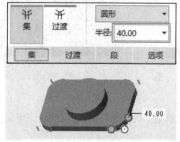

图5-56　方块倒圆角　　　　　　　　　　　　图5-57　凸台倒圆角

07 单击"工程"面板中的"孔"按钮，在方块上打一个通孔，直径为25，选择放置孔的类型为"线性"，把它固定在距离长边30、距离短边30的位置，如图5-58所示。

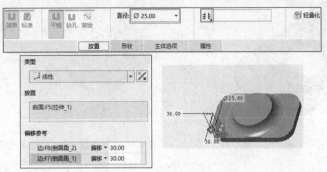

图 5-58　方块打孔

08 选择方块孔，单击"编辑"面板中的"阵列"按钮，使用尺寸阵列方式。沿第一方向设置数目为2，间距为200(即长边方向200)；沿第二方向设置数目为2，间距为100(即短边方向100)，如图5-59所示。

09 阵列完成后的效果如图5-60所示。

10 再次使用"孔"工具，在原来凸台的中心打一个通孔，直径为80，同样选择放置孔的类型为"线性"，把它固定在距离长边80、距离短边130的位置，如图5-61所示。打孔完成后的效果如图5-62所示。

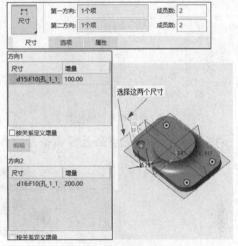

图 5-59　阵列圆孔

图 5-60　阵列完成后的效果

图 5-61　凸台打孔

11 单击"形状"面板中的"螺旋扫描"按钮，然后在"螺旋扫描"操控面板中打开"参考"下拉面板，单击"定义"按钮，指定草绘平面进入草绘环境，如图5-63所示。

12 绘制如图5-64所示的螺旋扫描轮廓及扫描中心线，并在"螺旋扫描"操控面板中设置选项。在凸台打的孔的内壁上创建一个螺距为6的螺纹，如图5-65所示。

图 5-62　打孔完成后的效果

图 5-63　指定草绘平面

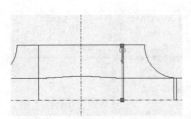

图 5-64　绘制螺旋扫描轮廓

图 5-65　创建螺纹

13 至此,一个完整的悬臂齿轮座零件就绘制完成了,如图5-66所示。

图 5-66　绘制完成的悬臂齿轮座

5.8　习题

1. 简述特征的粘贴与选择性粘贴的区别,以及各自所应用的场合。

2. 阵列操作有几种类型?各自应选择何种参考?

3. 什么是特征组?

4. 特征操作主要有哪几种?其各自含义与相互区别是什么?

5. 简述层的概念。

6. 绘制如图5-67所示的直管接头模型(尺寸可自定义),保存为5_2.prt零件文件。

图 5-67　直管接头模型

第6章

曲面设计

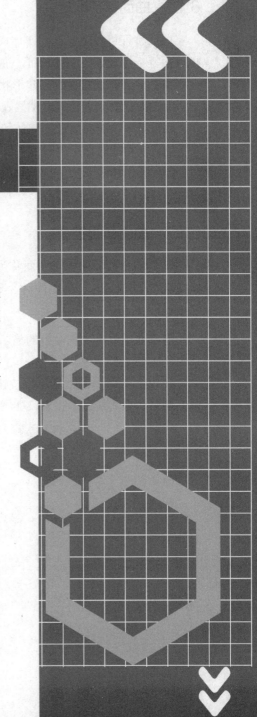

　　曲面设计是进行产品设计不可缺少的一项设计内容，Creo 8.0提供了高级曲面设计功能和各种曲面编辑功能，以便设计高质量的曲面。另外，该系统还具有更自由的造型曲面设计功能，可以使用功能强大的自由曲线和自由曲面设计，直观地将曲面调整到最佳状态。本章主要介绍曲面特征的基本概念，基础曲面和高级曲面的创建方法，合并、修剪和实体化等编辑曲面的方法，以及造型曲面的创建和编辑方法等。

　　通过本章的学习，读者需要掌握的内容如下。

- ○　曲面造型的基本方法
- ○　各种曲面的创建方法
- ○　曲面的各种编辑方法

6.1 曲面概述

曲面造型主要用于创建异型零件。对于简单、规则的零件，直接通过实体建模的方式就可以创建。但对于一些表面不规则的异型零件，通过实体建模方法创建就比较困难。此时便可以构建零件的轮廓曲线，由曲线创建曲面，并将曲面转化为实体。

6.1.1 曲面特征设计

曲面特征可以用于创建实体模型、编辑现有的实体几何，并可以在模具设计中创建分型曲面等。因此，与实体特征、基础特征和工程特征一样，曲面特征是模型创建过程的重要组成部分。在通过曲面创建形状复杂的实体模型时，一般需要经过以下过程。

- 创建数个定义实体模型表面形状的单独曲面。
- 对单独的曲面进行裁剪和合并等操作，从而创建模型的面组形体。
- 利用加厚或实体化工具将面组转化为实体，如图6-1所示。

图6-1 曲面造型的步骤

6.1.2 曲面面组控制

组合或合并后的多个曲面称为曲面面组，其中包含各个曲面的几何信息和缝合(连接或交截)方法信息。一个零件包含多种面组，可通过曲面特征创建或者处理这些面组。

1. 隐藏面组

隐藏面组就是关闭面组的显示。通常情况下，可以将创建的曲面面组分别置于不同的层中，以便进行管理。

在模型树中单击"显示"按钮，从打开的下拉菜单中选择"层树"选项。此时屏幕左侧将切换为层显示状态，如图6-2所示。

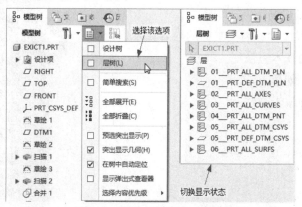

图6-2 切换模型树为层显示状态

单击"层"按钮⊜，在打开的下拉菜单中选择"新建层"选项，系统将弹出"层属性"对话框。单击该对话框中的"包括"按钮，展开曲面特征所在的层，选取曲面特征，将其添加到"内容"列表框中。单击"确定"按钮即可创建新层，如图6-3所示。

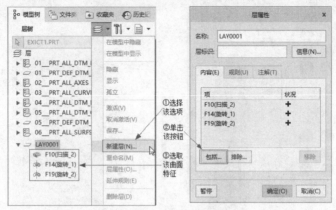

图 6-3　将曲面特征置于新层中

选取层树中的任意一层名称，单击右键，在打开的快捷菜单中选择"隐藏"选项，单击"重新生成"按钮，即可将绘图区中的曲面面组隐藏，如图6-4所示。

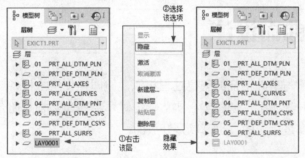

图 6-4　隐藏所选层

2. 为面组分配颜色

指定一种现有的自定义颜色，并将该颜色分配给面组或曲面的指定边，从而可以提高曲面面组的显示效果。

切换至"视图"选项卡，在"外观"面板上单击"外观"按钮下面的箭头，在打开的面板中指定一个颜色球。然后在绘图区中选取模型的曲面表面，按下鼠标中键可将指定的颜色应用到面组中，如图6-5所示。

若要清除面组上应用的颜色，可以在"外观库"面板中选择"清除外观"选项，然后选取已着色的面组，按下鼠标中键，即可清除面组颜色。

3. 为面组和曲面设置网格显示

在创建复杂的模型时，曲面和面组的数量比较多，容易造成视图显示混乱，影响作图的准确性。将曲面设置为网格显示，就可以加大曲面的显示差异，提高图形的显示效果。

切换至"分析"选项卡，单击"检查几何"面板中的"网格化曲面"按钮，系统将弹出"网格"对话框,在该对话框的"曲面"下拉列表中选择"面组"选项,选取模型表面,设置其密度值,可以将所选的曲面以网格显示,如图6-6所示。

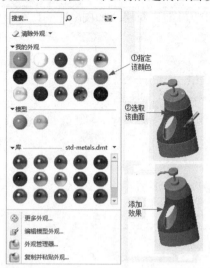

图 6-5　赋予面组指定颜色

图 6-6　为面组设置网格显示

6.2　基本曲面设计

基本曲面的创建与基础特征的创建过程相似,即同样使用拉伸、旋转、扫描和填充等工具创建曲面。不同处在于,创建实心实体特征时草绘截面必须是闭合的,而创建曲面特征时草绘截面既可以是封闭的,也可以是开放的。

6.2.1　拉伸曲面

拉伸曲面是一种垂直于草绘平面的曲面。其中,曲面的外形由绘制的截面曲线决定,曲面的宽度由指定的拉伸深度确定。

利用"拉伸"工具,可以在垂直于草绘平面的方向上将已绘制的截面拉伸指定深度,从而创建拉伸曲面。

单击"拉伸"按钮🗋,在打开的"拉伸"操控面板上单击"曲面"按钮🗋。然后绘制草图截面,并设置拉伸深度,即可创建拉伸曲面,如图6-7所示。

打开"拉伸"操控面板上的"选项"下拉面板,选取"封闭端"选项,可以创建两端闭合的拉伸曲面特征,如图6-8所示。

创建拉伸曲面时,在"拉伸"操控面板上单击"移除材料"按钮🗋,操控面板将变为如图6-9所示的状态。单击被修剪的曲面,之后可以利用新创建的曲面对已有曲面进行修剪操作,如图6-10所示。

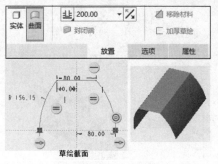

图 6-7　创建拉伸曲面

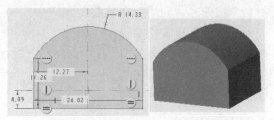

图 6-8　创建两端闭合的拉伸曲面

图 6-9　"拉伸"操控面板

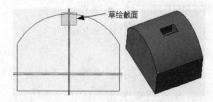

图 6-10　创建拉伸修剪曲面

❖ 注意

　　利用"继承"工具，在打开的"继承零件"菜单中也可以进行拉伸、旋转及其他基本曲面的创建。由于该方法是Creo 8.0以前版本中的创建方法，因此这里不进行详细介绍。

6.2.2　旋转曲面

　　旋转曲面是将草图截面沿中心线旋转而创建的曲面特征。其中，绘制的旋转截面可以是开放的也可以是封闭的。

　　单击"旋转"按钮，在打开的"旋转"操控面板中单击"曲面"按钮，然后绘制旋转截面和旋转中心线，并设置旋转角度，即可创建旋转曲面特征，如图6-11所示。

　　当曲线封闭且旋转角度小于360°时，可以打开"旋转"操控面板上的"选项"下拉面板，选中"封闭端"复选框，创建两端封闭的曲面，如图6-12所示。

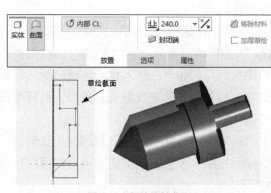

图 6-11　创建旋转曲面

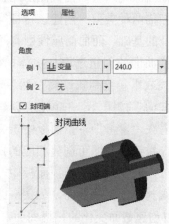

图 6-12　创建两端封闭的旋转曲面

创建旋转曲面时，可以在"旋转"操控面板上单击"移除材料"按钮，利用新创建的曲面对已有曲面进行修剪操作，如图6-13所示。

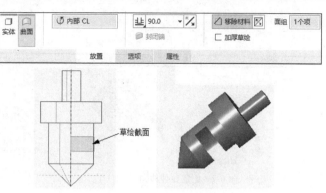

6.2.3 填充曲面

利用填充曲面工具，可以通过选择封闭的平面轮廓线或在草绘平面上绘制封闭草图来创建平面曲面。

图 6-13 创建旋转修剪曲面

在"曲面"选项板上单击"填充"按钮，打开"填充"操控面板，如图6-14所示。通过草绘方式创建填充曲面的步骤如下。

01 单击"填充"按钮，在"填充"操控面板中打开"参考"下拉面板。

02 单击"定义"按钮，选择草绘平面进入草绘环境。

03 完成草图绘制，返回建模环境。

04 单击"填充"操控面板中的"确定"按钮，完成填充曲面的创建，如图6-15所示。

图 6-14　"填充"操控面板

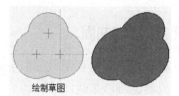

图 6-15　创建填充曲面

6.2.4 扫描曲面

扫描曲面是通过扫描截面沿路径曲线移动而创建的曲面特征，包括恒定剖面扫描和可变剖面扫描两种类型。创建该特征需要绘制截面和设置曲面属性。其中，草绘截面是创建扫描特征的基础，而曲面属性则有开放和闭合之分。

扫描曲面的创建过程与实体扫描过程基本相同。首先指定扫描轨迹线，可以选取现有轨迹线或重新绘制轨迹线。然后单击"扫描"按钮，在打开的"扫描"操控面板中单击"曲面"按钮，并单击"创建或编辑扫描截面"按钮，进入草绘环境绘制扫描截面。接着在"参考"下拉面板中定义原点轨迹线、剖截面和轨迹线的位置关系。最后单击"确定"按钮，即可创建相应的扫描曲面特征，如图6-16所示。

另外，在"扫描"操控面板中，可以选中"选项"下拉面板中的"封闭端"复选框，创建两端封闭的扫描曲面，如图6-17所示。单击"扫描"操控面板上的"可变截面"按钮，可以创建截面变化的扫描曲面，如图6-18所示。

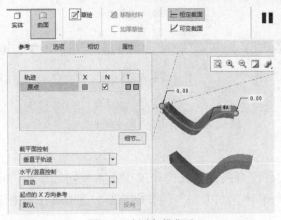

图 6-16 创建扫描曲面

图 6-17 创建两端封闭的扫描曲面

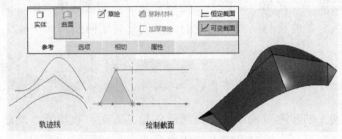

轨迹线 绘制截面

图 6-18 创建截面变化的扫描曲面

❖ 提示

　　可变截面扫描时需要选择多个轨迹线，其中一条轨迹线作为原点，其余轨迹线用于控制截面变化。轨迹线需要分别绘制，最短轨迹线控制扫描长度。绘制截面时，需要选择非原点轨迹线作为参考，且截面与非原点轨迹线相交。

6.3　高级曲面设计

　　Creo 8.0提供了边界混合、曲面自由形状等高级曲面设计方法，应用这些特征工具，可以创建以曲线为基础的、异形的、没有规律或曲度大的复杂曲面，从而进行具有复杂外形产品的设计。

6.3.1　边界混合曲面

　　边界混合曲面是通过一到两个方向上的序列曲线来创建曲面。可以根据设计要求设置相关边界的约束条件，定义具体的控制点来获得较佳的曲面模型。

　　首先要创建所有参考边界曲线，包括外部和内部边界。可利用"草绘"或"基准曲线"工具绘制各个边界线，如图6-19所示。然后按照顺序选择两个方向上的曲线。

　　单击"边界混合"按钮，打开"边界混合"操控面板，如图6-20所示。其中各个选项的功能及含义介绍如下。

图 6-19　创建参考边界曲线

图 6-20　"边界混合"操控面板

1. 曲线

边界混合分为单向边界混合和双向边界混合两种，其操作过程基本相同。打开"曲线"下拉面板，可以分别激活"第一方向"和"第二方向"两个收集器，进而可在图中选择两个方向上的参考对象。

根据所参考的顺序，在第一方向上创建混合曲面。如果选中"闭合混合"复选框并选取曲线，则把最后一条曲线与第一条曲线混合，创建封闭曲线，如图6-21所示。

❖ 注意

只有指定第一方向的曲线创建边界混合曲面时，"闭合混合"复选框才会被选中。

指定第一方向上的参考对象后，单击激活"第二方向"收集器，然后按顺序选取第二方向参考，可同时在第一、第二方向上创建曲面造型，如图6-22所示。

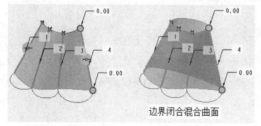

图 6-21　第一方向上创建的混合曲面

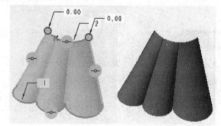

图 6-22　同时在两个方向上创建混合曲面

2. 约束

当边界曲线位于其他曲面时，可以设置边界混合曲面与其他曲面之间的连接类型。打开"约束"下拉面板，单击"条件"文本框，在下拉列表中选择边界的约束条件，包括"自由""相切""曲率"和"垂直"4个选项，如图6-23所示。下面分别讲述"约束"下拉面板中各选项的含义。

- ❍ 自由：自由地沿边界进行特征创建，不需要任何约束条件。
- ❍ 相切：设置混合曲面沿边界与参考曲面相切。在应用相切的

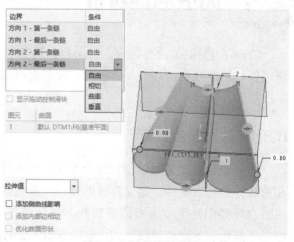

图 6-23　曲面间的连接类型

约束条件下，用户可以拖动特征箭头或修改数值调整相切的大小变化。

○ 曲率：设置混合曲面沿边界具有连续性。

○ 垂直：设置混合曲面与参考平面或基准平面垂直。

○ 显示拖动控制滑块：显示用于调整约束数值的特征箭头。当在"自由"约束条件下，该复选框处于未选中状态。

○ 图元/曲面：设置用于参考的曲面或基准平面。其中，系统默认的参考曲面为边界曲线所在的曲面。如果边界曲线同时在多个曲面上，则可自行选择曲面。

○ 拉伸值：当边界条件设置为非"自由"的其他条件时，可以在激活的"拉伸值"文本框中输入拉伸因子。

○ 添加侧曲线影响：使用侧曲线影响来调整曲面形状。

○ 添加内部边相切：为混合曲面的一个或两个方向设置相切内部边条件。该功能适用于具有多段边界的曲面，可以创建带有曲面片(通过内部边并与之相切)的混合曲面。

3. 控制点

创建边界混合曲面时，对于每一个方向上的曲线，可以指定彼此的连接点。打开"控制点"下拉面板，如图6-24所示。

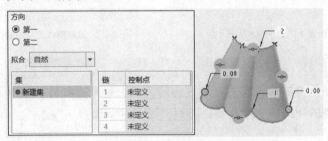

图6-24 设置控制点

在"方向"选项组中选中"第一"或者"第二"单选按钮，可分别为第一方向曲线或第二方向曲线定义控制点，确定边界曲线，为其设置控制拟合选项。在"链"中选择要定义控制点的曲线，在曲线上选择需要控制连接的点。

在"拟合"下拉列表框中列出了可以使用的控制点连接类型，下面介绍各选项的含义。

○ 自然：使用一般混合方式进行混合，可获得最相近的曲面。

○ 弧长：对原始曲线进行最小调整。

○ 段至段：逐段混合。

○ 点至点：逐点混合。

○ 可延展：如果选择了一个方向上的相切曲线，则可进行切换，以确定是否需要可延展选项。

4. 选项

"选项"下拉面板如图6-25所示，可以设置加入拟合曲线(影响曲线)进一步控制边界混合曲面的形状，下面介绍各选项的含义。

○ 影响曲线：选择进一步控制边界混合曲面
形状的影响曲线。

○ 平滑度：控制曲面的粗糙程度，影响因子
的范围为0~1。因子越大，曲面越光滑；
因子越小，则曲面越接近于影响曲线，如
图6-26所示。

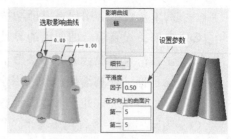

图 6-25 "选项"下拉面板

○ 在方向上的曲面片：用于控制曲面品质的参数，数值越大，曲面品质越好，取值
范围为1~29。

此外，在创建边界曲面时，如果只需要一个方向上的边界曲线即可创建边界曲面，则
选取边界线的顺序将决定曲面的形状。即如果是3条一个方向的边界线组成的边界混合曲
面，则选取的第2条曲线往往是控制曲面形状的曲线，如图6-27所示。

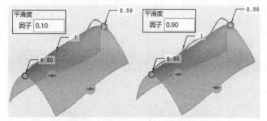

图 6-26 设置不同的平滑度因子

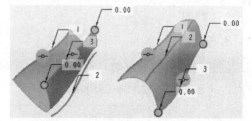

图 6-27 选取曲线的顺序将决定曲面的形状

❖ 注意

创建边界混合曲面可以只定义一个方向的曲线。如果选取两个方向上的曲线创建边界
曲面，所选取的边界线必须首尾相接，否则无法创建曲面。

6.3.2 螺旋扫描曲面

螺旋扫描曲面特征是将草绘剖面沿着螺旋线进行扫描所创建的特征。

1. 固定螺距的扫描曲面

该方式是截面绕螺旋中心线创建的单一螺距扫描曲面。

单击"螺旋扫描"按钮 ，依次单击"曲面"按钮 和"右手定则"按钮 ，然后在
"参考"下拉面板中指定"截面方向"为"穿过螺旋轴"，单击"定义"按钮，指定草绘
平面进入草绘环境，分别绘制弹簧中心轴线和扫描轨迹线，如图6-28所示。

退出草绘环境，返回"螺旋扫描"操控面板。在"间距"文本框中输入螺距值22，单
击"创建或编辑扫描截面"按钮 ，再进入草绘环境绘制扫描剖面截面。最后单击"确定"
按钮，即可创建螺旋扫描曲面特征，如图6-29所示。

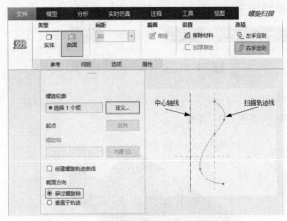

图 6-28　绘制螺旋扫描轮廓

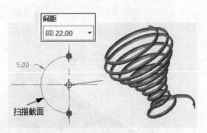

图 6-29　创建固定螺距的扫描曲面

2. 可变螺距的扫描曲面

该方式是指截面绕螺旋中心线创建的多个不同螺距扫描曲面。该特征是通过在轨迹线的起点、中间节点和终点设定不同的螺距，从而创建螺距变化的曲面特征。

单击"螺旋扫描"按钮999，依次单击"曲面"按钮和"右手定则"按钮，然后在"选项"下拉面板中选中"变量"单选按钮。在"参考"下拉面板中指定"截面方向"为"穿过螺旋轴"，单击"定义"按钮，指定草绘平面进入草绘环境，分别绘制弹簧中心轴线和扫描轨迹线，并利用"分割"工具将轨迹线分割为几段，如图6-30所示。

退出草绘环境，展开"间距"下拉面板，设置轨迹线起点和终点的螺距值。单击"添加间距"选项，设置节点处的螺距值。

各切点的螺距值设置完毕后，单击"创建或编辑扫描截面"按钮，再进入草绘环境绘制扫描剖截面。最后单击"确定"按钮，即可创建可变螺距的扫描曲面特征，如图6-31所示。

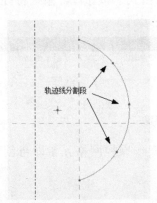

图 6-30　绘制轨迹线的中间节点

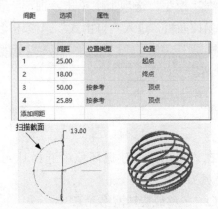

图 6-31　创建可变螺距的扫描曲面

6.3.3　顶点倒圆角

顶点倒圆角操作是在曲面的端点处进行倒圆角。在"曲面"面板中单击"顶点倒圆角"按钮，打开"顶点倒圆角"操控面板，如图6-32所示。选择倒圆角顶点并设定倒圆角半径，即可完成顶点倒圆角操作，如图6-33所示。

图 6-32   "顶点倒圆角"操控面板

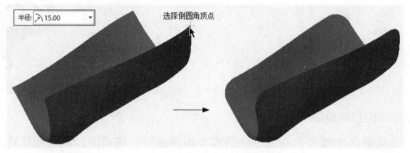

图 6-33   创建顶点倒圆角

❖ 注意

所有选定的顶点必须属于同一面组。

6.3.4 自由式曲面

自由式曲面是通过操控多边形来控制网格上的面、边或顶点，改变基元的形状，从而创建的新曲面特征。网格上的面、边或顶点称为网格元素，选择的基础形状元素称为基元。该工具常用于各类复杂曲面的近似创建。

在"模型"选项卡中单击"曲面"面板中的"自由式"按钮，系统将打开"自由式"操控面板，进入"自由式"建模环境，如图6-34所示。

图 6-34   "自由式"建模环境

在"自由式"建模环境中选择基元并通过以下操作操控网格元素即可创建自由式曲面。

- ❑ 平移或旋转网格元素。
- ❑ 缩放网格元素。
- ❑ 对自由式曲面进行拓扑更改。
- ❑ 创建对称的自由式曲面。
- ❑ 将软皱褶或硬皱褶应用于选定的网格元素上，以调整自由式曲面的形状。

创建自由式曲面的步骤如下。

01 打开新零件或现有零件，在"模型"选项卡中单击"曲面"面板中的"自由式"按钮，系统将弹出"自由式"操控面板。

02 单击"形状" 下边的箭头，打开开放基元和封闭基元的库，如图6-35所示。

03 在基元库中选取某一基元，图形窗口中会以带控制网格的形式显示这个基元。单击控制网格则显示拖动器，如图6-36所示。

图 6-35 基元库

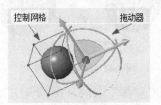

图 6-36 选取基元

❖ **提示**

基元在图形窗口的位置，位于默认坐标系原点或预设坐标系原点上。

04 在控制网格上选择网格元素。根据设计需要，可以使用拖动器来操控控制网格，如图6-37所示；也可以在"自由式"操控面板中，使用以下各面板中的命令来操控控制网格。

○ "控制"面板：操控或缩放控制网格以创建自由式曲面。拖动器也可执行这些操作。单击该面板上的"比例"按钮，可按比例缩放控制网格，如图6-38所示。

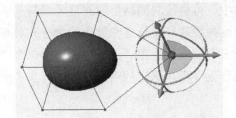

图 6-37 使用拖动器

图 6-38 按比例缩放控制网格

○ "创建"面板：对自由式曲面进行拓扑更改。包括使用"拉伸""边分割""面分割"或"连接"等命令更改控制网格的拓扑结构，如图6-39所示，也可以通过删除网格元素来更改控制网格的拓扑结构。在控制网格上选择一个或多个面或边并按 Delete 键，即可将选定的网格元素删除，如图6-40所示。

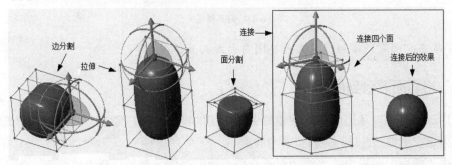

图 6-39 更改控制网格的拓扑结构

● "皱褶"面板：将软皱褶或硬皱褶应用到网格元素。如图6-41所示对顶点应用了皱褶量为100的硬皱褶。

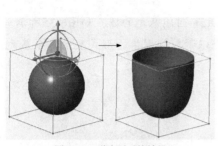

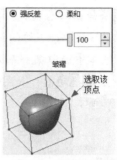

图 6-40　删除面后的效果　　　　　　　　　　　图 6-41　应用硬皱褶

● "对称"面板：镜像自由式曲面。选择一个基准平面来镜像网格元素，几何将相对于选定基准平面进行镜像，如图6-42所示。

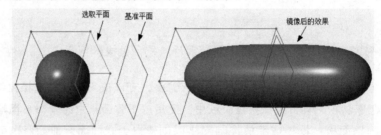

图 6-42　镜像自由式曲面

● "关联"面板：在"自由式"建模环境中，可将控制网格上的网格元素与其他网格元素或外部几何参考关联，也可断开这种关联。支持这些操作的命令有对齐、断开链接等。在控制网格上选择一个或多个面或边。在"关联"面板中单击"对齐"按钮，选择基准平面或平面曲面作为参考，选定的网格元素将与参考平面对齐，如图6-43所示。

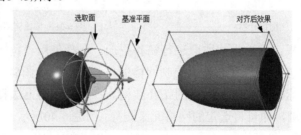

图 6-43　对齐网格元素

05 单击"确定"按钮，保存并关闭自由式曲面特征。

6.3.5　将切面混合到曲面

利用该工具可以从边或曲线创建与曲面相切的拔模曲面，即混合曲面。创建该特征必须首先指定参考曲线(拔模曲线)和参考曲面。

单击"曲面"面板中的"将切面混合到曲面"选项，系统将弹出"曲面：相切曲面"

对话框和"一般选择方向"菜单，如图6-44所示。在
"曲面：相切曲面"对话框的"结果"选项卡中，各
个选项的含义介绍如下。

- 基本选项：提供了3种相切曲面的类型。
- 方向：包括两个选项。其中"单侧"指只在
  参考曲线的一侧创建相切曲面；"双侧"指
  在参考曲线的两侧创建相切曲面。
- 拖动方向：选取平面、曲线等用以指定相切
  曲面的拖动方向，即指定创建的相切曲面的
  方向。

"曲面：相切曲面"对话框中提供了以下3种创
建相切曲面的方法。

图 6-44 "曲面：相切曲面"对话框

1. 由曲线驱动的混合相切曲面

该方法是通过参考曲线创建与参考曲面相切的曲面。通过该方法创建相切曲面的前提
是必须首先绘制参考曲线。

如图6-45所示，现有一个拉伸圆柱曲面，利用"草绘"工具绘制一条直线作为参考
曲线。然后在"曲面：相切曲面"对话框的"基本选项"选项组中选择第1个选项，在
"方向"选项组中设置相切方式为"双侧"。然后选取FRONT平面为拖动方向，并在打
开的"方向"菜单中选择"确定"选项，接受默认的方向。

切换至"参考"选项卡，打开"链"菜单。然后选取刚刚绘制的参考曲线，选取该
菜单中的"完成"选项。接着在"参考"选项卡的"参考曲面"选项中，单击"相切于"
收集器中的"选取相切曲面"按钮，按住Ctrl键选取圆柱曲面为参考曲面，并单击"完
成"按钮，完成创建相切于两侧的曲面，如图6-46所示。

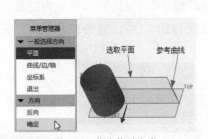

图 6-45 指定拖动方向

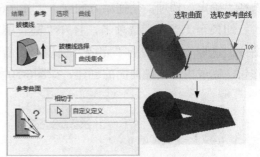

图 6-46 创建相切曲面

❖ **提示**

如果参考曲面为实体曲面，则在参考曲线两侧创建的相切曲面为封闭的曲面。

2. 由边线创建外部相切曲面

该方法被称为拔模曲面外部的恒定角度相切拔模，通过沿参考曲线的轨迹与拖动方向
成恒定角度创建的相切曲面。通常要为那些无法通过常规拔模特征进行拔模的几何实体曲

面添加相切拔模。

在"基本选项"选项组中选择第2个选项 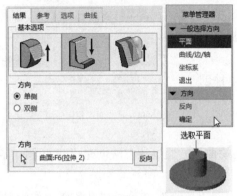，在"方向"选项组中设置相切方式为"单侧"。然后选取实体顶面为拖动方向，在打开的"方向"菜单中选择"反向"选项，选择"确定"选项，使拖动方向向下，如图6-47所示。

切换至"参考"选项卡，打开"链"菜单。然后按住Ctrl键选取实体的边线为参考曲线，选取该菜单中的"完成"选项。接着设置角度为20°，半径值为30，单击"完成"按钮，完成拔模曲面的创建，如图6-48所示。

图 6-47　指定拖动方向

图 6-48　创建拔模曲面

3. 由边线创建内部混合相切曲面

该方法是指通过边线向曲面内部创建一个具有恒定角度的相切曲面。该曲面在参考曲线的一侧，相对于参考零件曲面按指定角度进行创建，在相切曲面和参考零件的相邻曲面之间创建过渡圆角。

在"基本选项"选项组中选择第3个选项 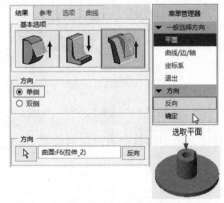，在"方向"选项组中设置相切方式为"单侧"。然后选取实体顶面为拖动方向，在打开的"方向"菜单中选择"反向"选项，选择"确定"选项，使拖动方向向下，如图6-49所示。

切换至"参考"选项卡，打开"链"菜单。然后按住Ctrl键选取实体的内边线为参考曲线，选取该菜单中的"完成"选项。接着设置角度为20°，半径值为25，单击"完成"按钮，完成内部拔模曲面的创建，如图6-50所示。

图 6-49　指定拖动方向

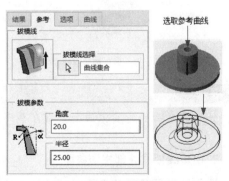

图 6-50　创建内部拔模曲面

❖ 注意

　　第二种和第三种类型的相切曲面只能在实体曲面中混合，选取的参考曲线必须是实体上的曲线，参考曲面必须是实体曲面。而这两种类型的相切曲面只能设置单侧，不能设置双侧。此外，相切曲面具有拔模特征性质，因此具有倒角特征的边线不能作为参考曲线使用，否则特征无法创建。

6.3.6　展平面组

　　利用该工具可以将所选择的曲面、面组或实体曲面展平。曲面展平时应选择一个原点，系统会相对于所选定的原点展开面组。系统默认在与原始面组相切于原点的平面上创建展平面组，也可指定其他的放置平面，按需要定向该面组。

　　单击"曲面"面板中的"展平面组"按钮，系统将弹出"展平面组"操控面板，如图6-51所示。在该操控面板中可以指定源面组、原点及定义展平面组的放置方式。根据展平面组的如下放置方式来创建展平面组。

图6-51　"展平面组"操控面板

- 自动放置：相对于所选定的固定原点展开面组。默认情况下，系统会在与原始面组相切于原点的平面上，放置展平面组。
- 定义放置：指定放置平面，并按需要定向面组。要放置面组，需选择一个坐标系，将其 XY 平面作为放置平面。要定向该面组，需在该面组上选择一个基准点。系统会创建从原点到指定基准点的矢量，并使该矢量与坐标系的X轴对齐。

创建展平面组的基本步骤如下。

01 单击"曲面"面板中的"展平面组"按钮 ，打开"展平面组"操控面板。

02 选取要展平的曲面、面组或实体曲面。

03 单击"原点"收集器并选择面组或曲面中的点或曲面上的坐标系作为原点。

04 使用不同的展平面组的放置方式。

① 使用自动放置方式创建展平面组：选择曲面上的点PNT0作为原点，单击"完成"按钮 ，所创建的展平面组如图6-52所示。该展平面组将在原点PNT0处与源面组相切。

图6-52　使用自动放置方式创建展平面组

② 使用定义放置方式创建展平面组：选择曲面上的点PNT1作为原点。选中"定义放置"按钮 ，单击"坐标系(XY平面)"收集器并选择坐标系CS0，展平面组将位于坐标

系CS0的XY平面上。再单击"方向点"收集器并选择曲面上的基准点PNT0,展平面组的X方向就是原点PNT1至曲面上方向点PNT0的投影方向。单击"完成"按钮✓,所创建的展平面组如图6-53所示。

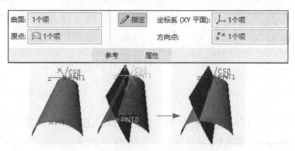

图 6-53　使用定义放置方式创建展平面组

❖注意

原点和X方向的点位于原始曲面上,原始曲面上存在多个表面时,各表面必须彼此相切。如果原点是坐标系,那么不必设置单独的方向点,从原点坐标系选择X方向即可。

另外,在"参考"下拉面板中,单击"参数化曲面"收集器并选择曲面,可为展平的曲面或面组定义替代参数化;单击"对称平面"收集器并选择平面,可定义对称平面,对称平面必须穿过原点。

6.4　曲面编辑

在曲面建模过程中,往往要对创建的曲面进行修剪、延伸等编辑操作才能符合要求,并且优质的曲面都要经过编辑操作才能得到。

6.4.1　修剪

修剪曲面的方法主要有以下两种。

1. 通过去除材料修剪曲面

该方法是指通过去除材料特征对曲面进行材料的剪切。大部分的基础特征均具有曲面裁剪的功能,如拉伸、旋转和扫描等。如图6-54所示就是利用"拉伸"工具对圆柱曲面进行修剪,创建拉伸修剪曲面特征。

2. 利用"修剪"工具修剪曲面

在"编辑"面板上单击"修剪"按钮,打开"修剪"操控面板,如图6-55所示。利

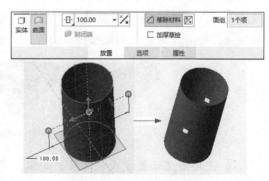

图 6-54　创建曲面拉伸修剪特征

用"修剪"工具可以实现对曲面的剪切或分割操作，可通过以下方式修剪面组。

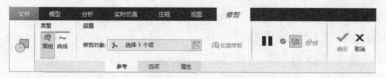

图 6-55 "修剪"操控面板

- 在与其他面组或基准平面相交处进行修剪。
- 使用面组上的基准曲线修剪。

具体的修剪方法介绍如下。

(1) 通过基准平面修剪曲面

选取要修剪的曲面，单击"修剪"按钮，在"参考"下拉面板中单击激活"修剪对象"收集器，选取一个基准平面为修剪边界对象，指定修剪方向(即曲面要保留的部分)，即可创建修剪曲面特征，如图6-56所示。

图 6-56 通过基准平面修剪曲面

(2) 通过曲面修剪曲面

选取要修剪的曲面，单击"修剪"按钮，在"参考"下拉面板中单击激活"修剪对象"收集器，选取一个曲面为修剪边界对象，指定修剪方向，即可创建修剪曲面特征，如图6-57所示。

❖ 注意

作为修剪对象的曲面不但要与被修剪曲面相交，而且边界也要全部超过被修剪曲面的边界。

(3) 通过曲线修剪曲面

在对曲面进行修剪前，要利用"基准曲线"或"投影"工具创建位于该曲面上的曲线。

选取要修剪的曲面，单击"修剪"按钮，在"参考"下拉面板中单击激活"修剪对象"收集器，选取图6-58所示曲面上的投影曲线为修剪边界对象，指定修剪方向，即可创建修剪曲面特征。

图 6-57 通过曲面修剪曲面

图 6-58 通过曲线修剪曲面

(4) 薄修剪

在使用其他面组修剪面组时，如果在
"选项"下拉面板中选中"加厚修剪"复
选框，则可以以指定的修剪对象为参考，
指定修剪厚度尺寸及控制曲面拟合要求，
去除一定厚度的曲面，创建具有割断效果
的曲面，如图6-59所示。

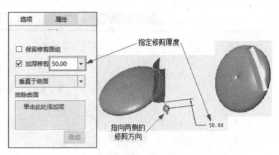

图 6-59　薄修剪

6.4.2　延伸

"延伸"工具可以将曲面所有或特定的边延伸指定的距离，或者延伸到所选参考。

选取要延伸曲面的边界边，单击"延伸"按钮，弹出的"延伸"操控面板如图6-60
所示。系统提供了以下两种延伸曲面的方法。

图 6-60　"延伸"操控面板

- ○　(沿原曲面)：沿原始曲面延伸曲面边界边链。
- ○　(至平面)：在与指定平面垂直的方向延伸边界边链至指定平面。

使用(沿原曲面)创建延伸特征时，在"测量"下拉面板中可以设置延伸的各种参
数，包括距离、距离类型、边、参考和位置等，如图6-61所示。

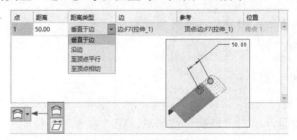

图 6-61　"测量"下拉面板

在"选项"下拉面板的"方法"下拉列表中可以选取的延伸曲面的类型有如下3种。

- ○　相同：在原始曲面上选定边界边链进行延伸，从而创建曲面。
- ○　相切：创建与原始曲面相切的直纹曲面。
- ○　逼近：创建延伸作为原始曲面的边界边与延伸的边之间的边界混合。当将曲面延
  伸至不在一条直边上的顶点时，此方法十分有用。

曲面的延伸操作过程如下。

01 选择要进行延伸的曲面的边。

02 单击"延伸"按钮。

03 根据需要，选择延伸类型为"沿原曲面"或"至平面"。

04 在图形窗口中拖动尺寸手柄设置延伸距离，或在"延伸"操控面板的文本框中输入延伸距离值。如果选择"至平面"方式进行延伸，则应选择一平面，使曲面延伸至平面。

05 完成曲面延伸特征的创建后，结果如图6-62、图6-63所示。

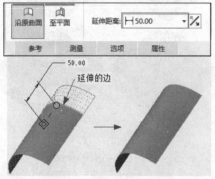

图 6-62　沿原始曲面延伸曲面

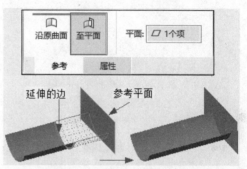

图 6-63　延伸曲面至指定平面

❖ **注意**

可将测量点添加到选定边，从而更改沿边界边的不同点处的延伸距离。延伸距离可以为正值或负值，输入负值会导致曲面被修剪。

6.4.3　合并

合并曲面就是将已有的两个曲面组合成一个曲面，主要包括相交和联接两种合并方式。

- 相交曲面：合并两个相交的面组，并通过指定附加面组的方向选择保留的曲面部分。
- 联接曲面：合并两个相邻的面组，并且一个面组的侧边必须在另一个面组上。

选择两个曲面后，单击"合并"按钮，打开如图6-64所示的"合并"操控面板。曲面合并的基本操作步骤如下。

图 6-64　"合并"操控面板

01 按住Ctrl键依次选取两个需要合并的曲面，单击"合并"按钮，打开如图6-65所示的"参考"下拉面板,在列表框中选择曲面后通过上下箭头调整曲面顺序。

02 在"选项"下拉面板中选择"相交"或"联接"选项,定义合并方式。

03 单击"延伸"操控面板中的 ⅍ 或 ⅍ 按钮,改变第一或第二面组的侧,可以更改保留部分,如图6-66所示。

图 6-65   "参考"下拉面板

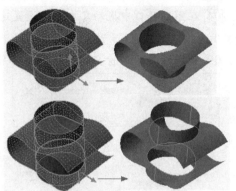

图 6-66   更改保留部分

04 单击"确定"按钮 ✓,生成新的合并曲面,如图6-67、图6-68所示。

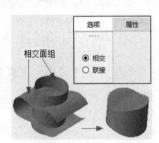

图 6-67   相交合并曲面

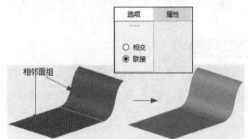

图 6-68   联接合并曲面

6.4.4   曲面实体化

利用"实体化"工具可以将封闭曲面转换为实体特征。在绘图区中选择某一曲面,单击"实体化"按钮 ⌁,打开"实体化"操控面板,如图6-69所示。

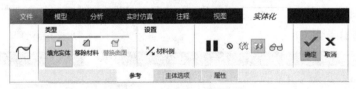

图 6-69   "实体化"操控面板

曲面实体化包括封闭曲面模型转换成实体、用曲面裁剪切割实体及利用曲面代替面组功能。只有封闭曲面才能用实体化功能生成实体,可以在进行曲面实体化操作之前,利用曲面合并功能将相连的曲面合并为一个封闭曲面。用来修剪实体的曲面必须与实体相交。

进行曲面实体化操作的过程如下。

(1) 实体填充体积块

利用曲面扫描和拉伸功能创建如图6-70所示的封闭曲面(进行扫描或拉伸操作时选择

"封闭端"功能即可创建封闭曲面)。选择创建的封闭曲面，单击"实体化"按钮 ⊙，即可完成实体的创建。

(2) 移除材料

利用曲面拉伸功能创建如图6-71所示的曲面。选择曲面并在"实体化"操控面板中单击"移除材料"按钮 ◢，并通过"反向"按钮 ⅍，切换去除材料方向，即可完成移除材料实体化的操作。

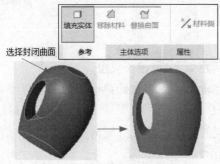

图 6-70 将封闭曲面转换为实体

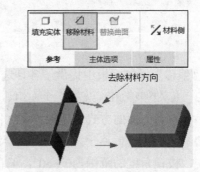

图 6-71 移除材料实体化

(3) 面组替换曲面

选择如图6-72所示的曲面(该曲面各边界均位于实体表面上)，单击"实体化"按钮 ⊙，在"实体化"操控面板中单击"替换曲面"按钮 ⊙，则封闭曲面替代了实体的表面。

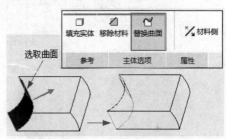

图 6-72 面组替换曲面实体化

6.4.5 曲面加厚

曲面加厚是将曲面增加一定的厚度，生成薄壁实体的过程。系统不仅可以利用曲面加厚生成薄壁实体，还可以通过命令剪切实体。

首先选择曲面，然后单击"加厚"按钮 ⊏，打开"加厚"操控面板，如图6-73所示。在该操控面板中可以选择加厚方式，调整加厚生成实体的方向、设定厚度。

图 6-73 "加厚"操控面板

利用加厚方式创建的实体及剪切实体分别如图6-74和图6-75所示。

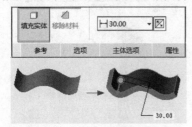

图 6-74 创建曲面加厚实体

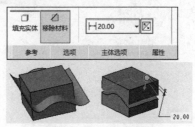

图 6-75 创建曲面加厚剪切实体

6.4.6 偏移

使用偏移工具，可以将实体上的曲面或曲线偏移恒定的距离或可变的距离而创建新特征。选择曲线或曲面，单击"偏移"按钮，会打开如图6-76所示的"偏移"操控面板。

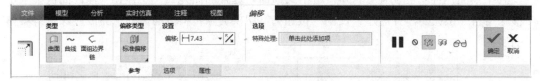

图 6-76　"偏移"操控面板

"偏移"操控面板中提供了各种选项，可以创建如下4种偏移类型。

○ 标准偏移：选择一个面组、曲面或实体面，输入偏移距离，所选曲面以平行于参考曲面的方式进行偏移，如图6-77所示。

○ 具有拔模偏移：在曲面上绘制封闭区域的草图，将此区域内的曲面进行偏移，拔模角度的范围为0°~60°，偏移效果如图6-78所示。

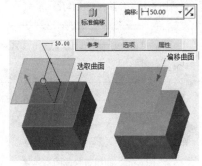

图 6-77　标准偏移

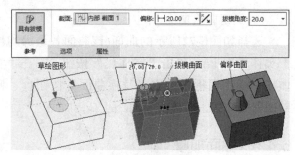

图 6-78　拔模偏移

○ 展开曲线偏移：在封闭面组或实体草绘的选定面之间创建一个连续体积块，当使用"草绘区域"选项时，将在开放面组或实体曲面的选定面之间创建连续的体积块。偏移后曲面与周边的曲面相连，偏移效果如图6-79所示。

○ 替换曲面偏移：用面组或基准平面替换实体曲面，常用于切除超过边界的多余特征，偏移效果如图6-80所示。

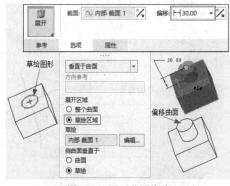

图 6-79　展开曲面偏移

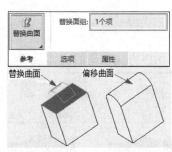

图 6-80　替换曲面偏移

6.4.7 投影

使用投影功能，可将曲线在实体、曲面、面组或基准平面上进行投影，从而创建投影基准曲线，所创建的投影曲线，可用于修剪曲面，可作为扫描轨迹等。

创建投影曲线的方法有如下两种。

○ 投影草绘：将创建的草绘曲线或将现有的草绘曲线复制到模型中进行投影。

○ 投影链：选取要投影的曲线或链。

单击"投影"按钮 ，弹出"投影曲线"操控面板，如图6-81所示。在该操控面板中，选取投影曲面、指定或绘制投影曲线并指定投影方向后，即可完成曲线在曲面上的投影，如图6-82所示。

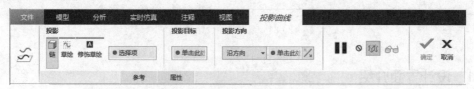

图 6-81 "投影曲线"操控面板

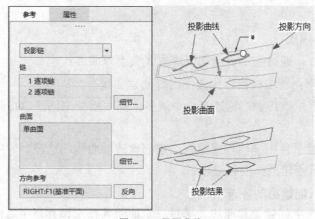

图 6-82 投影曲线

6.4.8 曲面相交

利用曲面相交功能可以创建曲面的相交曲线。通常通过下列方式使用相交特征。

○ 创建可用于其他特征(如扫描轨迹)的三维曲线。

○ 显示两个曲面是否相交，以避免可能的间隙。

○ 诊断不成功的剖面和切口。

选择两个曲面，单击"相交"按钮 ，可以直接创建曲面的相交曲线。所创建的相交曲线如图6-83所示。

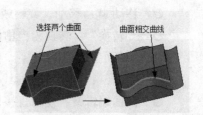

图 6-83 创建曲面相交曲线

6.5 造型曲面

在Creo 8.0的零件设计模式中提供了造型曲面设计工具，利用这些工具可以创建具有高度弹性化的造型曲线和曲面。在"曲面"面板中单击"样式"按钮，系统将弹出"样式"操控面板，进入造型曲面设计环境，如图6-84所示。

图6-84 造型曲面设计界面

6.5.1 设计界面介绍

Creo 8.0造型曲面环境下包括平面、曲面等选项板，下面介绍选项板中各按钮的功能及含义。

(1)"曲线"选项板

○ 曲线编辑：通过拖动点或切线等方式来编辑曲线。

○ 放置曲线：使曲线投影到曲面上以创建曲线。

○ 通过相交产生COS：通过与一个或多个曲面相交来创建COS曲线(位于曲面上的曲线)。

○ 曲线～：显示使用插值点或控制点来创建造型曲线的选项。

○ 弧：显示创建圆弧的各选项。

○ 圆：显示创建圆的各选项。

○ 偏移曲线≈：创建偏移曲线，通过选定曲线并指定偏移参考方向以创建曲线。

○ 来自基准的曲线≈：创建来自基准的曲线，可以复制外部曲线，并转换为自由曲线。

○ 来自曲面的曲线：通过曲面的截面创建自由曲线和COS曲线。

○ 镜像：创建镜像曲线。

○ 复制：复制曲线。

○ "按比例复制"≈：复制选定的曲线并按比例缩放。

○ 移动：移动、旋转或缩放曲线。

○ "转换"：转换为自由曲线或由点定义的COS曲线。

(2)"曲面"选项板

○ 曲面：利用边界曲线创建曲面。

○ 曲面编辑：使用直接操作编辑曲面形状。

○ 曲面连接：定义曲面间的连接。

○ 曲面修剪：修剪所选的面组。

(3)"分析"选项板

- 曲率：曲率分析，包括曲线的曲率、半径、相切选项和曲面的曲率、垂直选项。
- 反射：显示直线光源照射时曲面所反射的曲线。
- 节点：曲线或曲面节点分析。
- 连接：对曲线、曲面或面组间的连接进行分析。
- 已保存分析：显示已保存的分析。
- 全部隐藏：隐藏所有已保存的分析。
- 斜率：用色彩显示零件上曲面相对于参考平面的倾斜程度。
- 偏移分析：显示曲面或曲线的偏移量。
- 拔模斜度：分析确定曲面的拔模角度。
- 着色曲率：为曲面上的点计算并显示最小和最大法向曲率值。
- 截面：横截面分析，包括截面的曲率、半径、相切、位置选项和加亮位置。
- 删除所有截面：删除所有已保存的截面分析。
- 删除所有曲率：删除所有已保存的曲率分析。
- 删除所有节点：删除所有已保存的曲面节点分析。

(4)"平面"选项板

- 设置活动平面：用来设置活动基准平面，以创建和编辑几何对象。
- 内部平面：创建造型特征的内部基准平面。

6.5.2 设置活动平面和内部平面

活动平面是造型环境中一个非常重要的参考平面。通常，造型曲线的创建和编辑必须考虑到当前所设置的活动平面。在造型环境中，以网格形式表示的平面便是活动平面，如图6-85所示。系统默认TOP面为活动平面，可以根据设计意图，重新设置活动平面。

设置活动平面的方法及步骤如下。

01 单击"平面"选项板中的"设置活动平面"按钮。

02 选择一个基准平面，或选择平整的零件表面，完成活动平面的设置。

为了使创建和编辑造型特征更方便，在设置活动平面后，可以调整视图方向使活动平面以平行于屏幕的形式显示，如图6-86所示。

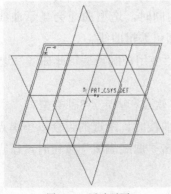

图 6-85 活动平面

图 6-86 调整视图方向

在创建或定义造型特征时，可以创建合适的内部基准平面进行辅助设计。使用内部基准平面的好处在于可以在当前的造型特征中含有其他图元的参考。创建内部基准平面的方法及步骤如下。

01 单击"平面"选项板中的"内部平面"按钮🔲，打开"基准平面"对话框，如图6-87所示。

02 利用"放置"选项卡，通过参考现有平面、曲面、边、点、坐标系、轴、顶点或曲线来旋转新的基准平面，也可选取基准坐标系或非圆柱曲面作为创建基准平面的放置参考。

03 打开"显示"选项卡和"属性"选项卡，进行相关设置操作。通常，接受默认设置即可。

04 单击"确定"按钮，完成内部基准平面的创建。默认情况下，此基准平面处于活动状态，且带有栅格显示，还会显示内部基准平面的水平和竖直方向。创建的内部平面如图6-88所示。

图 6-87　"基准平面"对话框

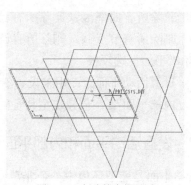

图 6-88　创建的内部平面

6.5.3　创建造型曲线

1. 认识造型曲线

造型曲线是通过两个以上的定义点光滑连接而成的。可通过一组内部插值点和端点定义曲线的几何，曲线上每一点都有自己的位置、切线和曲率。

(1) 在造型曲面中，创建和编辑曲线的模式有两种，即插值点和控制点。

○ 插值点：默认情况下，在创建或编辑曲线的同时，造型曲面会显示曲线的插值点，如图6-89所示。单击并拖动曲线上的点即可编辑曲线。

○ 控制点：在"造型：曲线"操控面板中选取"使用控制点编辑此曲线"选项🔲，可显示曲线的控制点，如图6-90所示。

(2) 按点的移动自由度来划分，点可分为自由点、软点和固定点3种类型。

○ 自由点：以鼠标左键在零件上任意取点创建曲线时，所选的点会以小黑点"●"形式显示在画面上。当创建完曲线后，再单击"曲线编辑"按钮时，该点可被移到任意位置，此类点称为自由点。

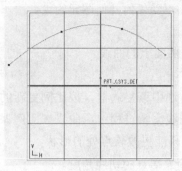

图 6-89　曲线上的插值点

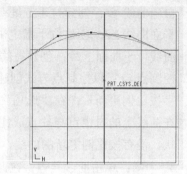

图 6-90　曲线上的控制点

○ 软点：在现有的零件上选取点时，若希望所选的点落在现有零件的直线或曲线上，则需按住Shift键，再以鼠标左键选取直线或曲线，画面以小圆点"○"形式显示出所选取的点，此点被约束在直线或曲线上，但仍可在此线上移动，此类点称为"软点"。

○ 固定点：若按住Shift键，以鼠标左键选取基准点或线条的端点，画面上以"×"形式显示出所选取的点，此点被固定在基准点或端点上，无法再移动，此类点称为"固定点"。

(3) 造型曲线的类型有4种，分别为自由曲线、平面曲线、COS曲线和下落曲线。

○ 自由曲线：自由曲线就是三维空间曲线，通常绘制在活动工作平面上，并可以通过曲线编辑功能，拖曳插值点使其成为3D曲线。

○ 平面曲线：位于活动平面上的曲线，编辑平面曲线时不能将曲线点移出平面，也称为2D曲线。

○ COS曲线：自由曲面造型中的COS。COS曲线永远放置于所选定的曲面上，如果曲面的形状发生了变化，曲线也随曲面的外形变化而变化。

○ 下落曲线：下落曲线是将指定的曲线投影到选定的曲面上所得到的曲线，投影方向是某个选定平面的法向。选定的曲线、选定的曲面及定义投影方向的平面都是父特征，最后得到的下落曲线为子特征，无论修改哪个父特征，都会导致下落曲线改变。实质上，下落曲线是一种特殊的COS曲线。

2. 创建自由曲线

自由曲线是造型曲线中最常用的曲线。可以通过定义插值点或控制点的方式来创建自由曲线。

单击"曲线"选项板中的"曲线"按钮 ～，打开如图6-91所示的"造型：曲线"操控面板。其中，各选项的含义介绍如下。

图 6-91　"造型：曲线"操控面板

- 自由曲线 〜：创建位于三维空间中的曲线，不受任何几何图元约束。
- 平面曲线 〜：创建位于指定平面上的曲线。
- 曲线位于曲面上 〜：创建被约束于指定单一曲面上的曲线。
- 控制点 〜：以控制点方式创建曲线。
- "按比例更新"：在"选项"下拉面板中，选中该复选框，按比例更新的曲线允许曲线上的自由点与软点成比例移动。在曲线编辑过程中，曲线按比例保持其形状。没有按比例更新的曲线，在编辑过程中只能更改软点处的形状。
- 度 3 ：单击曲线端点，在此文本框中可输入端点的切线角度。

❖ 提示

　　创建空间任意自由曲线时，可以借助于多视图方式，便于调整空间点的位置，以完成图形绘制。

　　打开"参考"下拉面板，如图6-92所示，该下拉面板主要用于指定绘制曲线所选取的参考、径向平面及对称模式。

　　创建自由曲线的主要方法与步骤如下。

01 新建零件文件，单击"曲面"面板中的"样式"按钮 〜，系统将弹出"样式"操控面板，进入造型环境中。

02 单击"曲线"选项板中的"曲线"按钮 〜，打开"造型：曲线"操控面板。

03 指定要创建的曲线类型。可以选择自由曲线、平面曲线及曲面曲线。

04 定义曲线点。可以使用控制点和插值点创建自由曲线。

05 如果需要，可选中"按比例更新"复选框，使曲线按比例更新。

06 完成自由曲线的创建，如图6-93所示。

图 6-92　"参考"下拉面板

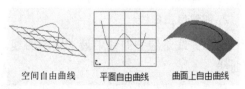

空间自由曲线　　平面自由曲线　　曲面上自由曲线

图 6-93　创建自由曲线

3. 创建圆

　　在造型环境中，单击"曲线"选项板中的"圆"按钮 〇，打开"造型：圆"操控面板，如图6-94所示。利用此操控面板可以创建自由曲线圆或平面曲线圆。其中，主要选项的含义介绍如下。

- 自由曲线 〜：默认情况下，该选项处于选中状态。可自由移动圆，而不受任何几何图元的约束。

○ 平面曲线 ⌒：圆位于指定平面上。默认情况下，活动平面为参考平面。

圆的创建较简单，打开"造型：圆"操控面板，单击一点为圆心，指定圆半径即可创建圆曲线，如图6-95所示。

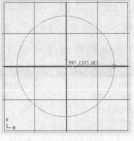

图6-94 "造型：圆"操控面板　　　　图6-95 创建圆

4. 创建圆弧

创建圆弧与创建圆的过程基本相同，但需要指定圆弧的起点与终点。

在造型环境中，单击"曲线"选项板中的"弧"按钮 ⌒，打开"造型：弧"操控面板，如图6-96所示。在该操控面板中，需要指定圆弧的起点及终点。创建圆弧的步骤如下。

01 在造型环境中，单击"曲线"选项板中的"弧"按钮 ⌒，弹出"造型：弧"操控面板。

02 选择造型圆弧的类型。在"造型：弧"操控面板中，可设定创建自由形式或平面形式的圆弧。

03 在绘图区中单击任一位置放置圆弧的中心。

04 设定圆弧半径及起始、结束角度。拖动圆弧上所显示的控制滑块以更改圆弧的半径以及起点和终点；或者在"造型：弧"操控面板的"半径""起点"和"终点"框中分别指定新的半径值、起点值和终点值。

05 完成圆弧的创建，如图6-97所示。

图6-96 "造型：弧"操控面板　　　　图6-97 创建圆弧

5. 创建投影曲线

投影曲线是将指定的曲线投影到选定的曲面上所得到的曲线。在造型环境中，单击"曲线"选项板中的"放置曲线"按钮 ⌒，打开"造型：放置曲线"操控面板，如图6-98所示。在该操控面板中，需要指定投影曲线、投影曲面等要素。创建投影曲线的步骤如下。

01 在造型环境中，单击"曲线"选项板中的"放置曲线"按钮 ⌒，弹出"造型：放置曲线"操控面板。

02 选取一条或多条要投影的曲线。

03 选取投影曲面。选取一个或多个曲面，曲线即被放置在选定曲面上，默认情况下，将选取基准平面作为将曲线放到曲面上的参考。

04 打开"选项"下拉面板。选中"起点"复选框，将投影曲线的起点延伸到最接近的曲面边界，选中"终点"复选框，将投影曲线的终点延伸到最接近的曲面边界。

05 完成投影曲线的创建，如图6-99所示。

图6-98 "造型：放置曲线"操控面板   图6-99 创建投影曲线

❖ 注意

通过投影创建的曲线与原始曲线是相关联的，若改变原始曲线的形状，则投影曲线的形状也随之改变。

6. 创建 COS 曲线

COS曲线是曲面上的曲线，通常可以通过曲面相交的方式创建。如果曲面的形状发生了变化，曲线也随曲面的外形变化而变化。在造型环境中，单击"曲线"选项板中的"通过相交产生COS"按钮，打开"造型：通过相交产生COS"操控面板，如图6-100所示。在该操控面板中，设定需要相交的两个曲面，即可创建COS曲线，如图6-101所示。

图6-100 "造型：通过相交产生 COS"操控面板   图6-101 创建 COS 曲线

7. 创建偏移曲线

通过选定曲线，并指定偏移参考方向即可创建偏移曲线。在造型环境中，单击"曲线"选项板中的"偏移曲线"按钮，打开"造型：偏移曲线"操控面板，如图6-102所示。在该操控面板中，主要指定偏移曲线、偏移参考及偏移距离。曲线所在的曲面或平面是指定默认偏移方向的参考。另外，可选中"垂直"按钮，将垂直于曲线参考进行偏移。创建偏移曲线的步骤如下。

图 6-102 "造型：偏移曲线"操控面板

01 在造型环境中，单击"曲线"选项板中的"偏移曲线"按钮≈，弹出"造型：偏移曲线"操控面板。

02 选取要偏移的曲线。

03 在"方向平面"中显示默认的偏移参考曲面。

04 设置曲线偏移选项。

05 输入偏移距离。

06 完成偏移曲线的创建，如图6-103所示。

8. 创建来自基准的曲线

创建来自基准的曲线可以复制外部曲线。外部曲线主要包括以下种类。

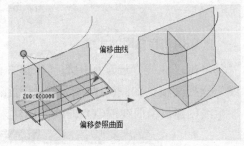

图 6-103　创建偏移曲线

- 导入Creo 8.0中的基准外部曲线。例如，通过IGES、Adobe Illustrator等导入的基准曲线。

- 在Creo 8.0中创建的基准曲线。

- 在另一"造型"特征或在当前"造型"特征中创建的"造型"曲线或边。

- 任意Creo 8.0特征的边。

❖ **注意**

来自基准的曲线功能可以将外部曲线转换为造型特征的自由曲线，这种复制是独立复制，即如果外部曲线发生变更并不会影响新的自由曲线。

在造型环境中，单击"曲线"选项板中的"来自基准的曲线"按钮≈，打开"造型：来自基准的曲线"操控面板，如图6-104所示。创建来自基准的曲线的步骤如下。

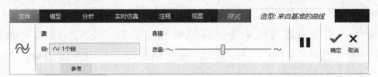

图 6-104　"造型：来自基准的曲线"操控面板

01 创建基准曲线。

02 在造型环境中，单击"曲线"选项板中的"来自基准的曲线"按钮≈，弹出"造型：来自基准的曲线"操控面板。

03 选取基准曲线。可通过两种方式选取曲线，即单独选取一条曲线或边，或者选取多条曲线或边创建链。

04 调整曲线逼近质量。使用"质量"滑块提高或降低逼近质量，逼近质量可能会增加计算曲线所需点的数量。

05 完成来自基准的曲线的创建，效果如图6-105所示。

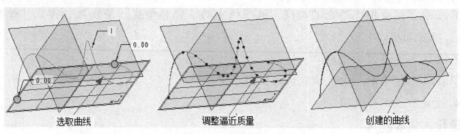

选取曲线　　　　　　　　调整逼近质量　　　　　　　创建的曲线

图 6-105　创建来自基准的曲线

9. 创建来自曲面的曲线

单击"曲线"选项板中的"来自曲面的曲线"按钮，打开"造型：来自曲面的曲线"操控面板，如图6-106所示。利用该操控面板可以在现有曲面的任意点沿着曲面的等参数线创建自由曲线或COS曲线。创建来自曲面的曲线的步骤如下。

图 6-106　"造型：来自曲面的曲线"操控面板

01 创建造型曲面特征。

02 单击"曲线"选项板中的"来自曲面的曲线"按钮，弹出"造型：来自曲面的曲线"操控面板。

03 选择创建曲线类型。在"造型：来自曲面的曲线"操控面板上选择自由曲线或COS曲线。

04 创建曲线。在曲面上选取曲线要穿过的点，创建一条具有默认方向的来自曲面的曲线，按住Ctrl键并单击曲面更改曲线方向。

05 定位曲线。拖动曲线滑过曲面并定位曲线，或在"造型：来自曲面的曲线"操控面板上的"值"框中输入一个0~1的值。在曲面的尾端，"值"为0和1。当"值"为0.5时，曲线恰好位于曲面中间。

06 完成来自曲面的曲线的创建，效果如图6-107所示。

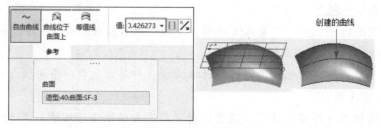

图 6-107　创建来自曲面的曲线

6.5.4　编辑造型曲线

造型曲线的编辑主要包括对造型曲线上点的编辑及曲线的延伸、分割、组合、复制和移动或删除等操作。在进行这些编辑操作时，要使用曲线的曲率随时查看曲线的变化，以获得最佳曲线形状。

1. 编辑曲线点或控制点

在造型环境中，单击"曲线"选项板中的"曲线编辑"按钮 ，打开如图6-108所示的"造型：曲线编辑"操控面板。选中曲线，将会显示曲线点或控制点，如图6-109所示。使用鼠标左键拖动选定的曲线点或控制点，可以改变曲线的形状。

图 6-108　"造型：曲线编辑"操控面板

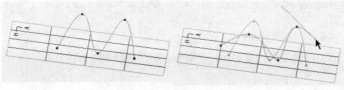

图 6-109　显示曲线点

利用"造型：曲线编辑"操控面板中下拉面板的各选项，可以分别设定曲线的参考平面、点的位置及端点的约束情况，如图6-110所示。

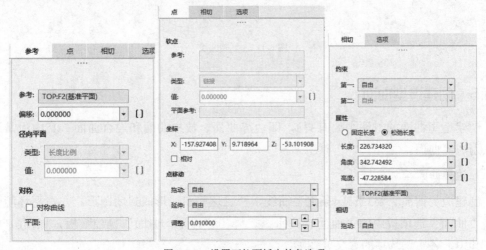

图 6-110　设置下拉面板中的各选项

❖ **提示**

选中造型曲线或曲线点，单击鼠标右键，利用弹出的快捷菜单中的相关命令，可以完成在曲线上增加或删除点，以对曲线进行分割、延伸等编辑操作，也可以完成对两条曲线的组合。

2. 复制与移动曲线

在造型环境中，单击"曲线"选项板中的"复制"按钮 🖵 、"按比例复制"按钮 ≈ 、"移动"按钮 ⇄ ，可以对曲线进行复制和移动。

- ○ "复制"：复制曲线。如果曲线上有软点，复制后系统不会断开曲线上软点的连接，操作时可以在操控面板中输入坐标值以精确定位。
- ○ "按比例复制"：复制选定的曲线并按比例缩放。
- ○ "移动"：移动曲线。如果曲线上有软点，复制后系统不会断开曲线上软点的连接，操作时可以在操控面板中输入坐标值定位。

单击"曲线"选项板中的"复制"按钮 🖵 ，弹出如图6-111所示的"造型：复制"操控面板。利用该操控面板完成的曲线复制如图6-112所示。

图 6-111　"造型：复制"操控面板

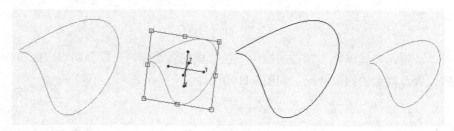

图 6-112　复制曲线

6.5.5　创建造型曲面

创建造型曲面的方法主要有3种，即边界曲面、放样曲面和混合曲面，其中最常用的方法为边界曲面。

1. 边界曲面

创建边界曲面需要3条或4条造型曲线，并且这些曲线形成封闭图形。在造型环境中，单击"曲面"选项板中的"曲面"按钮 📖 ，弹出"造型：曲面"操控面板，如图6-113所示。其中，各主要选项的含义介绍如下。

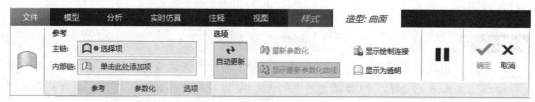

图 6-113　"造型：曲面"操控面板

- ○ 📖 按钮：主曲线收集器，用于选取主要边界曲线。

○ ❑按钮：内部曲线收集器，用于选择内部边界曲线构建曲面。

○ ❑按钮：显示已修改曲面的半透明或不透明预览。

○ ❑按钮：进入/退出重新参数化模式。

○ ❑按钮：显示重新参数化曲线。

○ ❑按钮：显示曲面连接图标。

创建边界曲面的主要步骤如下。

01 在造型环境中，单击"曲面"选项板中的"曲面"按钮❑，弹出"造型：曲面"操控面板。

02 选取边界曲线。按住Ctrl键选取3条链创建三角曲面，或选取4条链创建矩形曲面，显示预览曲面。

03 添加内部曲线。单击❑按钮，选取一条或多条内部曲线。曲面将调整为内部曲线的形状。

04 调整曲面参数化形式。

05 完成边界曲面的创建，效果如图6-114所示。

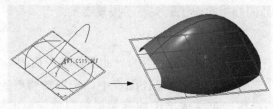

图 6-114　创建边界曲面

2. 曲面连接

在造型环境中，单击"曲面"选项板中的"曲面连接"按钮❑，弹出"造型：曲面连接"操控面板，如图6-115所示。曲面连接的操作过程如下。

图 6-115　"造型：曲面连接"操控面板

01 打开"造型：曲面连接"操控面板。

02 按住Ctrl键选取要连接的曲面。

03 右击连接符号，在弹出的快捷菜单中选择连接类型。

04 完成曲面连接操作，效果如图6-116所示。

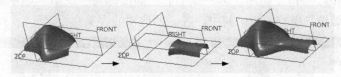

图 6-116　曲面连接

进行曲面连接操作时，设置不同的连接方式会得到不同的连接效果。当曲面具有共同边界时，可设置3种连接类型，即几何连接、相切连接和曲率连接。

- 几何连接：曲面共用一个公共边界(共同的坐标点)，但是没有沿边界公用的切线或曲率，曲面之间用虚线表示几何连接。
- 相切连接：两个曲面共用一个公共边界，两个曲面在沿边界的每个点上彼此相切，即彼此的切线向量同方向。在相切连接的情况下，曲面约束遵循父项和子项的概念，子项曲面的箭头表示相切连接关系。
- 曲率连接：曲面在公共边界上的切线向量方向和大小都相同时，曲面之间成曲率连接，曲率连接由子项曲面的双箭头表示曲率连接关系。

另外，造型曲面还有两种常见的特殊连接方式，即法向连接和拔模连接。

- 法向连接：连接的边界曲线是平面曲线，而所有与该边界相交的曲线的切线都垂直于此边界的平面。从连接边界向外指但不与边界相交的箭头表示法向连接。
- 拔模连接：所有相交边界曲线都具有相对于边界与参考平面或曲面成相同角度的拔模曲线连接，即拔模曲面连接可以使曲面边界与基准平面或另一曲面成指定角度。从公共边界向外指的虚线箭头表示拔模连接。

3. 修剪造型曲面

在造型环境中，单击"曲面"选项板中的"曲面修剪"按钮 ，弹出如图6-117所示的"造型：曲面修剪"操控面板。在该操控面板中，选取要修剪的曲面、曲线及保留的曲面部分，进行相应的操作即可完成造型曲面的修剪。曲面修剪的操作过程如图6-118所示。

图 6-117　"造型：曲面修剪"操控面板

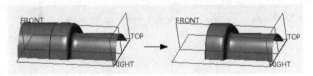

图 6-118　曲面修剪

4. 编辑造型曲面

利用造型曲面编辑工具，可以对曲面进行微调以使问题区域变得平滑。

在造型环境中，单击"曲面"选项板中的"曲面编辑"按钮 ，弹出如图6-119所示的"造型：曲面编辑"操控面板。其中，各主要选项的含义介绍如下。

图 6-119　"造型：曲面编辑"操控面板

- 🔖：曲面收集器，选取要编辑的曲面。
- "最大行数"：设置网格或节点的行数，其值大于或等于4。
- "最大列数"：设置网格或节点的列数。
- "移动"：约束网格点的运动。
- "过滤"：约束围绕活动点的选定点的运动。
- "调整幅度"：输入一个值来设置移动增量，单击 ▲ 、▼ 、◀ 或 ▶ 可以分别向上、下、左或右轻推点。
- "选项"：更改显示以比较经过编辑的曲面和原始曲面。

在"造型：曲面编辑"操控面板中设置相关选项及参数后，可以利用鼠标直接拖动控制点的方式编辑曲面形状，如图6-120所示。

图6-120 编辑曲面

6.6 应用与练习

通过本章上述内容的学习，读者应已初步了解Creo 8.0曲面设计操作。下面通过练习再次回顾和复习本章的内容。

使用Creo 8.0打开名为6_1.prt的模型文件。该模型文件为一个已绘制好的润滑油壶体，如图6-121所示。

本练习学习绘制这个零件。

01 新建一个零件，在"基准"面板中单击"草绘"按钮 ，选取TOP平面为草绘平面，绘制一条直线，如图6-122所示。然后单击"平面"按钮 ，选择TOP平面为参考，平移30，创建一个辅助平面DTM1，如图6-123所示。继续利用"草绘"工具选取DTM1平面为草绘平面，绘制两条样条曲线，如图6-124所示。

图6-121 润滑油壶体模型

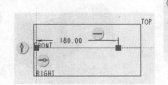
图6-122 绘制直线

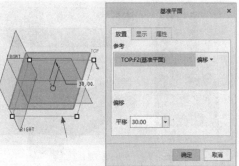
图6-123 创建辅助平面

02 单击"扫描"按钮🧽，在打开的操控面板中单击"曲面"按钮📐，并单击"可变截面"按钮⊿，然后按住Ctrl键分别选取三条曲线。其中，首先选取绘制的直线为原点轨迹线，然后再选取两条样条曲线为辅助轨迹线，如图6-125所示。接着单击"创建扫描截面"按钮☑，利用"椭圆"工具分别选取各个参考点，绘制如图6-126所示的椭圆作为扫描截面，创建如图6-127所示的可变截面扫描曲面特征。

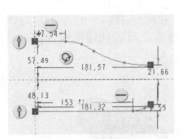

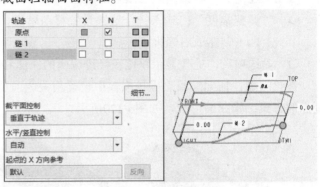

图 6-124　绘制样条曲线　　　　　　　　　　图 6-125　定义扫描轨迹线

图 6-126　绘制扫描截面　　　　　　　　　　图 6-127　创建扫描曲面特征

03 利用"草绘"工具选取DTM1平面为草绘平面，绘制一条弧线，然后单击"扫描"按钮🧽，在打开的操控面板中单击"曲面"按钮📐，接着选取该圆弧为扫描轨迹，并单击"创建扫描截面"按钮☑，绘制如图6-128所示的圆弧为扫描截面，创建扫描曲面。

04 按住Ctrl键选取两个扫描曲面，并单击"合并"按钮🔗，设置合并方式为"相交"，并指定如图6-129所示的合并方向，进行合并曲面操作。

05 利用"拉伸"工具选取DTM1平面为草绘平面，绘制如图6-130所示的椭圆，并设置拉伸深度为对称拉伸100，创建拉伸曲面特征。

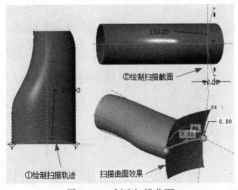

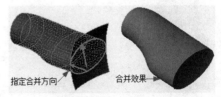

图 6-128　创建扫描曲面　　　　　　　　　　图 6-129　合并曲面

06 按住Ctrl键选取如图6-131所示的两个曲面并单击"合并"按钮 ，设置合并方式为"相交"并指定合并方向，进行合并曲面操作。

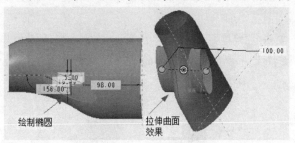

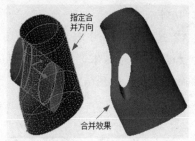

图 6-130 创建拉伸曲面   图 6-131 合并曲面

07 利用"旋转"工具选取DTM1平面为草绘平面，绘制如图6-132所示的草图，设置旋转角度为360°，创建旋转曲面特征。

08 按住Ctrl键选取如图6-133所示的两个曲面，并单击"合并"按钮 ，设置合并方式为"相交"，将两个曲面合并。然后选取合并后的曲面，单击"加厚"按钮 ，设置加厚度为2，加厚曲面为实体。

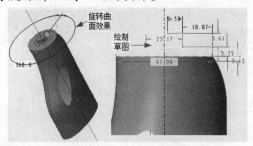

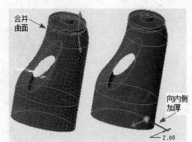

图 6-132 创建旋转曲面   图 6-133 合并曲面并加厚为实体

09 利用"草绘"工具选取DTM1平面为草绘平面，绘制草图。然后单击"扫描"按钮 ，在打开的操控面板中单击"曲面"按钮 ，接着选取所绘草图为扫描轨迹，并单击"创建扫描截面"按钮 ，绘制如图6-134所示的圆弧为扫描截面，创建扫描曲面。

10 利用"旋转"工具选取DTM1平面为草绘平面，绘制如图6-135所示的草图，设置旋转角度为360°，创建旋转曲面特征。

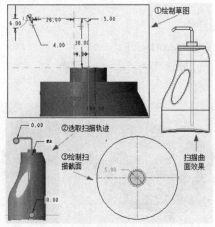

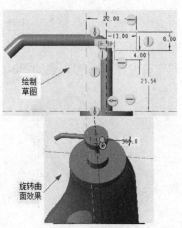

图 6-134 创建扫描曲面   图 6-135 创建旋转曲面

11 选取上一步骤中创建的旋转曲面，单击"修剪"按钮。选取第9步中创建的扫描曲面为修剪边界，进行修剪操作。接着将该扫描曲面隐藏，查看修剪后的效果，如图6-136所示。

12 选取第10步中创建的扫描曲面，单击"加厚"按钮。设置加厚度为向两侧加厚0.5，加厚曲面为实体。然后用同样的方法将上一步骤中修剪后的曲面向两侧加厚0.5，加厚曲面为实体，如图6-137所示。

图 6-136　修剪曲面

图 6-137　加厚曲面为实体

13 利用"倒圆角"工具，按住Ctrl键选取如图6-138所示的多条边为倒圆角对象，设置倒圆角半径为2.0，创建倒圆角特征。至此，润滑油壶体模型创建完毕。

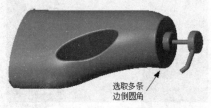

图 6-138　创建倒圆角

6.7 习题

1. 简述曲面建模与实体建模的关系，二者在模型创建中各自起到什么作用？
2. 创建边界混合曲面时如何选择参考曲线？
3. 切面混合到曲面的方法有几种？各自如何操作？
4. 完成如图6-139所示手机壳模型的设计，保存为6_2.prt文件。
5. 利用造型曲面功能完成如图6-140所示的曲面设计，保存为6_3.prt文件。

图 6-139　手机壳模型

图 6-140　自由曲面造型

第 7 章

柔性建模

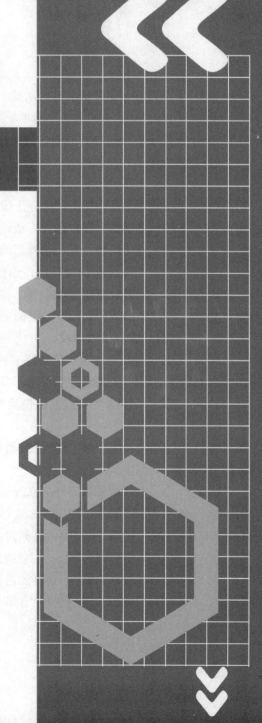

柔性建模是一种比较自由的建模方式，用户可以明确地修改选定的几何形状，不涉及任何关联关系。可以将柔性建模作为参数化建模的辅助工具，实现灵活、快速的设计。在柔性建模环境中能够方便地选择和编辑各种类型的几何对象，如阵列、圆角等。

通过本章的学习，读者需要掌握的内容如下。

○ 形状曲面的选择方法

○ 用变换功能进行特征创建及修改操作

○ 各种特征的识别与编辑方法

7.1 柔性建模概述

在Creo 8.0环境下，在功能区选择"柔性建模"选项卡，打开"柔性建模"操控面板。该操控面板中包括"形状曲面选择""变换""识别"和"编辑特征"等选项板，如图7-1所示。

图 7-1 "柔性建模"操控面板

下面介绍主要选项板的功能。

(1) "形状曲面选择"选项板

用于定义选择几何的方法，按照指定规则选择曲面，可以提高选择对象的效率。该选项板上各命令按钮的含义如下。

- ❍ "凸台" ▙：选择形成凸台的曲面。
- ❍ "多凸台" ▙：选择形成凸台的曲面及与其相交的附属曲面。
- ❍ "切口" ▙：选择形成缺口的曲面。
- ❍ "多切口" ▙：选择形成缺口的曲面及与其相交的附属曲面。
- ❍ "倒圆角/倒角" ▱：选择形成倒圆角或倒角的曲面。
- ❍ "多倒圆角/倒角" ▱：选择形成倒圆角或倒角的曲面及过渡连接的具有大小、类型和半径均相同的倒圆角或倒角曲面。

(2) "变换"选项板

该选项板中提供了偏移等多种变换方法，可以方便地实现模型的创建及圆角等特征的修改操作。该选项板上各命令按钮的含义如下。

- ❍ "移动" ▱：包括使用拖动器移动、按尺寸移动和使用约束移动3种方式移动对象。
- ❍ "偏移" ▯：选定曲面进行偏移操作，偏移曲面可以重新连接到实体或同一面组。
- ❍ "修改解析" ▱：修改圆柱或球的半径、圆环的半径或圆锥的角度，修改的曲面可以重新连接到实体或同一面组。
- ❍ "镜像" ▱：镜像几何对象。
- ❍ "挠性阵列" ▱：创建挠性阵列。
- ❍ "替代" ▱：用选择的曲面替代某一曲面。
- ❍ "编辑倒圆角" ▱/"编辑倒角" ▱：移除圆角/倒角或修改圆角/倒角半径。

(3) "识别"选项板

可以进行阵列识别及对称识别等操作，该选项板上各命令按钮的含义如下。

○ "阵列"识别 : 定义几何阵列。

○ "对称"识别 : 根据两个曲面找到其对称平面或根据曲面与平面找到曲面的镜像面。

○ "倒圆角/倒角"识别 : 识别曲面的倒圆角/倒角。

(4) "编辑特征"选项板

用于编辑选定的几何形状和曲面，该选项板上各命令按钮的含义如下。

○ "连接" : 修剪/延伸开放面组直到实体或曲面，选择实体化或合并生成的几何。

○ "移除" : 从实体或面组中移除曲面。

7.2 形状曲面选择

进入柔性建模环境，选择要修改的曲面，然后可以对其进行编辑修改。利用如图7-2所示的"形状曲面选择"选项板中的相应按钮定义选择方法，可以同时选择多个相关对象。

图 7-2 "形状曲面选择"选项板

7.2.1 选择凸台类曲面

利用"凸台"按钮 和"多凸台"按钮 可以选择凸台类曲面。前者只选择曲面及与之直接相连的曲面，后者不仅选择形成凸台的曲面，还可以选择与凸台曲面相邻的所有曲面。例如，首先选择如图7-3所示的曲面，当单击"凸台"按钮 时，图中的圆形曲面没有被选上，如图7-4所示；当单击"多凸台"按钮 时，则所有曲面都被选上，如图7-5所示。

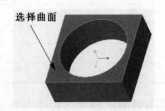
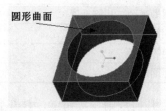
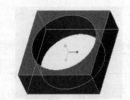

图 7-3 选择曲面   图 7-4 单击"凸台"按钮   图 7-5 单击"多凸台"按钮

7.2.2 选择切口类曲面

利用"切口"按钮 和"多切口"按钮 可以选择切口类曲面。前者只选择形成切口的曲面，后者不仅选择形成切口的曲面，还选择与切口曲面相交的更小曲面。例如，首先选择如图7-6所示的曲面，当单击"切口"按钮▣时，图中的圆形曲面没有被选上，如图7-7所示；当单击"多切口"按钮▣时，则圆形曲面被选上了，如图7-8所示。

图 7-6　选择曲面

图 7-7　单击"切口"按钮

图 7-8　单击"多切口"按钮

7.2.3　选择圆角/倒角类曲面

"倒圆角/倒角"按钮▣和"多倒圆角/倒角"按钮▣用于选择倒圆角或倒角曲面。例如，先选择圆角，再单击"倒圆角/倒角"按钮▣，结果如图7-9所示；先选择倒角，再单击"多倒圆角/倒角"按钮▣，结果如图7-10所示。

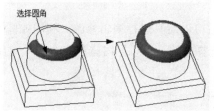
图 7-9　单击"倒圆角 / 倒角"按钮

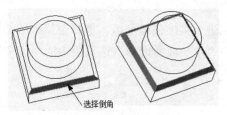
图 7-10　单击"多倒圆角 / 倒角"按钮

7.2.4　几何规则

在Creo 8.0中，系统根据不同类型的曲面和工具，自动决定所适用的几何规则。表7-1定义了适用于各种类型曲面的几何规则。

表7-1　曲面的几何规则

曲面类型	几何规则
平面	共面、平行
旋转	同轴
柱坐标系	同轴、相等半径、相同凸度
球面	同轴、相等半径、相同凸度
圆环面	同轴、相等半径
圆锥面	同轴、相同凸度

在"搜索"选项卡中单击"几何规则"按钮▣，打开如图7-11所示的"几何规则"对话框，可以根据设定的几何规则选择曲面。"几何规则"的应用如图7-12所示，首先选择图中所示的曲面，再选择"几何规则"，设置"平行"规则，则选定所单击平面及与之平行的平面。

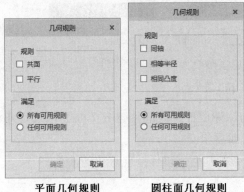

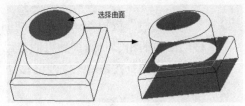

平面几何规则　　　圆柱面几何规则

图7-11　"几何规则"对话框　　　　　图7-12　设置"平行"规则

应用"几何规则"的操作步骤如下。

01 在图形窗口中选择一个曲面。

02 单击"几何规则"按钮 📇，打开"几何规则"对话框。

03 选择一个"规则"选项(可以选择多个选项)。

04 要选择满足所有选定规则的曲面，可选中"所有可用规则"单选按钮。

05 要选择至少满足一个选定规则的曲面，可选中"任何可用规则"单选按钮。

06 单击"确定"按钮，将选定满足几何规则的所有曲面。

7.3　变换

变换功能包括移动变换和偏移变换等，建模过程中使用变换功能可以实现对实体及曲面的编辑修改操作。"变换"选项板如图7-13所示。

7.3.1　移动变换

移动变换可以将选定的几何对象放置到一个新的位置，也可以在实现移动的同时在原来位置创建几何对象的副本。系统提供了如图7-14所示的3种实现移动变换的方式。

图7-13　"变换"选项板

图7-14　3种实现移动变换的方式

1. 使用拖动器移动

选择"移动"中的"使用拖动器移动"命令，打开"移动"操控面板，如图7-15所示。该操控面板中各选项的含义如下。

(1) 命令按钮

○ "3D拖动器"按钮 🖱：使用拖动器移动几何。

○ "创建副本"按钮 🗗：创建一份所选定几何的副本，然后将副本移到新位置。

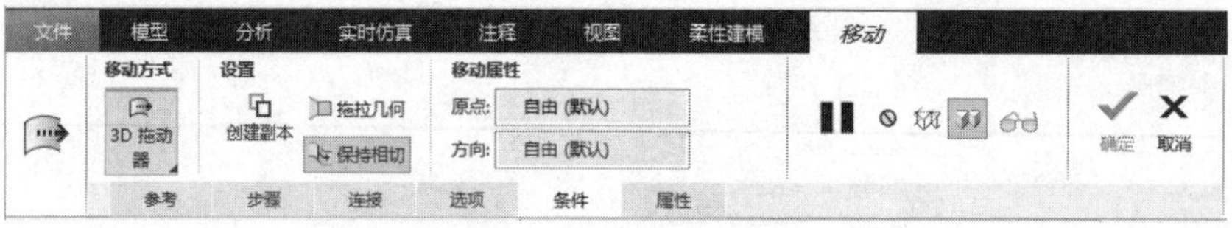

图 7-15 "移动"操控面板

○ "拖拉几何"按钮▦：在已移动曲面与原始侧曲面之间创建多个曲面，或延伸已移动曲面的相邻曲面直到它们与已移动曲面相交。

○ "保持相切"按钮▨：修改已移动几何旁的几何，以保持现有相切关系。

(2) 参考

打开"参考"下拉面板，其中列出了有关移动曲面的详细信息，如图7-16所示。其中通过"移动曲面""排除曲面"和"移动对象"分别列出了要移动的曲面、要排除的不需要移动的曲面和要移动的曲线和基准对象。单击 细节... 按钮，可以在弹出的对话框中进行设置。

(3) 步骤

打开"步骤"下拉面板，如图7-17所示，其中列出了移动曲面的步骤，并可以设置3D拖动器的原点位置和坐标轴方向。

图 7-16 "参考"下拉面板

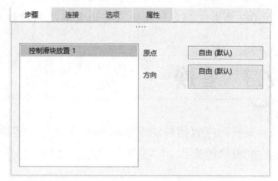

图 7-17 "步骤"下拉面板

(4) 连接

打开"连接"下拉面板，其中列出了在将所移动的几何连接到原始几何时的选项，如图7-18所示。

○ "连接移动的几何"：重新连接移动的几何到最初连接的同一实体或面组。

○ "创建倒圆角/倒角几何"：指定是否在移动和连接所选几何后创建倒圆角或倒角几何。关闭通过移动几何创建的孔，并在新位置重新创建倒圆角或者倒角。

○ "创建侧曲面"：创建连接边的曲面，以覆盖曲面移动时留下的孔。

○ "延伸和相交"：延伸所选定移动几何的曲面及剩余曲面，直到它们相交。

○ "边界边"：收集用作几何边界的边。

○ "下一个"：查找下一个解决方案。

○ "上一个"：存在多个解决方案时查找上一个解决方案。

○ "保持解决方案拓扑"：当模型更改且相同的解决方案类型不能重新构建时，重新生成失败。

(5) 条件

"条件"下拉面板包含用于控制相切传播的条件。因此只有选中"移动"操控面板上的"保持相切"按钮 🖺，才能打开"条件"下拉面板，如图7-19所示，其中各个选项的作用如下。

图 7-18　"连接"下拉面板　　　　图 7-19　"条件"下拉面板

- "创建默认条件"复选框：向拖动几何的顶点添加默认条件，系统会自动创建顶点以保持相切关系。
- "条件"列表：显示用户定义的用于控制相切传播的条件。
- "新增"：添加新条件。
- "参考"收集器：显示适用于选定条件的几何图元。
- "类型"：显示适用于选定参考的条件类型。

(6) 选项

"选项"下拉面板如图7-20所示，用于设置移动的传播、延伸曲面及分割曲面。其中各选项的含义如下。

- "传播到阵列/对称"：显示用于将"替代"特征传播到所有实例以便保持阵列、镜像或对称的阵列、镜像、阵列识别或对称识别特征。
- "延伸曲面"：收集要分割的延伸曲面。
- "分割曲面"：当分割曲面时收集要延伸的曲面。
- "反向"：在分割曲面间切换。当应用于分割移动时，将要移动的几何和固定几何相互切换。

图 7-20　"选项"下拉面板

(7) 属性

"属性"下拉面板如图7-21所示，用于定义移动特征的名称。单击该下拉面板中的 🖪 按钮将在浏览器中显示相应的信息。

使用拖动器移动变换的步骤如下。

图 7-21　"属性"下拉面板

01 在"变换"选项板中，单击"使用拖动器移动"按钮🔲，打开"移动"操控面板。

02 选择要移动变换的曲面。

03 在"步骤"下拉面板中设置拖动器的放置位置。

04 移动旋转拖动器。

05 完成移动操作，结果如图7-22所示。

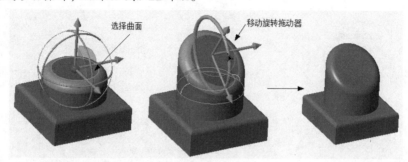

图 7-22　使用拖动器移动变换

2. 按尺寸移动

使用"尺寸"进行移动时，可以通过修改所选择的参考之间的尺寸值移动对象。选择"移动"中的"按尺寸移动"命令，打开"移动"操控面板，如图7-23所示。

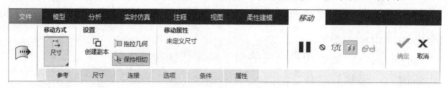

图 7-23　"移动"操控面板

其中，"移动方式"下的"尺寸"按钮🔲表示通过定义尺寸来移动几何。"尺寸"下拉面板用于添加尺寸、选择尺寸偏移的参考及定义偏移量，如图7-24所示。"移动"操控面板中其他选项的下拉面板内容与"使用拖动器移动"的含义相同。

图 7-24　"尺寸"下拉面板

下面举例介绍"按尺寸移动"的基本过程。

01 选择如图7-25所示的曲面，单击"多凸台"按钮，完成对象选择。

02 单击"按尺寸移动"命令按钮🔲，打开"移动"操控面板。

03 单击"尺寸"按钮，打开"尺寸"下拉面板。如图7-26所示，按住Ctrl键选择两个面作为尺寸参考，输入新值26。

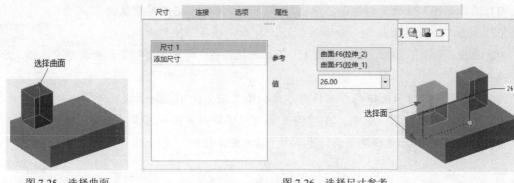

图 7-25 选择曲面　　　　　　　　　图 7-26 选择尺寸参考

04 单击"添加尺寸"选项，如图7-27所示，按住Ctrl键选择两个面作为尺寸参考，输入新值1.8。

05 完成移动操作，结果如图7-28所示。

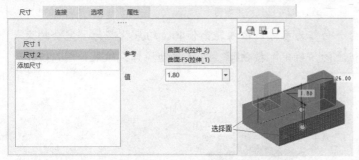

图 7-27 选择尺寸参考　　　　　　图 7-28 完成"按尺寸移动"操作后的结果

3. 使用约束移动

使用约束移动是指通过定义所选对象之间的约束关系来移动对象。选择"移动"中的"使用约束移动"命令，打开"移动"操控面板，如图7-29所示。

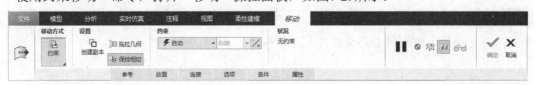

图 7-29 "移动"操控面板

其中，"移动方式"下的"约束"按钮表示使用位置约束移动几何。"放置"下拉面板用于定义约束类型及约束参考，如图7-30所示。约束的类型及定义方法与装配约束基本相同。"移动"操控面板中其他选项的下拉面板内容与"使用拖动器移动"的含义相同。

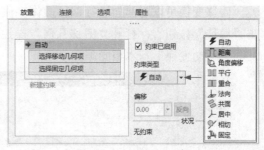

图 7-30 "放置"下拉面板

下面举例介绍"使用约束移动"的基本过程。

01 选择如图7-31所示的曲面,单击"多凸台"按钮,完成对象选择。

02 单击"使用约束移动"命令按钮，打开"移动"操控面板。

03 单击"放置"按钮,打开"放置"下拉面板。在"约束类型"下拉列表框中选择"距离"选项。

04 按如图7-32所示选择两个面作为参考,输入距离值30。约束状况为"部分约束"。

05 单击"新建约束"选项,在"约束类型"下拉列表框中选择"距离"选项。

06 按如图7-33所示选择两个面作为参考,输入距离值100。约束状况仍为"部分约束"。

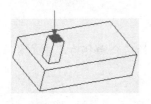

图 7-31 选择曲面

图 7-32 选择约束参考一

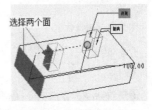

图 7-33 选择约束参考二

07 按如图7-34所示选择两个面作为参考,输入距离值40。约束状况为"完全约束"。

08 单击"移动"操控面板上的"确定"按钮，完成移动操作,结果如图7-35所示。

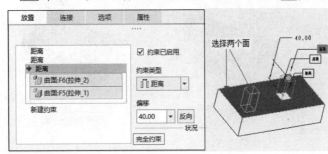

图 7-34 选择约束参考三

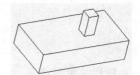

图 7-35 完成"使用约束移动"
操作后的结果

❖ **注意**

只有完全约束的几何才能使用约束进行移动。

7.3.2 偏移变换

偏移变换可以对曲面进行偏移操作,偏移曲面可以重新连接到实体或同一曲面组。单击"偏移"按钮，打开"偏移几何"操控面板,如图7-36所示。其中各选项的内容和用法与"移动变换"基本相同。

图 7-36 "偏移几何"操控面板

下面介绍偏移变换的基本操作过程。

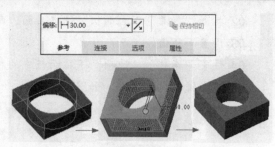

01 单击"偏移"按钮▯。

02 选择曲面。

03 设置偏移值。

04 设置"连接""选项"下拉面板
中的相关选项。

05 完成偏移操作，如图7-37所示。

图 7-37　偏移变换

7.3.3　修改解析

修改解析曲面可以修改圆柱或球的半径、圆环的半径或圆锥的角度，修改后的曲面可以重新连接到实体或同一面组。单击"修改解析"按钮▧，打开"修改解析曲面"操控面板，如图7-38所示。其中各选项的内容和用法与"移动变换"基本相同。

下面介绍修改解析的基本操作过程。

图 7-38　"修改解析曲面"操控面板

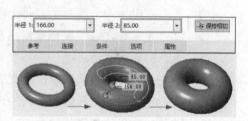

01 单击"修改解析"按钮▧。

02 选择圆柱、球或圆锥曲面。

03 设置半径值。

04 设置"连接""选项"下拉面板中的相关选项。

05 完成修改解析曲面操作，如图7-39所示。

图 7-39　修改解析曲面

7.3.4　镜像变换

单击"镜像"按钮▥，打开"镜像几何"操控面板，如图7-40所示。其中主要下拉面板的含义如下。

○　"参考"下拉面板：用于选择镜像曲面、镜像曲线及基准、镜像平面。

○　"选项"下拉面板：用于定义延伸曲面及分割曲面。

图 7-40　"镜像几何"操控面板

镜像变换的基本操作过程如下。

01 单击"镜像"按钮▥，打开"镜像几何"操控面板。

02 打开"参考"下拉面板,选择曲面、曲线和镜像平面。

03 设置半径值。

04 设置"连接""选项"下拉面板中的相关选项。

05 完成镜像变换操作,如图7-41所示。

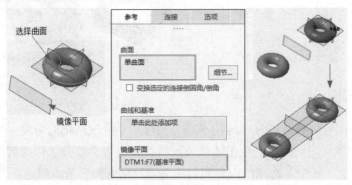

图 7-41　镜像变换

7.3.5　创建挠性阵列

阵列由多个特征实例组成。不同的阵列类型创建方法各不相同。使用"挠性阵列"工具可以创建以下阵列类型。

○ 方向:定义一个或多个方向,以创建自由形式的阵列。

○ 轴:定义轴,以绕轴创建自由形式的阵列。此外,还可面向或背向轴在径向方向上添加阵列成员。

○ 填充:定义填充区域以及阵列成员在该区域内的形状。

○ 表:使用表定义各阵列实例的尺寸值。

○ 曲线:定义阵列跟随的曲线,以及阵列成员之间的距离或阵列成员数。

○ 点:使用几何草绘点、几何坐标系或基准点定义阵列。

单击"挠性阵列"按钮▦,打开"阵列"操控面板,如图7-42所示。该操控面板中主要选项的含义介绍如下。

图 7-42　"阵列"操控面板

(1) 参考

○ "导引曲面":显示用于定义阵列导引的曲面。

○ "详细信息":打开"曲面集"对话框。

○ "变换选定的连接倒圆角/倒角"复选框:用于将阵列化几何连接至模型的选定倒圆角/倒角。若未选中该复选框,系统将会移除选定的连接倒圆角和倒角并有选择性地重新创建它们。

○ "导引曲线和基准"：显示用于定义阵列导引的曲线和基准。

○ "基准点"：显示用于定义阵列导引的基准点。

○ "草绘"收集器：显示特征的草绘参考。

○ "定义"：打开"草绘器"以定义内部草绘。

○ "编辑"：打开"草绘器"以编辑草绘。

(2) 连接

○ "连接阵列成员"复选框：将所有的阵列成员连接到模型几何。

○ "创建倒圆角/倒角"复选框：使用同一类型和尺寸的倒圆角和倒角将所有阵列成员作为阵列导引连接到模型几何。

(3) 选项

此选项卡与选定的阵列类型上下文相关。

○ "跟随轴旋转"复选框：使旋转平面中的阵列成员随着轴的旋转而旋转，适用于"轴"阵列。

○ "使用替代原点"：使用不同于导引特征或几何的默认几何中心的原点来放置阵列导引，适用于"填充""曲线"和"点"阵列。

○ "跟随引线位置"复选框：使用与阵列导引偏移相同的距离自草绘平面偏移全部阵列成员，适用于基于草绘的填充阵列和点阵列。

○ "跟随曲面形状"复选框：将阵列成员定位为跟随选定曲面的形状。

○ "跟随曲面形状"收集器：显示阵列要跟随的曲面。

○ "跟随曲面方向"复选框：将阵列成员定位为跟随选定曲面的方向。

○ "间距"收集器：用于调整阵列成员的间距。

(4) 表尺寸

仅适用于表阵列。

尺寸收集器：显示要包含在阵列表中的尺寸。

(5) 表

仅适用于表阵列。

表列表：每行包含一个表索引项(从1开始)及关联的表名称。可通过输入新名称更改表名。如果在收集器中右击表索引条目，所弹出的快捷菜单中将包含以下命令。

○ "添加"：编辑阵列的另一个表。退出编辑器时，新表即添加至收集器列表的底部。

○ "移除"：从收集器中移除选定表。

○ "应用"：激活选定表。活动表即为驱动阵列的表。

○ "编辑"：编辑选定表。编辑表时，可通过使用"文件"下的相应选项，将其以.ptb 文件格式保存，或向表中读入先前保存的.ptb 文件。完成表的编辑后，单击"文件">"退出"命令，表就会保存到阵列中。

○ "读取"：读取保存的阵列表(.ptb 文件)。

○ "写入"：保存选定阵列表。该表保存在当前工作目录下名为 <TableName.ptb> 的文件中，其中 <TableName> 是阵列表的名称。

下面以创建"方向"阵列为例，介绍"创建挠性阵列"的基本操作过程。

01 选择如图7-43所示的曲面，单击"多凸台"按钮 ，完成对象选择。

图7-43　选择对象

02 单击"挠性阵列"按钮 ，打开"阵列"操控面板。

03 在绘图区选择两条边作为方向参考。

04 在"阵列"操控面板中设置阵列参数，如图7-44所示。

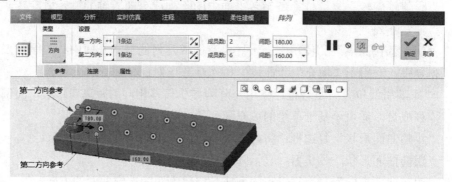

图7-44　设置阵列参数

05 单击"确定"按钮 完成操作，结果如图7-45所示。

图7-45　创建挠性阵列

7.3.6　替代变换

替代变换可以实现用曲面替代实体表面。单击"替代"按钮 ，打开"替代"操控面板，如图7-46所示。其中主要选项的含义如下。

图7-46　"替代"操控面板

- 选择项 ：收集要替代的曲面。
- 单击此处添加项 ：收集替代曲面。
- ：切换替代方向。
- "参考"：用于选择替代曲面及要被替代的曲面，如图7-47所示。
- "连接"：用于选择是否创建几何圆角及在多个解决方案中进行选择，如图7-48所示。

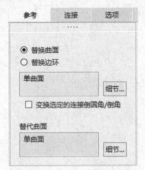

图 7-47 "参考"下拉面板

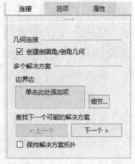

图 7-48 "连接"下拉面板

- "选项"：用于确定是否保留替代面组，如图7-49所示。

替代变换的基本操作过程如下。

01 单击"替代"按钮，打开"替代"操控面板。

02 打开"参考"下拉面板，选择替代曲面及要被替代的曲面。

03 设置"连接""选项"下拉面板中的相关选项。注意替代法向方向的设置。

04 完成替代操作，如图7-50所示。

图 7-49 "选项"下拉面板

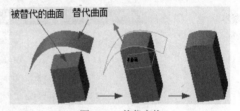

图 7-50 替代变换

7.3.7 编辑倒圆角/倒角

1. 编辑倒圆角

编辑倒圆角功能可以对模型上的倒圆角特征进行编辑，重新指定半径值，或将它们从模型中移除。单击"编辑倒圆角"按钮，打开"编辑倒圆角"操控面板，如图7-51所示。其中主要选项的含义如下。

图 7-51 "编辑倒圆角"操控面板

- ○ 选择项 ：选择参考。
- ○ ✕ 移除倒圆角：移除模型中倒圆角的曲面。
- ○ 圆形 ▾：设置倒圆角横截面的形状。
- ○ 半径 40.00 ▾：设置圆角半径。
- ○ "参考"："参考"下拉面板如图7-52所示，用于选择圆角特征。
- ○ "选项"："选项"下拉面板的内容与"替代"操控面板中"选项"下拉面板的内容相同。

图 7-52　"参考"下拉面板

编辑倒圆角的操作过程如下。

01 单击"编辑倒圆角"按钮，打开"编辑倒圆角"操控面板。

02 打开"参考"下拉面板，选择圆角特征。

03 设置圆角尺寸。

04 设置"选项"下拉面板中的相关选项。

05 完成操作，如图7-53所示。

2. 编辑倒角

编辑倒角功能可以修改选定倒角曲面的尺寸，或将其从模型中移除。单击"编辑倒角"按钮，打开"编辑倒角"操控面板，如图7-54所示。其中各选项的含义与"编辑倒圆角"中的基本一致。

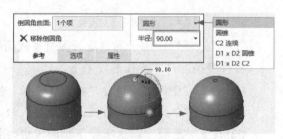

图 7-53　编辑倒圆角

图 7-54　"编辑倒角"操控面板

- ○ ✕ 移除倒角：移除模型中倒角的曲面。
- ○ D x D ▾：设置倒角的标注形式。
- ○ D: 3.00 ▾：设置倒角尺寸。

编辑倒角的操作过程如下。

01 单击"编辑倒角"按钮，打开"编辑倒角"操控面板。

02 打开"参考"下拉面板，选择倒角特征。

03 设置倒角尺寸。

04 设置"选项"下拉面板中的相关选项。

05 完成操作，如图7-55所示。

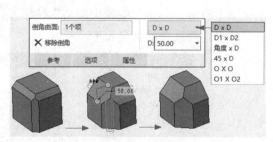

图 7-55　编辑倒角

7.4 识别

使用识别功能，可以为一些相同或相似几何的柔性变换操作提供方便。本节介绍阵列识别、对称识别和倒圆角/倒角识别操作的基本过程及相关设置。

7.4.1 阵列识别

使用阵列识别功能可以对已经定义的阵列进行编辑。单击"阵列"按钮，打开"阵列识别"操控面板，如图7-56所示。

图 7-56 "阵列识别"操控面板

该操控面板中的显示内容与定义阵列时使用的方法有关。如图7-57所示为使用"方向"阵列时显示的内容。

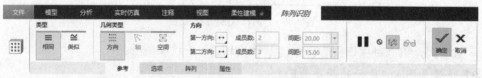

图 7-57 使用"方向"阵列时"阵列"操控面板显示的内容

该操控面板中主要选项的含义如下。

- ❍ "参考"：用于选择导引曲面及曲线。
- ❍ "选项"："选项"下拉面板如图7-58所示，若选中其中的"允许编辑"复选框，可以对阵列进行编辑。
- ❍ "阵列"：标识选择的阵列特征。

下面通过示例介绍使用"阵列识别"进行阵列编辑操作的基本过程。

01 选择曲面，单击"多凸台"按钮，完成对象选择。

02 单击"阵列"按钮，打开"阵列识别"操控面板。

03 在"选项"下拉面板中选中"允许编辑"复选框。

04 在"阵列识别"操控面板中修改阵列参数。

05 完成操作，结果如图7-59所示。

图 7-58　"选项"下拉面板

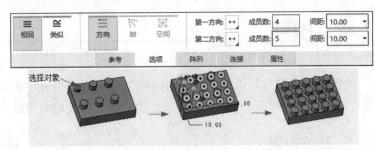

图 7-59　用"阵列识别"编辑阵列

7.4.2　对称识别

使用此功能可以选择互为镜像的两个曲面，然后找到镜像平面，也可以选择一个曲面和一个镜像平面，然后确定曲面的镜像曲面。单击"对称识别"按钮▓，打开"对称识别"操控面板，如图7-60所示。

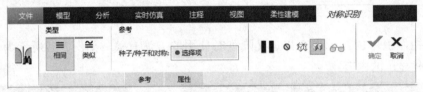

图 7-60　"对称识别"操控面板

下面举例介绍"对称识别"操作的基本过程。

01 选择如图7-61所示的两个曲面。

02 单击"对称识别"按钮▓，打开"对称识别"操控面板。

03 完成操作，结果如图7-62所示。

图 7-61　选择对象

图 7-62　用"对称识别"找到镜像平面

7.4.3　倒圆角/倒角识别

"倒圆角/倒角"工具可以识别和标记倒圆角和倒角曲面。在"识别"选项板中单击"倒圆角/倒角"按钮▓，打开"倒圆角/倒角"下拉菜单，如图7-63所示。其中包含4个命令，分别可将对应曲面标记为识别倒角、非倒角、识别倒圆角或非倒圆角。

图 7-63　"倒圆角/倒角"下拉菜单

若某曲面被标记为倒圆角或倒角，则系统会在"柔性建模"操作期间移除并重新创建该曲面。若不希望系统移除并重新创建特定的倒圆角或倒角几何，则可以将其标记为非倒圆角或非倒角。

保存已识别的几何时，将创建"识别倒圆角""非倒圆角""识别倒角"或"非倒角"特征。

在创建特征期间，模型几何将以不同的颜色显示，具体取决于识别方式。

○ ■(绿色)：几何已由上一个特征标记为倒圆角或倒角。对于倒圆角特征，仅显示倒圆角；对于倒角特征，仅显示倒角。

○ ■(蓝色)：几何已由上一个特征标记为非倒圆角或非倒角。对于倒圆角特征，仅显示倒圆角；对于倒角特征，仅显示倒角。

○ ■(黄色)：由当前特征识别的几何。

下面介绍"识别倒圆角"操作的基本过程。

01 选择"识别倒圆角"命令，系统将弹出"识别倒圆角"对话框，如图7-64所示。

02 选择一个或多个要标记为倒圆角的曲面。若有需要，可以单击"细节"按钮，打开"曲面集"对话框，如图7-65所示。

03 将识别倒圆角特征传播至所有实例以保持阵列、镜像或对称。单击"选项"选项卡，如图7-66所示，然后单击"阵列/对称/镜像特征"收集器，并选择阵列、镜像、阵列识别或对称识别特征。

04 单击"确定"按钮，完成创建"识别倒圆角"特征。

下面介绍将几何识别为非倒圆角操作的基本过程。

01 选择"非倒圆角"命令，系统将弹出"非倒圆角"对话框，如图7-67所示。

02 选择一个或多个要标记为非倒圆角的曲面。若有需要，可以单击"细节"按钮，打开"曲面集"对话框。

03 将非倒圆角特征传播至所有实例，以便保持阵列、镜像或对称。单击"选项"选项卡，然后单击"阵列/对称/镜像特征"收集器，并选择阵列、镜像、阵列识别或对称识别特征。

图 7-64 "识别倒圆角"对话框

图 7-65 "曲面集"对话框

图 7-66 "选项"选项卡

图 7-67 "非倒圆角"对话框

04 单击"确定"按钮，"非倒圆角"特征即创建完毕。

创建"识别倒角"和"非倒角"特征的操作过程与创建"识别倒圆角"和"非倒圆角"特征的操作过程基本相同。

7.5 编辑特征

编辑特征包括两个功能，即"连接"和"移除"。利用编辑特征功能可以完成曲面与实体或面组的连接，以及面组的移除操作。

7.5.1 连接

连接功能用于修剪或延伸开放面组，可以直接连接到实体或选定面组，还可以选择实体化或合并生成的几何特征。单击"连接"按钮▷，打开"连接"操控面板，如图7-68所示。该操控面板中各按钮及下拉面板的功能如下。

图 7-68　"连接"操控面板

- 选择项：参考选择情况。
- □：实体填充。
- ◁：移除材料。
- ⅍：更改移除材料的方向。
- "参考"：用于要修剪或延伸的面组。
- "选项"：在该下拉面板中选中"修剪/延伸并且不进行连接"时，修剪或延伸的面组不与实体几何或选定的"要连接面组"相连接；"边界边"用于选择要将"附件"选项从默认设置更改为"边界边"的链；"查找下一个可能的解决方案"用于在多个方案之间切换，使用 ‹上一个 和 下一个› 按钮可进行切换。

7.5.2 移除

用于从实体或面组中移除曲面。选择曲面后，再单击"移除"按钮▨，打开"移除曲面"操控面板，如图7-69所示。该操控面板中主要按钮及下拉面板的功能如下。

图 7-69　"移除曲面"操控面板

○ 1个曲面集 ：移除曲面的选择情况。

○ 保持打开状态 ：选中时，完成移除操作后模型保持原来的状态。

○ "参考"：用于选择要移除的曲面，如图7-70所示。

○ "选项"：如图7-71所示，"附件"选项会在选择要移除的实体表面时出现。"保留已经移除的曲面"定义移除操作完成后，移除的曲面仍然保留；"自动分割形状曲面"定义在移除过程中自动分割形状曲面；"排除轮廓"定义选择从选定的多轮廓曲面中移除的轮廓；"查找下一个可能的解决方案"用于在多个方案之间切换，使用 < 上一个 和 下一个 > 按钮可进行切换。

移除曲面的操作过程如下。

01 选择要从实体或面组中去除的曲面。

02 选择"移除"命令。

03 设置"选项"下拉面板中的相关选项。

04 完成操作，结果如图7-72所示。

图 7-70 "参考"下拉面板

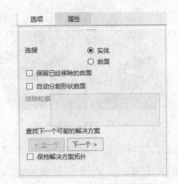

图 7-71 "选项"下拉面板

图 7-72 移除曲面

7.6 应用与练习

通过上述内容，读者应已学会了Creo 8.0柔性建模的操作方法。下面就通过一个练习再次回顾和复习本章所讲述的内容。

使用Creo 8.0打开名为7_1.prt的零件文件，会看到一个实例操作结果，如图7-73所示。

(1) 打开文件

打开名为7_2.prt的零件文件，进入柔性建模环境，如图7-74所示。

图 7-73 柔性建模操作结果

图 7-74 零件模型

(2) 移动对象

选择如图7-75所示的曲面，单击"多凸台"按钮🔲，选择整个凸台曲面。

选择"按尺寸移动"命令按钮🔲，打开"移动"操控面板，单击该操控面板中的"创建副本"按钮🔲，选择如图7-76所示的两个面作为参考，系统将显示两个面之间的距离值为250.74，将该距离值修改为190。

图 7-75　选择曲面

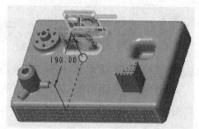

图 7-76　选择参考

在"尺寸"下拉面板中单击"添加尺寸"，选择如图7-77所示两个面作为参考，修改尺寸值为150。完成操作后的结果如图7-78所示。

图 7-77　选择参考

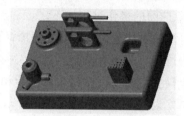

图 7-78　移动操作结果

(3) 柔性镜像

选择如图7-79所示的曲面，单击"多凸台"按钮🔲，选择整个特征曲面。单击"镜像"按钮🔲，打开"镜像几何"操控面板。选择DTM4作为镜像平面。完成镜像操作后的结果如图7-80所示。

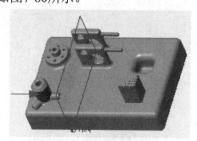

图 7-79　选择曲面

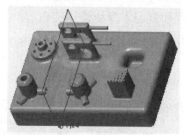

图 7-80　镜像操作结果

(4) 阵列识别

选择孔的内表面，单击"多切口"按钮🔲，选择整个孔特征曲面。单击"阵列"按钮🔲，打开"阵列识别"操控面板。打开"选项"下拉面板，选中"允许编辑"复选框，按图7-81所示修改阵列参数。完成操作后的结果如图7-82所示。

(5) 编辑倒圆角

选择如图7-83所示特征上的所有圆角，单击"编辑倒圆角"按钮🔲，打开"编辑倒圆角"操控面板，修改圆角大小为1。完成操作后的结果如图7-84所示。

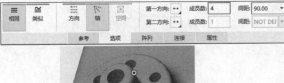

图 7-81　修改阵列参数

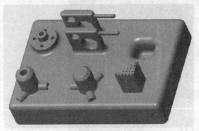

图 7-82　阵列操作结果

图 7-83　选择圆角

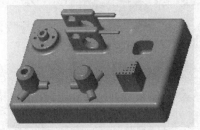

图 7-84　倒圆角操作结果

(6) 替代操作

显示隐藏的曲面特征，单击"替代"按钮，打开"替代"操控面板。选择如图7-85所示的面作为替代的曲面，单击该操控面板中的按钮，改变替代的法向方向。完成操作后的结果如图7-86所示。

图 7-85　选择替代的曲面

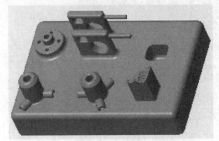

图 7-86　替代操作结果

7.7　习题

1. 柔性建模环境下可以进行哪些操作？
2. 连接与移除操作的应用对象有哪些？
3. 柔性移动分为哪几种类型？
4. 对如图7-87所示的模型进行移动、镜像等操作。

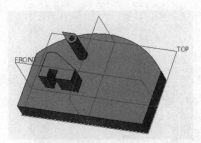

图 7-87　模型

第8章

钣金特征

钣金是对金属薄板的一种综合加工工艺，包括剪、冲压、折弯、成型、焊接、拼接等加工工艺。钣金技术已经广泛应用于汽车、家电、计算机、家庭用品、装饰材料等领域中，钣金加工已经成为现代工业中一种重要的加工方法。在钣金设计中，壁类结构是创建其他钣金特征的基础，任何复杂的特征都是从创建第一壁开始的。但是要想设计出复杂的钣金件，仅仅掌握钣金件的基本成型是不够的，还需要掌握高级成型模式。在第一壁的基础上创建其他额外的钣金特征，以完成整个零件的创建。本章将对Creo 8.0的钣金模块进行详细介绍，主要介绍钣金特征的创建方法，钣金折弯、展平及成型的方法，以及几种钣金操作方式等。

通过本章的学习，读者需要掌握的内容如下。

- ❍ 基本钣金特征及后继钣金特征的创建
- ❍ 钣金折弯和展平
- ❍ 钣金成型的方法
- ❍ 钣金操作方式

8.1 钣金概述

钣金件是实体模型，可表示为钣金件成型或平整模型。这些零件具有均匀的厚度，并可通过添加特征来修改。特征包括壁、切口、裂缝、折弯、展平、折回、成型、凹槽、冲孔和止裂槽。通过钣金特征可创建包括倒角、孔、倒圆角和实体切口在内的实体特征，并可对其应用阵列、复制和镜像操作。还可获得该零件的信息，计算其质量和进行工程分析。

钣金件零件具有驱动曲面和偏移曲面。只有模型成功重新生成后，才会形成侧 (深度) 曲面。默认情况下，以绿色突出显示驱动侧，以白色突出显示偏移侧 (表示厚度)。放置特征时，最好的方法是选择平整曲面作为参考，如果没有可用的平整曲面，则使用边。

8.2 创建基本钣金特征

在钣金设计中，需要先创建第一壁，然后在第一壁的基础上创建后继的钣金壁和其他特征。第一壁的基本创建方法主要包括拉伸、平整、旋转和混合等。

8.2.1 拉伸壁

钣金模块中拉伸壁特征的创建与实体模块中拉伸特征的创建相似，拉伸的实质是绘制钣金件的二维截面，然后沿草绘面的法线方向增加材料，生成拉伸特征，具体操作步骤可概括如下。

01 单击"快速访问"工具栏中的"新建"按钮，在打开的"新建"对话框中，选中"类型"为"零件"，"子类型"为"钣金件"，输入名称为lashenbi，取消选中"使用默认模板"复选框，如图8-1所示。然后单击"确定"按钮，在打开的"新文件选项"对话框中选择模板mmns-part-sheetmetal_abs，如图8-2所示，单击"确定"按钮。

图 8-1 "新建"对话框

图 8-2 "新文件选项"对话框

02 选择"钣金件"选项卡,单击"壁"面板中的"拉伸"按钮 🗗 ,打开如图8-3所示的"拉伸"操控面板,单击"放置"按钮,在打开的"放置"下拉面板中,单击"定义"按钮,如图8-4所示。

图8-3 "拉伸"操控面板

03 系统将打开"草绘"对话框,选择FRONT面为草绘平面。

04 绘制如图8-5所示的草图,然后单击"关闭"面板中的"确定"按钮 ✓。系统回到"拉伸"操控面板。

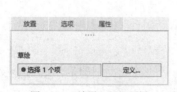

图8-4 "放置"下拉面板

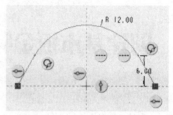

图8-5 绘制草图

05 在"拉伸"操控面板内单击"指定拉伸深度"按钮 ⬆ ,输入拉伸长度为10。单击按钮 ⚡ ,调整拉伸方向如图8-6所示,输入钣金厚度为0.5,单击厚度反向按钮 ⚡ ,调整厚度方向如图8-7所示,此时操控面板的设置结果如图8-8所示。

图8-6 调整拉伸方向

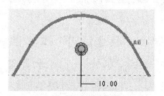

图8-7 调整厚度方向

06 单击操控面板中的"确定"按钮 ✓ ,结果如图8-9所示。

图8-8 设置操控面板

图8-9 拉伸壁特征

8.2.2 平面壁

平面壁也称为分离的平整壁,其具体创建步骤可概括如下。

01 单击"快速访问"工具栏中的"新建"按钮 🗋 ,在打开的"新建"对话框中,选中"类型"为"零件"，"子类型"为"钣金件"，输入名称为pingmian，取消选中"使用默认模板"复选框，然后单击"确定"按钮。在打开的"新文件选项"对话框中选择模板mmns-part-sheetmetal_abs，单击"确定"按钮。

02 新建钣金文件，单击"壁"面板中的"平面"按钮 ，打开如图8-10所示的"平面"操控面板，其中各按钮的功能如下。

图 8-10 "平面"操控面板

- ○ ：设置钣金的厚度。
- ○ ：更改钣金厚度的方向。
- ○ 参考：确定绘图平面和参考平面。
- ○ 属性：显示特征的名称、信息。

03 单击"参考"下拉面板中的"定义"按钮，系统将打开"草绘"对话框，选择FRONT面为草绘平面。

04 绘制如图8-11所示的草图，然后单击"关闭"面板中的"确定"按钮 。

❖ 提示

平面特征的草绘图形必须是闭合的。

05 在"平面"操控面板内输入钣金厚度为1，单击 按钮，调整厚度方向，单击操控面板中的"确定"按钮 ，结果如图8-12所示。

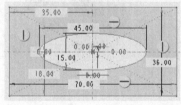

图 8-11 绘制草图

图 8-12 平面壁特征

8.2.3 旋转壁

旋转壁是由特征截面绕旋转中心线旋转而成的一类特征，它适合于构造回转体零件特征。旋转壁的具体创建过程如下。

01 单击"快速访问"工具栏中的"新建"按钮 ，在打开的"新建"对话框中，选中"类型"为"零件"，"子类型"为"钣金件"，输入名称为xuanzhuanbi，取消选中"使用默认模板"复选框，然后单击"确定"按钮。在打开的"新文件选项"对话框中选择模板mmns-part-sheetmetal_abs，单击"确定"按钮。

02 单击"壁"面板中的"旋转"按钮 ，打开如图8-13所示的"旋转"操控面板。

图8-13　"旋转"操控面板

03 单击"放置"按钮，在打开的下拉面板中单击"定义"按钮，在绘图区选择FRONT基准平面为草绘平面。

04 单击"基准"面板中的"中心线"按钮 ，绘制一条竖直中心线为旋转轴，再绘制如图8-14所示尺寸的草绘截面图，然后单击"关闭"面板中的"确定"按钮 。

05 单击"反向"按钮 ，其作用与拉伸特征的 按钮相似，改变钣金的加厚方向，使钣金的加厚方向如图8-15所示。

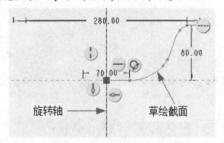

图8-14　绘制旋转特征截面

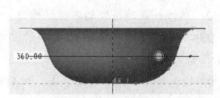

图8-15　钣金的加厚方向

06 在"旋转"操控面板中输入钣金厚度为1，输入旋转角度为270°，单击"确定"按钮 ，结果如图8-16所示。

图8-16　创建旋转壁特征

8.3　创建后继钣金特征

在创建完钣金零件的第一壁之后，还需要在第一壁的基础上再创建其他钣金壁特征，以完成整个零件的创建。后继壁主要包括平整壁、法兰壁、扭转壁和延伸壁。

8.3.1　平整壁

平整壁只能附着在已有钣金壁的直线边上，壁的长度可以等于、大于或小于被附着壁的长度。平整壁的具体操作步骤如下。

01 单击"快速访问"工具栏中的"打开"按钮 ，在打开的"文件打开"对话框中，选择文件pingmian，然后单击"打开"按钮，打开文件pingmian，如图8-17所示。

图 8-17 文件 pingmian

02 单击"壁"面板中的"平整"按钮📂，打开如图8-18所示的"平整"操控面板。在该操控面板中单击"放置"按钮，然后单击选取如图8-19所示的边为平整壁的附着边。

图 8-18 "平整"操控面板

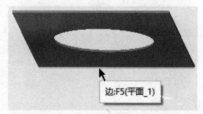

图 8-19 选取平整壁的附着边

03 在操控面板内选择平整壁的形状为"梯形"，输入折弯角度为45°，输入折弯半径值为3，视图预览如图8-20所示。

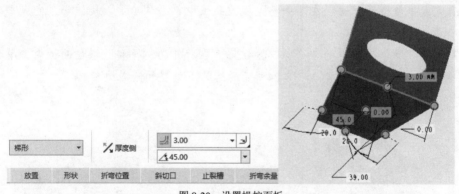

图 8-20 设置操控面板

04 设置平整壁的形状。在"平整"操控面板中单击"形状"按钮，打开"形状"下拉面板，设置梯形的尺寸如图8-21所示。

05 设置止裂槽类型尺寸。在"平整"操控面板中单击"止裂槽"按钮，打开"止裂槽"下拉面板，选中"单独定义每侧"复选框，选中"侧1"，选择止裂槽类型为"矩形"，止裂槽尺寸接受默认设置。选中"侧2"，选择止裂槽类型为"长圆形"，止裂槽尺寸接受默认设置。视图预览如图8-22所示。

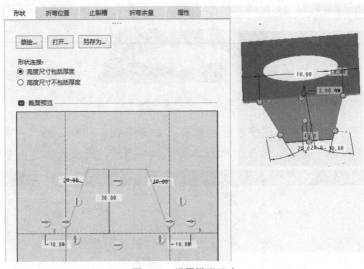

图 8-21　设置梯形尺寸

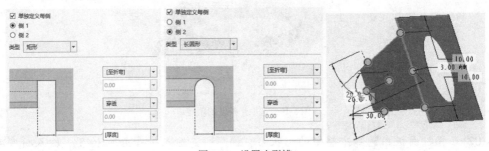

图 8-22　设置止裂槽

06 完成平整壁的创建。在"平整"操控面板中单击"确定"按钮☑，完成平整壁的创建，结果如图8-23所示。

07 单击"壁"面板中的"平整"按钮📐，在打开的"平整"操控面板内，单击"放置"按钮，然后单击左键选取如图8-24所示的边为平整壁的附着边。

图 8-23　创建平整壁特征

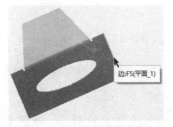

图 8-24　选取平整壁的附着边

08 在"平整"操控面板内选择平整壁的形状为"用户定义"，输入角度为90°，然后单击"形状"按钮，再单击"草绘"按钮，打开"草绘"对话框，接受默认的草绘视图设置，如图8-25所示。单击"草绘"按钮，进入草绘环境。

09 绘制如图8-26所示的图形，然后单击"关闭"面板中的"确定"按钮✔。

图 8-25 "草绘"对话框

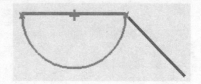

图 8-26 草绘图形

10 视图预览如图8-27所示。在"平整"操控面板中单击"确定"按钮✔,完成平整壁的创建,结果如图8-28所示。

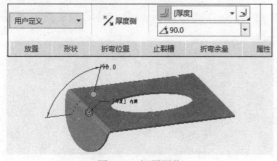

图 8-27 视图预览

图 8-28 创建平整壁特征

8.3.2 法兰壁

法兰壁是折叠的钣金边,只能附着在已有钣金壁的边线上,可以是直线也可以是曲线。具有拉伸和扫描的功能。法兰壁的具体创建步骤如下。

01 单击"快速访问"工具栏中的"打开"按钮📂,在打开的"文件打开"对话框中,选择文件lashenbi,然后单击"打开"按钮。打开文件lashenbi,如图8-29所示。

图 8-29 文件 lashenbi

02 单击"壁"面板中的"法兰"按钮🔲,打开如图8-30所示的"凸缘"操控面板。单击"放置"下拉面板中的"细节"按钮,打开"链"对话框,如图8-31所示。单击左键选取如图8-32所示的边为法兰壁的附着边,再单击"确定"按钮。

图 8-30 "凸缘"操控面板

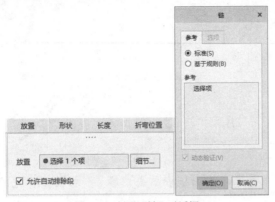

图8-31 打开"链"对话框　　　　　　　图8-32 选取法兰壁附着边

03 在"凸缘"操控面板内选择法兰壁的形状为"鸭形",如图8-33所示。然后单击"形状"按钮,设置法兰壁的尺寸,如图8-34所示。

图8-33 选择法兰壁形状

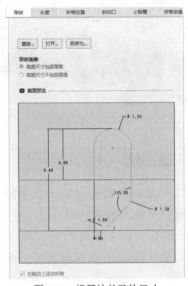

图8-34 设置法兰壁的尺寸

04 选择法兰壁第一端端点位置为"以指定值在第一方向上修剪或延伸"按钮，输入长度值为-2,选择法兰壁第二端端点位置为"以指定值在第二方向上修剪或延伸"按钮，输入长度值为-2,操控面板的设置结果如图8-35所示,单击"确定"按钮，结果如图8-36所示。

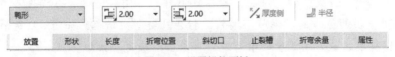

图8-35 设置操控面板

❖ **提示**

在为法兰壁的两个端点位置输入指定值时,输入负值表示修剪,输入正值表示延伸,设置后操控面板的输入框中只显示正值。

[05] 单击"壁"面板中的"法兰"按钮 ，在打开的操控面板内，单击"放置"下拉面板中的"细节"按钮，打开"链"对话框，然后单击左键选取如图8-37所示的边为法兰壁的附着边，再单击"确定"按钮。

图8-36 创建的法兰壁

图8-37 选取法兰壁附着边

[06] 在操控面板内选择法兰壁的形状为"用户定义"，然后单击"形状"按钮，再单击"草绘"按钮，打开"草绘"对话框，接受默认的草绘视图设置，如图8-38所示。单击"草绘"按钮，进入草绘环境。

[07] 绘制如图8-39所示的图形，然后单击"关闭"面板中的"确定"按钮 。

图8-38 "草绘"对话框

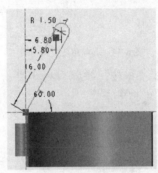

图8-39 绘制草图

[08] 输入内侧折弯半径为3，操控面板的设置结果如图8-40所示。单击"确定"按钮 ，结果如图8-41所示。

图8-40 设置操控面板

图8-41 创建法兰壁特征

8.3.3 扭转壁

扭转壁是将钣金壁沿中心线扭转一定角度而形成的，扭转壁的形状可以是矩形或梯形，具体操作步骤如下。

[01] 单击"快速访问"工具栏中的"新建"按钮 ，在打开的"新建"对话框中，选

中"类型"为"零件"，"子类型"为"钣金件"，输入名称为niuzhuanbi，取消选中"使用默认模板"复选框，然后单击"确定"按钮。在打开的"新文件选项"对话框中选择模板"mmns-part-sheetmetal_abs"，单击"确定"按钮。

02 创建如图8-42所示的钣金文件。

03 单击"壁"面板中的"扭转"按钮，打开如图8-43所示的"扭转"操控面板。

图8-42 新建钣金文件   图8-43 "扭转"操控面板

04 在绘图区选择如图8-44所示的边作为附着边，在"扭转"操控面板上选择"宽度方法"为"对称"，可以使所选附加边的中点为扭转轴上的一点，如图8-45所示。

05 设置扭转壁的参数。在"扭转"操控面板上输入起始宽度为50，输入终止宽度为30，输入壁长度为150，输入扭转角度为270°，如图8-46所示。

图8-44 选取扭转壁附着边   图8-45 选择"宽度方法"为"对称"

06 在"扭转"操控面板上单击"折弯余量"按钮，输入扭曲展平状态下的壁长度为100，如图8-47所示。

图8-46 设置扭转壁的参数   图8-47 输入扭曲展平长度

07 单击"扭转"操控面板中的"确定"按钮，完成扭转壁的创建，结果如图8-48所示。设置的各参数的意义如图8-49所示。

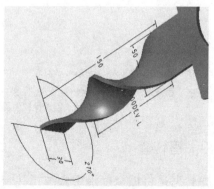

图8-48 创建扭转壁   图8-49 各参数的意义

8.3.4　延伸壁

01 单击"快速访问"工具栏中的"打开"按钮，在打开的"文件打开"对话框中，选择文件pingzhengbi，然后单击"打开"按钮，打开文件pingzhengbi，如图8-50所示。

02 在绘图区选择如图8-51所示的边作为要延伸的边，单击"编辑"面板中的"延伸"按钮，系统将打开如图8-52所示的"延伸"操控面板。

图 8-50　打开文件 pingzhengbi

图 8-51　选取延伸边 1

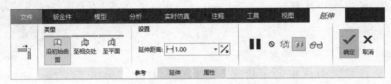

图 8-52　"延伸"操控面板

03 单击"沿初始曲面"按钮，输入延伸距离为10，单击"确定"按钮，完成壁的延伸，如图8-53所示。

04 在绘图区选择如图8-54所示的边作为要延伸的边，单击"编辑"面板中的"延伸"按钮，系统将打开"延伸"操控面板。

图 8-53　延伸壁 1

图 8-54　选取延伸边 2

05 在"延伸"操控面板中单击"至相交处"按钮，然后在绘图区选择如图8-55所示的平面。

06 在"延伸"操控面板中单击"确定"按钮，完成延伸壁的创建，结果如图8-56所示。

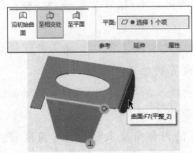

图 8-55　选取平面

图 8-56　延伸壁 2

8.4 钣金折弯和展平

8.4.1 折弯

折弯是将钣金件壁折弯成一定角度或折弯成卷曲形状。可将折弯添加到一个或多个壁曲面。要创建折弯几何并计算其展开长度，需要指定一条折弯线作为参考。

01 单击"快速访问"工具栏中的"新建"按钮 🗋，在打开的"新建"对话框中，选中"类型"为"零件"，"子类型"为"钣金件"，输入名称为zhewan1，取消选中"使用默认模板"复选框，然后单击"确定"按钮。在打开的"新文件选项"对话框中选择模板mmns-part-sheetmetal_abs，单击"确定"按钮。

02 创建如图8-57所示的钣金文件。

图8-57 新建文件

03 单击"折弯"面板中的"折弯"按钮 🔆，打开"折弯"操控面板，如图8-58所示。其中各选项的功能及含义如下。

图8-58 "折弯"操控面板

- ○ 折弯"类型"按钮：包括用值定义折弯角度来折弯材料 🔆；将材料折弯到曲面的端部 🔆。
- ○ 🔆按钮：更改固定侧的位置。
- ○ "折弯区域位置"按钮：包括将材料折弯至折弯线的"在折弯线开始"按钮 ⊓；在折弯线的另一侧折弯材料的"在折弯线结束"按钮 ⊓；在折弯线两侧折弯材料的"以折弯线为中心"按钮 ⊓。
- ○ 折弯"半径" 🔆列表：列出折弯半径的预定义值和用户输入值，也可以用以下3种"按参数"的方式来设置折弯半径的值："厚度"使用与钣金件壁厚度相等的半径；"2.0*厚度"使用等于钣金件壁厚度两倍的半径；[厚度]使用 SMT_DFLT_BEND_RADIUS 参数设置的半径。
- ○ "尺寸位置"列表：包括从外侧曲面标注折弯尺寸 🔆；从内侧曲面标注折弯尺寸 🔆；根据 SMT_DFLT_RADIUS_SIDE 参数设置的位置标注折弯 🔆。
- ○ 折弯"角度" 🔆列表：列出预定义值和用户输入的值。[角度]是一个附加选项，可根据 SMT_DFLT_BEND_ANGLE 参数设置角度。
- ○ "折弯标注形式"按钮：包括通过测量生成的内部角度来标注折弯角度 🔆；通过测量自直线开始的偏移来标注折弯角度 🔆。

○ "放置"选项卡：使用此选项卡可选择折弯线参考。

○ "折弯线"选项卡：选定曲面参考后，可使用此选项卡草绘或定位折弯线的端点。

○ "过渡"选项卡：使用此选项卡可草绘过渡区域。

○ "止裂槽"选项卡：使用此选项卡可定义止裂槽。

○ "折弯余量"选项卡：使用此选项卡可设置特征特定的折弯余量，用以计算折弯的展开长度。

04 选择要放置折弯的曲面，放置控制滑块随即出现在曲面参考上，如图8-59所示。

05 设置折弯线。有3种方式设置折弯线：可以在"模型树"或图形窗口中，选择一个已有的草绘(一个线性截面)作为折弯线几何的参考；或单击"折弯线"选项，在打开的"折弯线"下拉面板中，单击"草绘"按钮并草绘一个折弯线；还可以通过为折弯线的两个端点选择一个边或一个顶点作为参考确定其位置。如果选择的是边，则选择偏移参考并输入偏移距离值，如图8-60所示。

图 8-59　选取曲面

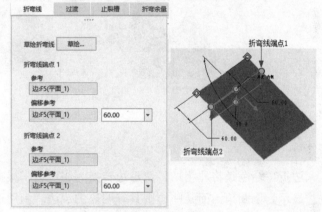

图 8-60　设置折弯线

06 在"折弯"操控面板上，依次单击"在折弯线结束"按钮和"角度"按钮，并在折弯"角度"输入框中输入90°，在折弯"半径"输入框中输入10，最后单击"确定"按钮。创建的折弯特征如图8-61所示。

07 再次单击"折弯"面板中的"折弯"按钮，打开"折弯"操控面板。选择一条边或曲线作为折弯线的偏移参考，如图8-62所示。

08 单击"放置"按钮，在打开的"放置"下拉面板中选中"偏移折弯线"复选框，并在框内输入偏移距离值为60，如图8-63所示。

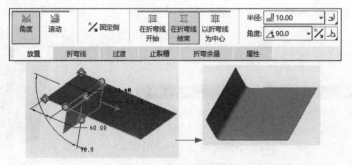

图 8-61　创建折弯特征1

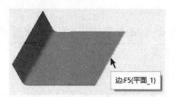

图 8-62　选择一条边　　　　　　　　图 8-63　"放置"下拉面板

09 在"折弯"操控面板上，依次单击"在折弯线结束"按钮 和"角度"按钮 ，单击"固定侧"按钮 ，并在折弯"角度" 输入框中输入90°，单击"更改折弯方向"按钮 ，然后在折弯"半径" 输入框中输入10，最后单击"确定"按钮 。创建的折弯特征如图8-64所示。

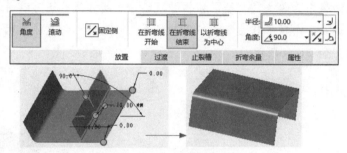

图 8-64　创建折弯特征 2

8.4.2　边折弯

边折弯命令是将非相切、箱形边转换为相切边。根据选择要加厚的材料侧的不同，某些边显示为倒圆角，而某些边则具有明显的锐边。利用边折弯选项可以快速对锐边进行倒圆角，具体操作步骤如下。

01 单击"快速访问"工具栏中的"新建"按钮 ，在打开的"新建"对话框中，选中"类型"为"零件"，"子类型"为"钣金件"，输入名称为bianzhewan，取消选中"使用默认模板"复选框，然后单击"确定"按钮。在打开的"新文件选项"对话框中选择模板mmns-part-sheetmetal_abs，单击"确定"按钮。所创建的带锐边的壁的钣金文件如图8-65所示。

02 单击"折弯"面板中的"折弯"按钮 折弯 下的"边折弯"按钮 ，打开"边折弯"操控面板，如图8-66所示。

03 在绘图区选取如图8-67所示的一条锐边。

图 8-65　带锐边的壁

图 8-66　"边折弯"操控面板

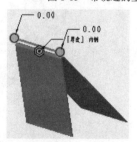

图 8-67　选取锐边

04 采用默认设置，在"边折弯"操控面板中单击"确定"按钮 ☑。所创建的边折弯特征如图8-68所示。

图 8-68 边折弯特征

8.4.3 展平

展平特征可以展平钣金件上任何的弯曲曲面，无论是折弯特征还是弯曲的壁，具体操作步骤如下。

01 单击"快速访问"工具栏中的"打开"按钮 📂，在打开的"文件打开"对话框中，选择文件zhewan，然后单击"打开"按钮，打开文件zhewan，如图8-69所示。

02 单击"折弯"面板中的"展平"按钮 ↳，打开"展平"操控面板，如图8-70所示。

图 8-69 打开文件 zhewan
后的效果图

图 8-70 "展平"操控面板

03 系统默认自动选取固定平面和所有的折弯特征，单击"确定"按钮 ☑，如图8-71所示。

图 8-71 展平特征

8.4.4 平整形态

平整形态相当于展平全部特征，它展平任何弯曲曲面，无论它是折弯特征还是弯曲的壁。然而，与展平全部不同，平整形态特征会自动跳到模型树的结尾，以保持平整模型视图。

如果要在设计的实体与平整版本之间不断切换，平整形态是很有用的。如果将新的特征添加到设计中，会隐含平整形态。在添加特征之后，它会自动恢复。对于每个新特征，如果不想在平整形态与实体视图之间反向，可根据需要手工隐含和恢复平整形态。有时需要扭曲设计的展平版本，以确保制造版本精确。具体操作步骤如下。

01 单击"快速访问"工具栏中的"打开"按钮 📂，在打开的"文件打开"对话框中，选择文件zhewan，然后单击"打开"按钮，打开文件zhewan，如图8-72所示。

02 单击"折弯"面板中的"平整形态"按钮 📑，打开"平整形态"操控面板，如图8-73所示。

图 8-72 打开文件 zhewan
后的效果图

图 8-73 "平整形态"操控面板

255

03 采用默认设置，单击"确定"按钮，所创建的平整形态特征如图8-74所示。

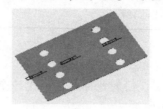

图 8-74 平整形态特征

8.4.5 折弯回去

折弯回去与展平命令是互逆操作。可用折弯回去特征将展平曲面返回到成型位置。作为一条规则，应该只折弯回去完全展平的区域，具体操作步骤如下。

01 单击"折弯"面板中的"折回"按钮，打开"折回"操控面板，如图8-75所示。系统默认采用自动折弯。

图 8-75 "折回"操控面板

02 在"折回"操控面板中单击"手动"按钮，单击"参考"按钮，打开如图8-76所示的下拉面板。

03 在"展平几何"列表中选取不折回的几何，单击鼠标右键，从弹出的快捷菜单中选择"移除"选项，单击"确定"按钮，即可创建如图8-77所示的折弯回去特征。

图 8-76 "参考"下拉面板

图 8-77 折弯回去特征

8.5 创建成型特征

成型是一种钣金件壁用模板(参考零件)冲压成型的工艺，是指将参考零件的几何合并到钣金零件从而创建成型特征。模板的定位与零件装配相同。

8.5.1 凹模成型

凹模成型是通过从标准模型库或用户定义的模型库中装配凹模模型来模制钣金件几何。具体操作步骤如下。

01 单击"快速访问"工具栏中的"新建"按钮，在打开的"新建"对话框中，选中"类型"为"零件"，"子类型"为"钣金件"，输入名称为chengxing，取消选中"使用默认模板"复选框，然后单击"确定"按钮。在打开的"新文件选项"对话框中选择模板mmns-part-sheetmetal_abs，单击"确定"按钮。

02 创建如图8-78所示的钣金文件。

03 单击"工程"面板中的"成型"按钮下的"凹模"按钮，打开如图8-79所示的"凹模"操控面板。

图8-78 新建钣金文件

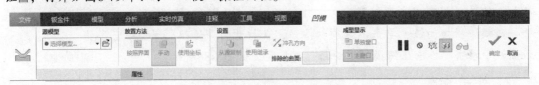

图8-79 "凹模"操控面板

04 在如图8-80所示的"模型列表"中选择一个凹模库中存储的标准成型模型。或单击"打开模型"按钮，在打开的"打开"对话框中选择一个模型文件。

05 选择放置模型的方式，本例中是单击"使用坐标系放置"按钮。系统还包括"手动放置"方式和"使用界面放置"方式。

06 单击"放置"按钮，打开"放置"下拉面板，在绘图区选择放置模型的钣金件曲面，如图8-81所示。

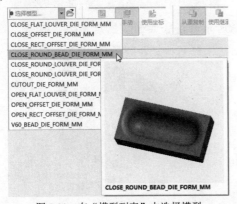

图8-80 在"模型列表"中选择模型

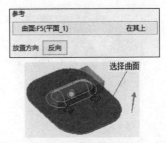

图8-81 选取参考曲面

07 在"放置"下拉面板中选择"类型"为"线性"，单击"偏移参考"收集器，按住Ctrl键，在绘图区依次选择两条边作为偏移参考，并输入参考偏移尺寸，如图8-82所示。

08 选中"添加绕第一个轴的旋转"复选框并输入值，可以绕设定轴旋转凹模，如图8-83所示。

图 8-82 设置偏移参考

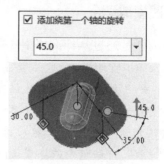

图 8-83 旋转凹模

09 完成成型特征。单击"凹模"操控面板的"确定"按钮，完成凹模成型特征的创建，结果如图8-84所示。

10 在右侧的模型树中选中"模板"特征标识，单击左键，从打开的选项板中单击"编辑定义"按钮，如图8-85所示。打开"凹模"操控面板，单击"选项"按钮，在打开的"选项"下拉面板中单击"排除压铸模模型曲面"收集器，如图8-86所示。

图 8-84 完成凹模成型特征的创建

图 8-85 单击"编辑定义"按钮

图 8-86 单击"排除压铸模模型曲面"收集器

11 按住Ctrl键，在绘图区依次选择如图8-87所示的排除曲面，然后单击"凹模"操控面板中的"确定"按钮，完成凹模成型特征的创建，结果如图8-88所示。

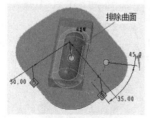

图 8-87 选取排除曲面

图 8-88 凹模成型特征

8.5.2 凸模成型

凸模成型是指通过从标准模型库或用户定义的模型库中装配凸模模型来模制钣金件几何。具体操作步骤如下。

01 单击"快速访问"工具栏中的"打开"按钮，在打开的"文件打开"对话框中，选择文件chengxing，然后单击"打开"按钮，打开文件chengxing，如图8-89所示。

02 单击"工程"面板中的"成型"按钮 ⤵ 下的"凸模"按钮 ⤵，打开如图8-90所示的"凸模"操控面板。

图8-89 打开文件 chengxing 后的效果图

图8-90 "凸模"操控面板

03 在凸模操控面板上打开"选择模型"列表，从中选择一个凸模库中存储的标准成型模型CLOSE_OFFSET_FORM_MM。然后单击"手动放置"按钮 🖳，选择放置模型的方式，如图8-91所示。

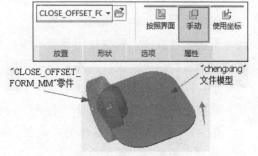

图8-91 选择模型及放置方式

04 单击"放置"按钮，打开"放置"下拉面板，在"约束类型"中选择"重合"，依次选择chengxing的RIGHT基准平面和零件的FRONT基准平面，使这两个面重合。通过单击"约束类型"后的"反向"按钮，调整两个零件重合的方向，如图8-92所示。

图8-92 约束设置

05 单击"新建约束"按钮，在右侧的"约束类型"中选择"距离"，依次选择chengxing的FRONT基准平面和零件的RIGHT基准平面，并输入"偏移"值20，如图8-93所示。

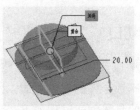

图8-93 新建约束

06 单击"新建约束"按钮，在右侧的"约束类型"中选择"距离"，依次选择chengxing的TOP基准平面和零件的TOP基准平面，并输入"偏移"值16。此时在"放置"下拉面板右下侧的"状态"选项组会显示"完全约束"，如图8-94所示。

07 在"凸模"操控面板中单击"确定"按钮，完成凸模成型特征的创建，如图8-95所示。

图 8-94　完全约束　　　　　　　　　　　　图 8-95　凸模成型特征

8.5.3　平整成型

平整成型是指将凸模或凹模展平，并将特征返回其原始状态。为创建存在凸模或凹模的平整钣金件曲面，需要使用平整成型特征。可同时平整多个成型特征。平整成型特征一般创建于设计结束阶段。具体操作步骤如下。

01 单击"快速访问"工具栏中的"打开"按钮，在打开的"文件打开"对话框中，选择文件tumo，然后单击"打开"按钮，打开tumo文件。

02 单击"工程"面板中的"成型"按钮下的"平整成型"按钮，打开如图8-96所示的"平整成型"操控面板。

03 系统会自动选取视图中的所有成型特征，单击"确定"按钮，完成平整成型特征的创建，结果如图8-97所示。

图 8-96　"平整成型"操控面板　　　　　图 8-97　平整成型特征

8.6　钣金操作

本节主要介绍钣金切口特征、合并壁和转换特征的创建。

8.6.1　钣金切口

钣金模块中钣金切口特征的创建与实体模块中的拉伸移除材料特征的创建相似，拉伸的实质是绘制钣金件的二维截面，然后沿草绘面的法线方向增加材料，生成一个拉伸特征。钣金切口的具体创建过程如下。

01 单击"快速访问"工具栏中的"新建"按钮，在打开的"新建"对话框中，选中"类型"为"零件"，"子类型"为"钣金件"，输入名称为qiekou，取消选中"使用默认模板"复选框，然后单击"确定"按钮。在打开的"新文件选项"对话框中选择模板mmns-part-sheetmetal_abs，单击"确定"按钮。使用"壁"面板中的"拉伸"和"平整"功能，创建如图8-98所示的零件。

02 单击"工程"面板中的"拉伸切口"按钮，在打开的"拉伸切口"操控面板内，单击"移除与曲面垂直的材料"按钮，切割方式为 ，如图8-99所示。然后单击"放置"下拉面板中的"定义"按钮，打开"草绘"对话框。"拉伸切口"操控面板各按钮的功能如下。

图8-98 新建文件

图8-99 "拉伸切口"操控面板

- ⚬ ⊥：拉伸至下一曲面，单击其旁边的下拉按钮 ·，有几种拉伸模式供选用，其作用在拉伸壁特征一节已经介绍过。
- ⚬ ％：将拉伸的深度方向更改为草绘的另一侧。
- ⚬ ⚿：在钣金件和实体切口之间进行切换。当该按钮处于选中状态时，创建钣金切口，SMT切口选项变为可用。
- ⚬ ⚿：同时垂直于驱动曲面和偏距曲面移除材料。
- ⚬ ⚿：垂直于驱动曲面移除材料。默认情况下会选取此选项。
- ⚬ ⚿：垂直于偏距曲面移除材料。
- ⚬ ⎾：将草绘增加指定的厚度值。

03 选择FRONT基准平面为草绘平面，RIGHT基准平面为参考平面，方向向"右"，如图8-100所示。单击"草绘"按钮，进入草绘环境，绘制如图8-101所示的草绘图形，然后单击"关闭"面板中的"确定"按钮✓。

图8-100 设置草绘视图

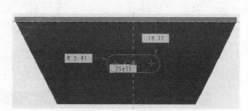

图8-101 草绘截面

04 在"拉伸切口"操控面板内选择拉伸方式为"穿透"，单击 ％ 按钮，调整移除材料方向，如图8-102所示。单击操控面板中的"确定"按钮✓，结果如图8-103所示。切口形状剖视图如图8-104所示。

图8-102 移除材料方向

图8-103 钣金切口特征1

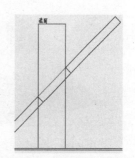

图8-104 切口形状剖视图1

05 在右侧的模型树中单击"拉伸"特征标识，从打开的选项板中单击"编辑定义"按钮 ，选择切割方式为 ，单击"拉伸切口"操控面板中的"确定"按钮 ，结果如图8-105所示。切口形状剖视图如图8-106所示。

图 8-105　钣金切口特征 2

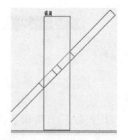

图 8-106　切口形状剖视图 2

06 在右侧的模型树中单击"拉伸"特征标识，从打开的选项板中单击"编辑定义"按钮 ，选择切割方式为 ，单击"拉伸切口"操控面板中的"确定"按钮 ，结果如图8-107所示。切口形状剖视图如图8-108所示。

图 8-107　钣金切口特征 3

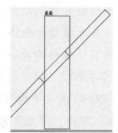

图 8-108　切口形状剖视图 3

07 在右侧的模型树中单击"拉伸"特征标识，从打开的选项板中单击"编辑定义"按钮 ，单击"移除与曲面垂直的材料"按钮 ，将按钮关闭。"拉伸切口"操控面板的设置如图8-109所示。单击该操控面板中的"确定"按钮 ，结果如图8-110所示。切口形状剖视图如图8-111所示。此时创建的已经不是钣金切口特征，而是普通的拉伸移除材料特征。

图 8-109　设置操控面板

图 8-110　钣金拉伸移除材料特征

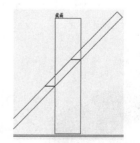

图 8-111　移除材料形状剖视图

8.6.2 转换特征

将实体零件转换为钣金件后，可用钣金件特征修改现有的实体设计。在设计过程中，可将这种转换用作快捷方式，因为为实现钣金件设计意图，可反复使用现有的实体设计，而且可在一次转换特征中包括多种特征。将零件转换为钣金件后，就与任何其他钣金件相同了。转换特征的具体创建过程如下。

01 单击"快速访问"工具栏中的"新建"按钮，系统将打开"新建"对话框，选中"类型"为"零件"，"子类型"为"实体"，输入名称为zhuanhuan，取消选中"使用默认模板"复选框，然后单击"确定"按钮。在打开的"新文件选项"对话框中选择模板mmns-part-solid_abs，单击"确定"按钮，创建如图8-112所示的零件。

02 单击"操作"面板中的"转换为钣金件"命令，系统将打开"转换"操控面板，并进入钣金模块，如图8-113所示。

图 8-112　新建文件　　　　　　　　　　　　图 8-113　"转换"操控面板

03 选择"壳"按钮，然后选择实体的底面为删除面，输入钣金厚度为4，如图8-114所示。单击"确定"按钮，结果如图8-115所示。

图 8-114　设置"转换"操控面板

04 单击"工程"面板中的"转换"按钮，打开"转换"操控面板，如图8-116所示。其中各按钮的功能介绍如下。

- 边扯裂：沿着边形成裂缝，这样便能展平钣金件。拐角边可以是开放的边、盲边或重叠的边。

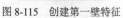

图 8-115　创建第一壁特征　　　　　　　　　图 8-116　"转换"操控面板

- 扯裂连接：用平面、直线裂缝连接裂缝。裂缝连接用点到点连接来草绘，这需要用户定义裂缝端点。裂缝端点可以是基准点或顶点，并且必须在裂缝的末端处或零件的边界上。裂缝连接不能与现有的边共线。

- 边折弯：将锐边转换为折弯。默认情况下，是将折弯的内侧半径设置为钣金件的厚度。当指定一个边为裂缝时，将所有非相切的相交边都转换为折弯。

○ 拐角止裂槽▧：将止裂槽放置在选定的拐角上。

05 在"转换"操控面板中单击"边扯裂"按钮▧，打开"边扯裂"操控面板，如图8-117所示。然后选取如图8-118所示的6条棱边，单击"完成"按钮✔，返回到"转换"操控面板。再单击"转换"操控面板中的"确定"按钮✔，完成转换特征的创建，结果如图8-119所示。

棱边

图8-117 "边扯裂"操控面板   图8-118 选取棱边   图8-119 转换特征

8.7 应用与练习

通过上述内容，读者应已熟悉了创建钣金特征的操作。下面通过练习回顾所讲述的内容。

使用Creo 8.0打开名为8-1.prt的文件，可以看到绘制的机柜抽屉左侧板模型，如图8-120所示。以下为创建该钣金模型的详细步骤。

01 单击"快速访问"工具栏中的"新建"按钮▧，系统将打开"新建"对话框，选中"类型"为"零件"，"子类型"为"钣金件"，输入名称为

图8-120 机柜抽屉左侧板模型

8-1，取消选中"使用默认模板"复选框，然后单击"确定"按钮。在打开的"新文件选项"对话框中选择模板mmns-part-sheetmetal_abs，单击"确定"按钮，进入钣金设计模式。

02 选择"模型"选项卡，单击"壁"面板中的"拉伸"按钮▧，打开"拉伸"操控面板，单击"放置"按钮，在下拉面板中，单击"定义"按钮，系统将打开"草绘"对话框，选择RIGHT基准面为草绘平面，进入草绘环境，绘制如图8-121所示的草图，然后单击"关闭"面板中的"确定"按钮✔，系统将回到"拉伸"操控面板。

03 在"拉伸"操控面板内选择拉伸方式为"两侧对称"，输入拉伸长度为136.5，输入钣金厚度为1.5，单击按钮✗，调整拉伸方向，如图8-122所示。

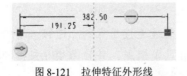

图8-121 拉伸特征外形线

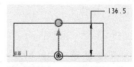

图8-122 调整拉伸方向

04 单击"拉伸"操控面板中的"选项"按钮，在下拉面板中，选中"在锐边上添加折弯"复选框，折弯半径为0.5，在曲面内侧进行折弯，如图8-123所示。单击"确定"按

钮 ✓，完成拉伸特征的创建，结果如图8-124所示。

图 8-123 设置锐边折弯

图 8-124 拉伸特征

05 单击"工程"面板上的"拉伸切口"按钮 ⛏，系统打开"拉伸切口"操控面板，单击"放置"按钮，在下拉面板中，单击"定义"按钮，系统打开"草绘"对话框，选择TOP基准面为草绘平面，进入草绘环境。利用"中心线"工具绘制构造中心线，确定其他几何的位置，再利用圆、弧或线等工具绘制如图8-125所示的草图。然后退出草绘环境，返回到"拉伸切口"操控面板。

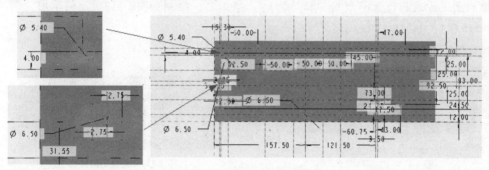

图 8-125 草绘截面

06 在"拉伸切口"操控面板内选取拉伸方式为"到下一曲面" ☰，设置移除材料方式为"垂直于驱动曲面的材料" ✎和"与曲面垂直的材料" ☝。

07 单击"拉伸切口"操控面板中的"选项"按钮，在下拉面板中选中"创建冲孔轴点"复选框，如图8-126所示。单击"确定"按钮 ✓，完成拉伸切口特征的创建，结果如图8-127所示。

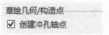

图 8-126 设置拉伸选项

图 8-127 拉伸切口特征 1

08 按照上述方法和设置，利用"拉伸切口" ⛏工具，绘制如图8-128所示的草图，创建拉伸切口特征2，如图8-129所示。

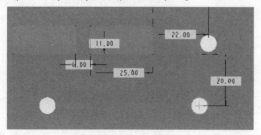

图 8-128 绘制草图 1

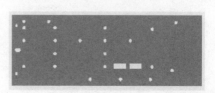

图 8-129 拉伸切口特征 2

09 在左侧的模型树中选取刚刚创建的拉伸切口特征2，单击"编辑"面板下的"阵列"按钮🔢，系统打开"阵列"操控面板。选择阵列方式为"方向"，然后在绘图区分别为第一方向和第二方向选择参考平面，并在"拉伸切口"操控面板上输入第一方向阵列个数为2，间距为90；输入第二方向阵列个数为3，间距为15，如图8-130所示。阵列结果如图8-131所示。

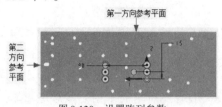

图 8-130　设置阵列参数

图 8-131　阵列结果

10 按照上述方法和设置，利用"拉伸切口"🔲工具，绘制如图8-132所示的草图，创建拉伸切口特征3，如图8-133所示。

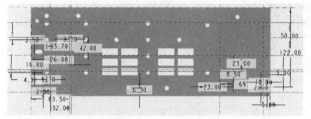

图 8-132　绘制草图 2

图 8-133　拉伸切口特征 3

11 单击"壁"面板中的"平整"按钮📐，系统打开"平整"操控面板。单击"放置"按钮，然后单击选取如图8-134所示的边为平整壁的附着边。

12 在"平整"操控面板内，选择平整壁的形状为"矩形"，输入折弯角度为90°，选择"在连接边上折弯"🔽，输入折弯半径值为0.5，并选择"在内侧标注折弯"🔽。

13 在"平整"操控面板内，单击"形状"按钮，修改平整壁形状的尺寸，如图8-135所示。单击"折弯位置"按钮，单击"从连接边到折弯顶点的偏移"按钮🔽，并设置偏移值为1，如图8-136所示。单击"确定"按钮✅，完成平整壁的创建，结果如图8-137所示。

图 8-134　选取附着边 1

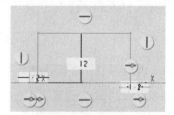

图 8-135　修改形状的尺寸

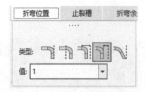

图 8-136　折弯位置设置

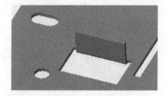

图 8-137　平整壁 1

14 单击"壁"面板中的"平整"按钮📐，系统打开"平整"操控面板。单击"放置"按钮，然后单击选取如图8-138所示的边为平整壁的附着边。

15 在"平整"操控面板内，选择形状为"用户定义"，输入折弯角度为90°，选择"在连接边上折弯" ↲，输入折弯半径值为0.5，并选择"在内侧标注折弯" ↘。

16 在"平整"操控面板内，单击"形状"按钮，在系统打开的下拉面板中单击"草绘"按钮，进入草绘环境，绘制如图8-139所示的草图。

图8-138 选取附着边2

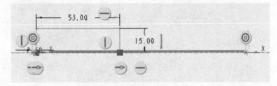

图8-139 绘制草图3

17 退出草绘环境后，在"平整"操控面板内单击"折弯位置"按钮，单击"从连接边到折弯顶点的偏移"按钮 🔲，并设置偏移值为1。单击"确定"按钮 ✓，完成平整壁的创建，如图8-140所示。

18 用与平整壁1相同的方法创建平整壁3。用与平整壁2相同的方法创建平整壁4，如图8-141所示。注意在这两个平整壁的创建中不设置偏移。

图8-140 平整壁2

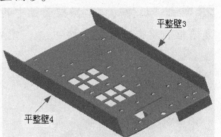

图8-141 创建平整壁特征

19 创建法兰壁。单击"壁"面板中的"法兰"按钮 🗗，打开"凸缘"操控面板。选取如图8-142所示的边为法兰壁的附着边。选择法兰壁的形状为"平齐的"，单击"形状"按钮，在下拉面板中修改法兰壁的尺寸，如图8-143所示。选择法兰壁端点位置为"使用链端点"。

图8-142 选取附着边3

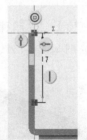

图8-143 法兰壁尺寸设置

20 单击"止裂槽"按钮，选取止裂槽类别为"折弯止裂槽"，类型为"扯裂"，如图8-144所示。单击"斜切口"按钮，选取宽度为"间隙"，偏移值为"1.1*厚度"，如图8-145所示。单击"确定"按钮 ✓，完成法兰壁的创建，如图8-146所示。

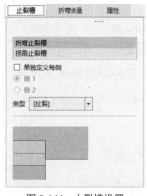

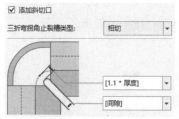

图 8-144　止裂槽设置	图 8-145　斜切口设置	图 8-146　创建的法兰壁

21 创建拉伸切口特征4。单击"工程"面板上的"拉伸切口"按钮，系统打开"拉伸切口"操控面板，选取拉伸方式为"到下一曲面"，设置移除材料方式为"垂直于驱动曲面的材料"和"与曲面垂直的材料"。

22 单击"放置"按钮，在下拉面板中单击"定义"按钮，系统打开"草绘"对话框，选择如图8-147所示的"平整壁4"的曲面为草绘平面，进入草绘环境，利用"线链"工具绘制如图8-148所示的草图。然后退出草绘环境，返回"拉伸切口"操控面板。

23 单击"拉伸切口"操控面板中的"选项"按钮，在下拉面板中选中"创建冲孔轴点"复选框。单击"确定"按钮，完成拉伸切口特征的创建，结果如图8-149所示。

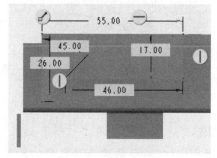

图 8-147　选取草绘平面	图 8-148　草绘截面

24 用与拉伸切口特征4相同的方法，在平整壁2上创建拉伸切口特征5，结果如图8-150所示。

25 在平整壁3上创建拉伸切口特征6，在法兰壁上创建拉伸切口特征7，设置拉伸深度皆为1.5，结果分别如图8-151、图8-152所示。

图 8-149　拉伸切口特征 4	图 8-150　拉伸切口特征 5

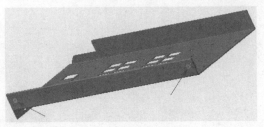
图 8-151　拉伸切口特征 6

图 8-152　拉伸切口特征 7

26 在平整壁4上创建拉伸切口特征8，设置拉伸深度为2.5，结果如图8-153所示。

27 在第一壁(拉伸壁)上创建拉伸切口特征9，设置拉伸深度为7.5，结果如图8-154所示。

图 8-153　拉伸切口特征 8

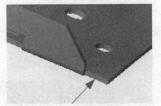
图 8-154　拉伸切口特征 9

28 创建倒角特征。单击"工程"面板下的"边倒角"按钮，系统打开"边倒角"操控面板，输入倒角半径值3，按住Ctrl键，选取如图8-155所示的4条棱边，单击"确定"按钮，结果如图8-156所示。至此，机柜抽屉左侧板模型绘制完成。

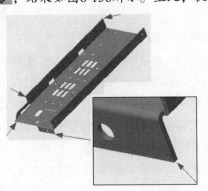
图 8-155　选取倒角的棱边

图 8-156　倒角结果

8.8　习题

1. Creo 8.0提供了几种基本钣金特征的创建方式？

2. Creo 8.0提供了几种钣金操作方式？

3. 简述平面壁和平整壁的区别。

4. 创建如图8-157所示的钣金件。然后保存零件名为8-2.prt。

图 8-157　抽屉右侧板短导轨

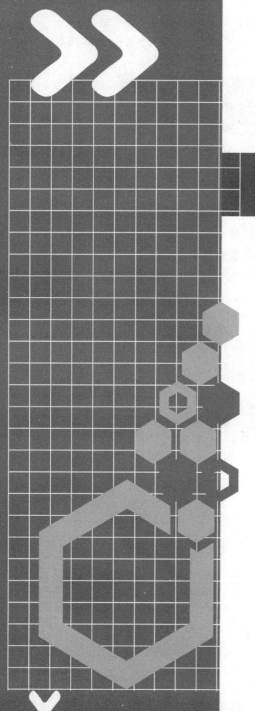

第 9 章

装配设计

  装配设计是通过向模型中添加零件(或部件)并按一定约束关系建立零(部)件之间的联系，从而完成装配体设计的过程。利用Creo Parametric提供的装配模块，可以按照一定的约束关系或连接关系，将各零件组装成一个整体，从而完成装配体设计，以便进行结构分析、运动分析及装配体工程图的生成等操作。

  通过本章的学习，读者需要掌握的内容如下。

- ❍ 熟悉装配环境
- ❍ 装配的基本操作
- ❍ 装配中各种细节的处理
- ❍ 爆炸图的创建和编辑方法

9.1 装配概述

一个完整的产品，除了需要有高质量的零件，还需要按设计要求将各个零件装配起来。Creo 8.0提供的装配功能是指通过设置零件之间的约束，来限制零件之间的自由度，以此模拟现实中机构零件的装配效果。

9.1.1 装配概念

装配就是将加工好的很多零件按一定的顺序和技术连接到一起，成为一个完整的机械产品，实现产品设计的功能。研究制定合理的装配工艺，采用有效的保证装配精度的装配方法，是提高产品质量的关键环节。下面介绍几个装配的概念。

1. 零件

零件是组成产品的最小单元，它由整块金属(或其他材料)制成，如图9-1所示。在机械装配中，首先将零件装成套件、组件和部件，再装成产品。

2. 套件

套件是在一个基准零件上，装上一个或若干个零件而构成，它是最小的装配单元。套件中唯一的基准零件，用于连接相关零件和确定各零件的相对位置，为套件而进行的装配称为套装。如图9-2所示，即齿轮轴和螺母零件组成一个套件。

图 9-1 轴零件　　　图 9-2 轴承座套件

3. 组件

组件是在一个基准零件上，装上若干套件及零件而构成。组件中唯一的基准零件用于连接相关零件和套件，并确定它们的相对位置，为形成组件而进行的装配称为组装。组件中可以没有套件，即由一个基准零件加若干个零件组成，它与套件的区别在于组件在以后的装配中可以拆除，如图9-3所示。

4. 部件

部件是在一个基准零件上，装上若干组件、套件和零件而构成。部件中唯一的基准零件用于连接各个组件、套件和零件，并决定它们之间的相对位置，为形成部件而进行的装配称为部装，部件在产品中能完成一定的功能。如图9-4所示为悬臂齿轮部件。

图 9-3 轴承组件　　　图 9-4 悬臂齿轮部件

5. 机器

在一个基准零件上，装上若干个部件、组件、套件和零件就成为机器或者产品。一台机器只能有一个基准零件，为形成机器而进行的装配工作，称之为总装。例如，一台曲轴磨床就是由主轴箱、进给箱、溜板箱等部件和若干组件、套件、零件所组成，而床身就是基准零件。

9.1.2 装配模型

装配模型与零件模型的创建过程很相似，都是在创建文件时通过指定的文件类型和子类型进行创建。但两者设计过程的区别在于：零件模型通过向模型中增加特征完成产品的设计，而装配模型通过向模型中增加元件完成产品的设计。

选择"文件"|"新建"命令，或单击工具栏中的"新建"按钮，打开"新建"对话框。在"新建"对话框的"类型"选项组中，选中"装配"单选按钮，在"子类型"选项组中选中"设计"单选按钮。在"名称"文本框中输入装配文件的名称，然后取消选中"使用默认模板"复选框，如图9-5所示，单击"确定"按钮。在弹出的"新文件选项"对话框中会列出多个模板，选择mmns_asm_design_abs模板，如图9-6所示，单击"确定"按钮，进入装配模型工作环境。

图 9-5 "新建"对话框

图 9-6 "新文件选项"对话框

> ❖ **提示**
>
> 装配模型的默认模板与设计零件时的模板文件类似，由装配基准平面和基准坐标系组成。使用默认模板文件，可以依赖装配基准特征定位所有零件。对于大型装配，这样不仅可以方便装配模型，还可以避免过多的父子关系。

9.1.3 组装元件

组装元件就是将已经创建的元件插入当前装配文件中，并执行多个约束设置以限制元件的自由度，从而准确定位各个元件在装配体中的位置。

在装配工作环境中，选择"模型"选项卡，在"元件"面板中单击"组装"按钮，在弹出的"打开"对话框中指定相应的路径，选择要装配的零件后，单击"打开"按钮，此时对应的元件将添加到当前装配环境中，同时系统会打开"元件放置"操控面板，如图9-7所示。该操控面板中各选项的含义如下。

图9-7 "元件放置"操控面板

(1)"放置"选项卡

用于定义元件(部件)之间的约束关系和连接关系，由导航收集区和约束属性区构成。在导航收集区中有"集""新建约束"和"新建集"3个选项，如图9-8所示。

"集"选项用于选取约束参考，如点、线、面等。

当装配零件需要添加多个约束条件时可单击"新建约束"按钮，然后选择约束类型和约束参考，建立新的约束。

也可以根据需要使用"新建集"选项定义多个约束。

在约束属性区有"约束类型"和"偏移"两个下拉列表框，其中"约束类型"下拉列表框提供了多种约束类型，其内容与"装配"对话栏中"约束类型"下拉列表框相同，"偏移"下拉列表框用于设置偏移距离和角度。

(2)"移动"选项卡

零件在装配前，通过"移动"下拉面板调整其位置，以便观察及选择装配约束参考。可以选择运动类型和运动参考，然后在图形区选择元件进行移动。如图9-9所示为"移动"选项卡中的相关选项。

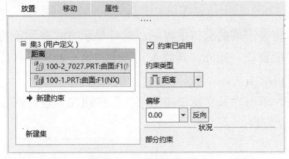

图9-8 "放置"选项卡

图9-9 "移动"选项卡

(3)"选项"选项卡

此选项卡仅可用于具有已定义界面的元件。

(4)"挠性"选项卡

此选项卡仅可用于具有已定义挠性的元件。

(5)"属性"选项卡

显示元件的名称。

(6) 按钮与列表

○ 按钮▣：使用界面放置元件。

○ 按钮▣：手动放置元件。

○ 按钮 ↘：约束与连接互换，约束装配与连接装配约束类型互换。

○ "连接类型"列表 用户定义 ▾：提供了多种用于机构运动仿真的装配约束。

○ "当前约束"列表 ⚡自动 ▾：提供了多种装配约束。

○ "设置约束"偏移框 0.00 ▾：在"距离"和"角度偏移"约束中定义元件参考与装配参考之间的偏移值。

○ 按钮 ✕：使约束偏移方向反向。

○ 按钮 ⊕：切换3D拖动器的显示。

○ 无约束：显示放置状态，显示元件的约束状态。

○ 按钮 ▣：在单独窗口中显示元件，装配时预添加的元件显示在单独窗口中。

○ 按钮 ▣：在装配窗口中显示元件，装配时预添加的元件显示在装配窗口中。

熟悉了装配环境后，用户就可以进行真正的装配操作了。

9.1.4 显示装配元件

装配环境下新载入的元件有多种显示方式，可根据装配的需要，以不同的方式显示元件。

1. 装配窗口显示元件

载入装配元件后，系统进入约束设置界面。默认情况下，"元件放置"操控面板中的"在装配窗口中显示元件"按钮 ▣ 处于激活状态，即新载入的元件和装配体显示在同一个窗口中，如图9-10所示。

2. 独立窗口显示元件

该方式是指新载入的元件与装配体将在不同的窗口中显示。这种显示方式有利于约束设置，从而避免设置约束时反复调整装配窗口。此外，新载入元件所在窗口的大小和位置可以随意调整，装配完成后，小窗口将自动消失。

取消在装配窗口中显示元件的方式，单击"独立窗口显示元件"按钮 ▣，这样在设置约束时，系统将显示如图9-11所示的独立窗口。

图 9-10　装配窗口显示元件

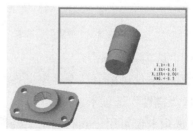

图 9-11　独立窗口显示元件

3. 两种窗口同时显示元件

如果以上两个按钮都处于激活状态，那么新载入的文件将同时显示在独立窗口和装配窗口中，如图9-12所示。通过该方式显示元件，不仅能够查看新载入元件的结构特征，还能够在设置约束后观察元件与装配体的定位效果。

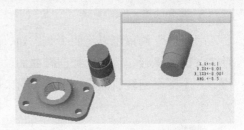

图 9-12 两种窗口同时显示元件

9.2 装配约束

装配约束用于指定新载入的元件相对于装配体中指定元件的放置方式，从而确定新载入的零件在装配体中的相对位置。在元件装配过程中，控制元件之间的相对位置时，通常需要设置多个约束条件。

一般使用放置约束就可以准确定位元件在装配体中的相对位置。但是当元件比较复杂且缺少约束设置的必要参考或其他要求时，放置约束工具将显得无能为力。此时，使用移动和挠性约束能够弥补旋转约束的局限性，可以通过简单操作获得满意的装配效果。

9.2.1 放置约束

载入元件后，单击"装配"操控面板中的"放置"按钮，打开"放置"下拉面板，其中包含距离、平行等11种约束类型，如图9-13所示。

在约束类型中，如果使用"自动""固定""默认"约束类型，则只需要选取对应列表项，而不需要选择约束参考。使用其他约束类型时，需要指定约束参考。

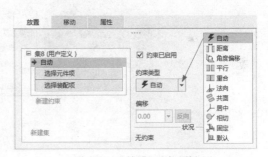

图 9-13 "放置"下拉面板

1. 平行约束

"平行"约束使两个装配元件中的平面法线方向相反，互相平行，忽略二者之间的距离，也可以使两条直线平行。可以选择直线、平面或基准面作为约束参考，如图9-14所示。

2. 距离约束

"距离"约束使两个平面法线方向相反，互相平行，通过输入的间距值控制平面之间的距离。可以选择平面或基准面作为约束参考，如图9-15所示。

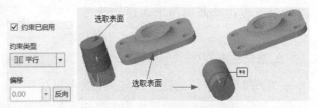

图 9-14 "平行"约束

3. 重合约束

"重合"约束可以将两个点、面、线重合，当使两个平面重合时可以切换装配方向，使其共面或平行。可以选择回转曲面、平面、直线及轴线作为参考，但是参考需为同一类型。对于两个回转曲面，"重合"约束可使二者轴线重合，如图9-16所示。

图 9-15　"距离"约束　　　　　　　　　图 9-16　"重合"约束

4. 角度偏移约束

"角度偏移"约束规定两个平面之间的角度，也可以约束线与线、线与面之间的角度。可在打开的"角度偏移"文本框中输入角度值。该约束通常需要配合其他约束使用，才能准确地定位角度，如图9-17所示，先设置两条边的"重合"约束，再设置两个面的"角度偏移"约束。

图 9-17　"角度偏移"约束

5. 相切约束

"相切"约束控制两个曲面在切点的接触，例如，轴承的滚珠与其轴承内外套之间的接触装配。"相切"约束需要选择两个曲面作为约束参考，或曲面与平面作为参考，如图9-18所示。

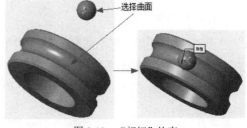

图 9-18　"相切"约束

6. 法向约束

"法向"约束使元件参考与装配参考相互垂直，可选择直线、平面等作为装配约束的参考，如图9-19所示。

7. 共面约束

"共面"约束使元件参考与装配参考共面，可选择直线、轴线等作为参考，如图9-20所示。

图 9-19 "法向"约束

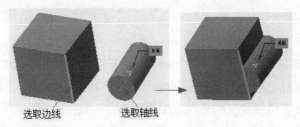

选取边线　　　　选取轴线

图 9-20 "共面"约束

8. 居中约束

"居中"约束使元件参考与装配参考同心，选择两个回转曲面作为约束，使二者轴线重合，如图9-21所示。

图 9-21 "居中"约束

❖ 提示

在设置约束的过程中，如果元件的放置位置或角度不利于观察，可按住Ctrl+Alt组合键，并按住鼠标滚轮来旋转元件或单击鼠标右键来移动元件。

9. 自动约束

使用该约束方式，只需要选取元件和组件参考，由系统猜测意图而自动设置适当的约束。如图9-22所示，分别选取元件和组件的对应表面，系统将默认使用相切约束限制元件的自由度。

10. 默认约束

该约束方式主要用于添加到装配环境中第一个元件的定位。默认约束将元件的默认坐标系与装配体的默认坐标系重合，如图9-23所示。

11. 固定约束

将被移动或封装的元件固定在当前位置。装配模型中的第一个元件常使用这种约束方式。

图 9-22　"自动"约束

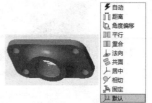

图 9-23　"默认"约束

9.2.2　移动约束

使用移动约束可以移动正在装配的元件，便于在装配环境中操作元件。当在"元件放置"操控面板中展开"移动"下拉面板时，将暂停其他所有元件的放置操作。要移动元件，必须封装元件或者用预定义约束集来配置元件。

在"移动"下拉面板的"运动类型"下拉列表中提供了4种运动类型选项，由此可以调整组件中放置元件的位置，如图9-24所示。

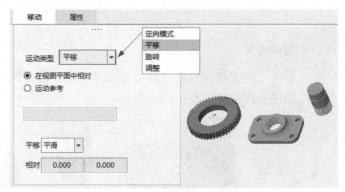

图 9-24　"移动"下拉面板

1. 定向模式

使用这种运动类型，在装配窗口中能够以任意位置为旋转中心旋转或移动新载入的元件。

(1) 在视图平面中相对

该方式是指相对于视图平面移动元件。在装配窗口中选取需要移动的元件后，选取位置处将显示一个三角形图标，按下鼠标中键并拖动可旋转元件。而按住Shift键并单击鼠标中键进行拖动可以移动元件，如图9-25所示。

(2) 运动参考

该方式是指相对于元件或参考移动元件。选中该单选按钮后，将激活"运动参考"收集器来收集元件移动的参考。通常在设置运动参考时，可以在视图中选择平面、点或者线作为运动参考，但最多只能收集两个参考，如图9-26所示。

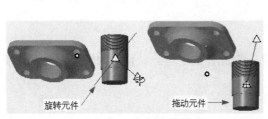

图 9-25　相对视图平面移动元件

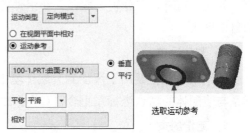

图 9-26　设置运动参考

选取一个参考后，收集器右侧的"垂直"或"平行"选项将被激活。当选中"垂直"

单选按钮执行旋转操作时，将垂直于选定参考旋转元件；当选中"平行"单选按钮执行旋转操作时，将平行于选定参考移动元件。此外，在该下拉面板的"平移"列表项中，可以指定平移的平滑程度；在"相对"文本框中可以显示元件相对于移动操作前的位置。

2. 平移

该方式是移动元件中最简便的方式。相对于定向模式来说，该移动方式只需要选取新载入的元件，并拖动鼠标，即可将元件移到装配窗口中的任意位置，如图9-27所示。

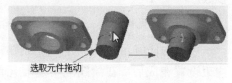

选取元件拖动

图9-27 平移元件

平移的运动参考同样包括"在视图平面中相对"和"运动参考"两种类型，其设置方法与"定向模式"完全相同。

3. 旋转

该方式是指可以绕选定参考旋转元件，其操作方法与"平移"类似，即选择旋转参考后选取元件，然后拖动鼠标即可旋转元件，再次单击元件可以退出旋转模式。如图9-28所示，选择元件的一条轴线作为旋转轴，元件将围绕选定的轴线进行旋转。

在选择旋转参考时，可以在元件或者组件上选择两点作为旋转轴，也可以选择曲面作为旋转面，应依据不同情况进行灵活选择。

旋转的运动参考同样包括"在视图平面中相对"和"运动参考"两种类型，其设置方法与"定向模式"完全相同。

4. 调整

该方式是指可以添加新的约束，并通过选择参考对元件进行移动。这种活动类型对应的选项设置与以上3种类型不同，在面板的下方提供了"配对"和"对齐"两种约束。此外，还可以在"偏移"文本框中设置偏移距离，如图9-29所示。

选取旋转轴

图9-28 旋转操作

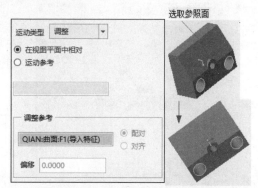

选取参照面

图9-29 调整操作

❖ 提示

与旋转约束不同，使用工具面板上的"配对"和"对齐"约束能够以自身面作为调整参考，进行配对和对齐调整。

9.2.3 挠性约束

在装配体中创建挠性约束是为了确保具有挠性的元件(如弹簧和密封圈等)能够适应不同或不断变化的要求。在设置这类约束时，需要设置元件或组件的尺寸、特征和公差等参数。

1. 挠性化元件

可以为任何元件或子组件设置挠性，并且能够应用于元件的所有定位操作中。当放置约束设置完成后，在绘图区中选取元件或单个组件，然后在"元件"下滑选项板中选择"挠性化"选项，系统将打开如图9-30所示的对话框。

在打开的对话框中如果单击"确定"按钮，则"元件放置"操控面板中的"挠性"下拉面板将被激活。展开该下拉面板，并单击"可变项"按钮，系统将重新打开"××：可变项"对话框。然后单击该对话框中的"设置显示列"按钮 ⊞，打开"可变尺寸表列设置"对话框，其中可设置"××：可变项"对话框中显示的参数项，如图9-31所示。

图 9-30 挠性化元件

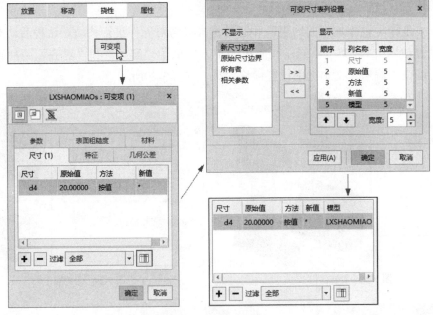

图 9-31 显示设置

设置挠性约束的元件不仅不能移动，而且组件也被锁定。如果要移动被约束的对象，必须在模型树中选择挠性元件后，单击鼠标右键，在打开的快捷菜单中选择"挠性元件"|"移除可变项"命令，移除可变项，使元件不再具有挠性约束，如图9-32所示。挠性

元件具有各种与普通零件不同的属性，分别做以下介绍。

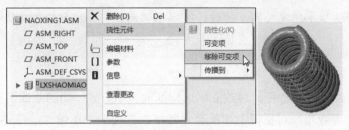

图 9-32　移除挠性约束

- 尽管形状或结构不同，但挠性元件的名称与原始元件的名称相同。
- 挠性元件的所有实例均参考原始模型。在Creo进程中，必须打开原始模型。
- 原始元件和所有相关的挠性元件共享共同属性，且不能将共同属性选取为可变项。修改挠性元件的共同属性时，原始模型也会被修改。
- 创建或修改可变项会影响元件的挠性实例，但不影响原始模型。
- 可变尺寸可以与组件下的度量单位相关。
- 使用对应的相关参数，可由组件关系、程序或族表来驱动可变项。
- 挠性元件可以直接影响处于子组件任何级别的元件，这样的元件被标注为挠性影响元件。
- 可自动旋转具有预定义挠性的元件。

2. 设置挠性元件属性

指定好挠性元件后，便可以在"××：可变项"对话框中对挠性元件的各个属性进行设置。

(1) 定义尺寸

通过定义元件或子组件的尺寸，可以改变对象结构，以适应不同的装配要求。

在"××：可变项"对话框中单击"选择并添加"按钮➕，并在绘图区中选取需要定义参数的元件，然后选取要定义的尺寸，并输入新值，单击"确定"按钮，即可更新模型尺寸，如图9-33所示。

图 9-33　更新模型尺寸

❖ 提示

　　在"尺寸"选项卡中定义尺寸值时，可以根据设计需要，选择"按值""曲线长度"
"距离""角度""面积"或"直径"等方式。

　　(2) 定义特征

　　通过定义挠性元件的特征，可改变所选特征的显示方式，即隐藏或显示特征。

　　在"××：可变项"对话框中切换至"特征"选项卡，单击"选择并添加"按钮**+**，
并打开"选取"面板。然后选取挠性元件的特征，在对话框中将显示该特征。接着单击
"选取"面板中的"确定"按钮，并定义新的状态后，单击"确定"按钮，即可获得定义
后的效果，如图9-34所示。

　　如果需要定义多个特征，可按住Ctrl键依次选取这些特征。如图9-35所示，选取孔特
征和多个倒圆角特征，并将这些特征的状态设置为隐含状态，获得隐含效果。

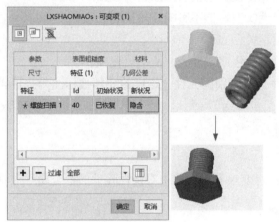

图 9-34　隐含挠性元件　　　　　　　　　　　　　　图 9-35　隐含多个特征

　　(3) 定义几何公差

　　通过定义挠性元件的几何公差，可以按照元件的公差要求进行装配，从而获得更准
确、更有效的装配效果。

　　切换至"几何公差"选项卡，单击"选择并添加"按钮**+**，并打开"选取"面板。然
后选取元件上需要定义的几何公差，按鼠标中键确认添加。返回到"几何公差"面板，对
几何公差进行重新设置。

　　(4) 定义参数

　　在定义挠性元件的参数时，可选取元件并将其参数添加到"参数"面板中，然后对这
些参数进行重新设置。

　　切换至"参数"选项卡，单击"选择并添加"按钮**+**，系统打开"选择参数"对话
框，如图9-36所示。然后在参数列表中选择一项参数后，单击"插入选定项"按钮，所选
参数项将添加到"参数"选项卡中，可以对参数进行重新设置。

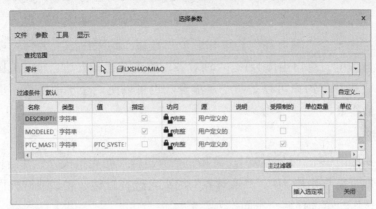

图 9-36　"选择参数"对话框

(5) 定义表面粗糙度

该操作方法与其他工具类似，可以参考前面介绍的内容来重新定义挠性元件的表面粗糙度。

> ❖ 提示
>
> 通过设置约束将元件载入装配体后，元件的位置将随着相邻元件的移动进行相应改变。可根据设计需要随时修改设置的约束参数值，并可以与其他参数值建立关系方程。这样创建的整个装配体实际上是一个参数化的装配体。

9.3　连接装配

连接装配是对元件施加各种连接约束，如"销""圆柱""刚性""球"等。使用这些约束装配的元件，因自由度没有完全消除(刚性、焊缝、常规除外)，元件可以自由移动或旋转，连接装配通常用于机构运动分析。

在"元件放置"操控面板中，通过"使用约束定义约束集"定义连接类型(有或无运动轴)的约束。单击"用户定义"下拉列表，弹出系统定义的连接约束类型，如图9-37所示。对选定的连接类型进行约束设定时的操作与约束装配操作基本相同。在模型树中将使用特殊图标⬚来表示通过"使用约束定义约束集"放置的元件。下面介绍各种连接的含义，以便在模型进行连接装配时正确选择连接类型。

图 9-37　系统定义的连接约束类型

1. 刚性连接

"刚性"连接用于将两个元件连接在一起，使其无法相对移动，连接的两个元件之间自由度为零。

2. 销连接

"销"连接由一个"轴对齐"约束和一个"平移"约束组成。元件可以绕轴旋转，具有一个旋转自由度，总自由度为1。"轴对齐"约束可选择直边、轴线或圆柱面作为参考，可反向；"平移"约束可以是两个点重合，也可以是两个平面重合，选择平面重合时，可以设置偏移量。

3. 滑块连接

"滑块"连接由一个"轴对齐"约束和一个"旋转"约束组成。元件沿轴平移，具有一个平移自由度，总自由度为1。"轴对齐"约束可选择直边、轴线或圆柱面作为参考，可反向。"旋转"约束选择两个平面作为参考。

4. 圆柱连接

"圆柱"连接具有一个"轴对齐"约束。比"销"约束少了一个"平移"约束，因此，元件绕轴旋转同时也可沿轴向平移，具有一个旋转自由度和一个平移自由度，总自由度为2。"轴对齐"约束可选择直边、轴线或圆柱面作为参考，可反向。

5. 平面连接

"平面"连接由一个"平面"约束组成，也就是确定了元件上某平面与装配体上某平面之间的距离(或重合)。元件可绕垂直于平面的轴旋转并在平行于平面的两个方向上平移，具有一个旋转自由度和两个平移自由度，总自由度为3。可指定偏移量，可反向。

6. 球连接

"球"连接由一个"点重合"约束组成。元件上的一个点重合到装配体上的一个点，比轴承连接少了一个平移自由度，可以绕着重合点任意旋转，具有3个旋转自由度，总自由度为3。

7. 焊缝连接

"焊缝"连接使两个坐标系重合，元件自由度被完全消除，总自由度为0。连接后，元件与装配体成为一个主体，相互之间不再有自由度。

8. 轴承连接

"轴承"连接由一个"点重合"约束组成。与机械上的"轴承"不同，元件(或装配)上的一个点重合到装配(或元件)上的一条直边或轴线上，因此，元件可沿轴线平移并可任意方向旋转，具有一个平移自由度和3个旋转自由度，总自由度为4。

9. 常规连接

"常规"连接有一个或两个可配置约束，这些约束和"用户定义"集中的约束相同。"相切""曲线上的点"和"非平面曲面上的点"不能用于"常规"连接。

10. 6DOF 连接

6DOF连接需满足"坐标系重合"约束关系，因为未应用任何约束，所以不影响元件与装配体相关的运动。元件的坐标系与装配中的坐标系重合。X、Y和Z是允许旋转和平移的运动轴。

11. 万向连接

"万向"连接具有一个中心约束的枢轴接头。坐标系中心对齐，但不允许轴自由转动。

12. 槽连接

"槽"连接包含一个"点重合"约束，允许沿一条非直的轨迹运动，此连接有4个自由度。在元件或装配上选择一点，则该点可以沿着非直参考轨迹进行运动。

9.4 编辑装配体

在装配过程中，可以对当前环境中的元件或组件进行各种编辑操作，如替换元件、修改约束方式和约束参考。对相同的元件进行重复装配和阵列装配，可以大大减少装配的步骤。

9.4.1 修改元件

任何一个装配体均是由各个元件通过一定的约束方式装配而成的。元件在定位以后还可以进行各种编辑操作，如修改元件名称和结构特征，替换当前元件以及控制元件显示等。

1. 修改元件结构特征

当元件定位以后，为了优化元件的结构特征，也为了获得更加满意的装配效果，可以对元件的结构特征进行修改。

在模型树中选取一个元件并右击，在打开的快捷菜单中选择"打开"选项，此时系统将进入该元件的建模环境，可在其中对模型结构进行修改。退出建模环境后，返回到装配环境，可以发现装配环境中的元件特征也随之改变，如图9-38所示。

修改元件的管道特征

图 9-38　修改元件结构特征

2. 替换元件

在装配设计中针对相同类型但不同型号的元件进行装配时，可以将现有已经定位的元件替换为另一个元件，从而获得另一种装配效果。

在模型树中选择一个元件并右击，在打开的快捷菜单中选择"编辑操作"下的"替换"选项按钮 。然后在打开的"替换"对话框中选中"不相关的元件"单选按钮，并单击"打开"按钮,指定替换元件。接着单击"确定"按钮,即可将元件替换为指定的新元件,如图9-39所示。

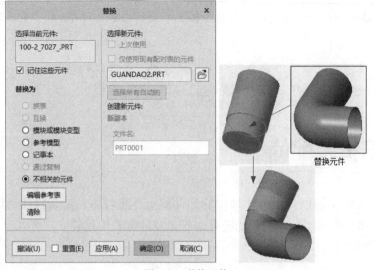

图 9-39　替换元件

3. 控制元件显示

在装配过程中为了更清晰地表现复杂装配实体的内部结构和装配情况,可以指定元件在装配体中以实体或线框等多种方式显示。

在"模型显示"面板中,单击"管理视图"下拉菜单中的"视图管理器"按钮📇,在打开的"视图管理器"对话框中切换至"样式"选项卡,单击"属性"按钮,进入属性窗口。然后在绘图区中选择元件,单击属性窗口上激活的各个按钮,则所选元件将以对应的样式进行显示,如图9-40所示。

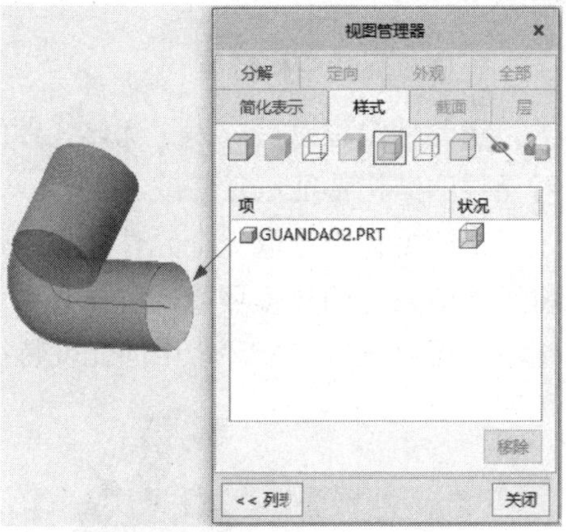

9.4.2　重复装配

图 9-40　设置元件显示样式

在进行装配时,经常需要对相同结构的元件进行多次装配,并在装配过程中使用相同类型的约束,如一些螺栓的装配。此时便可通过重复装配对这些同类型的元件进行大量重复的装配定位,以提高工作效率。

选取一个元件,单击"元件"面板上的"重复"按钮↻,即可在打开的"重复元件"对话框中对所选元件进行重复装配,如图9-41所示。下面介绍该对话框中的3个组成部分。

1. 指定元件

在"元件"收集器中可以选择需重复装配的元件。系统一般默认选取在执行"重复"命令之前所选取的元件。如果要指定新的元件,也可以单击"指定元件"按钮☟,在绘图区中选取需重复装配的元件。

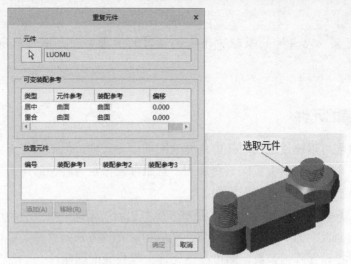

图 9-41　"重复元件"对话框

2. 可变装配参考

在该列表框中列出了需要重复装配元件与组件的所有参考对象。当选取一个参考对象后，会在绘图区进行相应的加亮显示。其中蓝色代表组件部分参考，紫色代表元件部分参考，如图9-42所示。

3. 放置元件

由于在重复装配过程中，约束类型和元件上的约束参考都已确定，因此只需要定义组件中的约束参考即可。

在"可变装配参考"列表框中选择一个参考类型，单击下方的"添加"按钮，然后从组件中选取参考，此时所选的组件参考将显示在"放置元件"列表框中。接着单击"确定"按钮，即可完成重复装配操作，如图9-43所示。

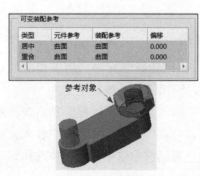

图 9-42　可变装配参考

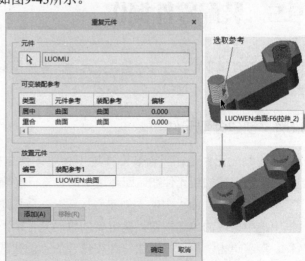

图 9-43　重复装配

提示

若在"可变装配参考"列表框中单击已选过的参考类型，则可取消该参考类型的选取。

9.4.3 阵列装配元件

虽然重复装配可以快速地在组件中重复装配同一个元件，但该操作需要一步步地定义组件参考。当某个组件需要大量的重复装配，且组件参考也有特征的排布规律时，可以通过阵列装配的方法来大量重复装配元件。

阵列装配工具和特征阵列工具的使用方法基本相同。如图9-44所示，选取一个元件，单击"修饰符"面板上的"阵列"按钮▦，然后指定阵列方式为"轴"，选取一条轴线作为阵列中心轴，并设置阵列参数，即可在该元件上阵列装配螺栓。

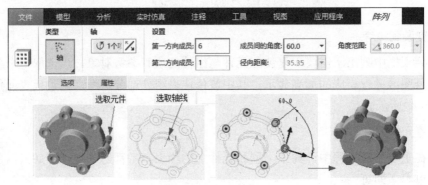

图 9-44 阵列装配元件

9.5 装配零件操作

在装配环境下可以进行创建装配元件、骨架模型、主体项和包络等操作，下面将详细介绍这些操作的基本过程。

9.5.1 创建装配元件

创建装配元件是在当前装配环境中按照零件建模方式创建新的元件，用于当前的装配。由于所创建的新元件在装配环境中的位置已经确定，因而不需要重新定位。

单击"元件"面板中的"创建"按钮▦，系统弹出"创建元件"对话框。然后在该对话框中选中对应的单选按钮，确定要创建的元件的类型，并在"名称"文本框中输入元件名称。接着单击"确定"按钮，并在打开的"创建选项"对话框中选中对应的单选按钮，即可按照实体建模方法创建新元件，如图9-45所示。

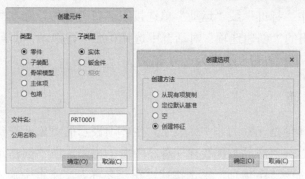

图 9-45　创建新元件

在创建新元件时，前面添加的元件将以虚线形式显示，以这些元件的边线和面为参考，可以创建元件。另外，在装配导航器上选取对应的元件，并单击鼠标右键，在打开的快捷菜单中选择"激活"按钮，便可显示被激活的装配体，如图9-46所示。

激活元件后，元件将处于可编辑状态。此时可以对元件的尺寸和其他属性进行编辑，单击"重新生成"按钮 ，模型将进行更新。若要编辑刚创建的元

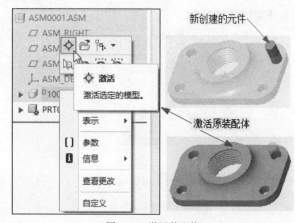

图 9-46　激活装配体

件，可以右击该元件，在打开的快捷菜单中选择"打开"选项，即可进入零件建模环境对元件进行编辑。返回到装配环境中后，会发现元件已经随之改变。

❖ 提示

若在新元件刚创建完毕后就激活其他元件，则其他元件都将处于虚显状态。此时，可以先将新元件进行保存，之后关闭它，这样所有装配体才会真实显示。接下来，便可以添加其他现有元件或创建新元件。

9.5.2　创建骨架模型

Creo 8.0中提供了一个骨架模型的功能，允许在添加零件之前，先设计好每个零件在空间中的静止位置，或者零件在运动时相对位置的结构图。设计好结构图后，可以利用此结构图将每个零件装配上去，可以使用骨架模型实现自顶向下构建模型。

系统提供了两种类型的骨架模型，即标准骨架模型和运动骨架模型。标准骨架模型是在打开的装配体中以零件的形式创建的。运动骨架模型是包含设计骨架(标准骨架或内部骨架)和主体骨架的子装配。骨架是使用曲线、曲面和基准特征创建的，也可包括实体几何。

在"创建元件"对话框中，在"类型"选项组中选中"骨架模型"单选按钮，在"子

类型"选项组中选中"标准"或"运动"单选按钮,在"名称"文本框中输入文件名,如图9-47所示,在弹出的"创建选项"对话框中选择相应创建选项,即可进入骨架模型的创建环境。

9.5.3 创建主体项

装配体中的主体项是元件的非实体表示。主体项表示的对象不需要建立实体模型,但可以在"材料清单"或"产品数据管理"程序中表示出来。在"创建元件"对话框中,在"类型"选项组中选中"主体项"单选按钮,在"名称"文本框中输入文件名,如图9-48所示。单击"确定"按钮,在弹出的"创建选项"对话框中选择相应创建选项,即可进入主体项的创建环境。

图 9-47　创建骨架模型　　　　　　　图 9-48　创建主体项

9.5.4 创建包络

包络是为了表示装配中一组预先确定的元件(零件和子装配)而创建的一种零件。在"创建元件"对话框中,在"类型"选项组中选中"包络"单选按钮,在"名称"文本框中输入文件名,单击"确定"按钮,弹出"包络定义"对话框,如图9-49所示,即可进入包络的创建环境。

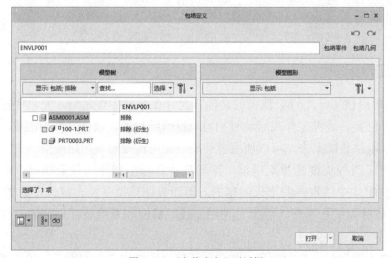

图 9-49　"包络定义"对话框

9.6 爆炸图

爆炸图是在装配环境下把组成装配的组件拆分开来，以更好地表示整个装配的组成状况，便于观察每个组件的一种方法，如图9-50所示。

爆炸视图又称为分解视图，该视图将装配体中的各个元件沿着直线或坐标轴移动或旋转，使各个元件从装配体中分解出来。爆炸视图对于表示各个元件的相对位置十分有帮助，常用于表示装配体的装配过程和结构。

图 9-50 爆炸图

9.6.1 新建爆炸图

Creo 8.0提供了自动分解视图的功能，即根据使用的约束产生默认的分解视图，但是这样的视图通常无法正确地表示各个元件的相对位置。

当创建或打开一个完整的装配体后，单击"模型显示"选项板中的"分解视图"按钮，系统将进行自动分解操作，如图9-51所示。

9.6.2 编辑爆炸图

图 9-51 自动分解视图

系统创建默认的分解视图后，通过自定义分解视图，可以把分解视图的各个元件调整到合适的位置，从而清晰地表示各个元件的相对方位。

单击"模型显示"选项板中的"编辑位置"按钮，系统打开"分解工具"操控面板，如图9-52所示。该操控面板提供了以下3种移动元件位置的方式。

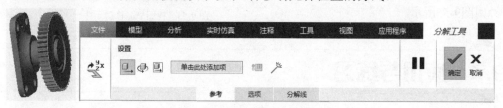

图 9-52 "分解工具"操控面板

1. 平移元件

使用该方式移动元件时，可以以轴、直线和直曲线的轴向为平移方向，也可以直接选取当前坐标系的一轴向为平移方向。

选取要移动的元件，此时元件上将显示一个坐标系。然后选取该坐标系上的任意一个坐标轴以激活该轴向。接着单击并拖动，元件将在该轴向方向上进行移动，如图9-53所示。

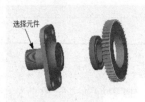

图 9-53　平移元件

2. 旋转元件

该方式是以轴线、直线、边线或当前坐标系的任意一个轴为旋转中心轴，将所指定的元件进行旋转。

单击"旋转"按钮 ，选取要旋转的元件，并在"参考"面板中激活"移动参考"收集器，选取一条边线作为旋转中心轴。此时元件上将显示一个双向箭头图标，拖动该图标，元件将以所选边线为中心轴进行旋转，并以虚线显示旋转轨迹路径，如图9-54所示。

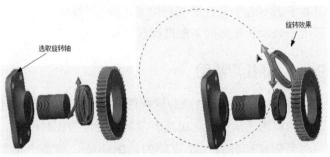

图 9-54　旋转元件

3. 视图平面

该方式指在当前的视图平面上移动所选元件。单击"视图平面"按钮 ，选取元件并拖动元件上显示的球状图标，即可在视图平面中将元件移到指定的位置，如图9-55所示。

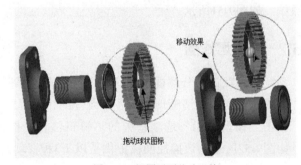

图 9-55　视图平面移动元件

9.7　应用与练习

通过上述内容，读者应已掌握了Creo 8.0的装配操作。下面通过练习再次回顾和复习本章所讲述的内容。

本练习装配一个悬臂齿轮部件固定装配，效果如图9-56所示。使用已存在的组件进行装配，需要的组件有零件也有装配件，分别是座(100-1.prt)、轴(100-2.prt)、轴承(bearing.prt)、齿轮(gear.prt)和固定架(100-3.prt)及螺栓紧固件(100-4.prt)。

装配悬臂齿轮部件的具体操作步骤如下。

01 新建一个名为9_1.asm的装配文件，然后进入装配环境，在"模型"选项卡中，单击"元件"面板上的"组装"按钮，在和9_1.asm相同的目录下，打开一个名为100-1.prt的座零件文件，然后在"约束类型"下拉列表中选择"默认"选项，即可定位座，如图9-57所示。

图9-56 悬臂齿轮部件

图9-57 定位座

02 单击"组装"按钮，打开轴零件文件100-2.prt，然后在"约束类型"下拉列表中选择"重合"选项，选择轴的中心线和座的中心线，添加重合约束，如图9-58所示。

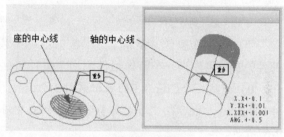

图9-58 座和轴配合一

03 选择"新建约束"选项，依次选择轴的端面1和座的端面2，添加重合约束，如图9-59所示。完成轴定位后的效果如图9-60所示。

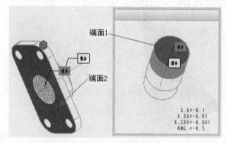

图9-59 座和轴配合二

图9-60 定位轴

04 单击"组装"按钮，打开轴承零件文件bearing.prt，然后在"约束类型"下拉列表中选择"重合"选项，选择轴承和轴的中心线，添加重合约束，如图9-61所示。

05 选择"新建约束"选项，让两个零件的端面重合，先选择轴承内圈的端面1，再选择轴肩的端面2，添加重合约束，如图9-62所示。完成轴承定位后的效果如图9-63所示。

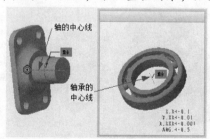

图9-61 轴承和轴配合一

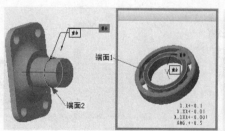

图9-62 轴承与轴配合二

图9-63 定位轴承

06 单击"组装"按钮，打开齿轮零件文件gear.prt，然后在"约束类型"下拉列表中选择"重合"选项，选择齿轮和轴承的中心线，添加重合约束，如图9-64所示。

07 选择"新建约束"选项，并在"约束类型"下拉列表中选择"距离"选项，先选择轴承外圈的端面1，然后选择齿轮的端面2，距离为0，如图9-65所示。完成轴承定位后的效果如图9-66所示。这样，就完成了悬臂齿轮的装配。

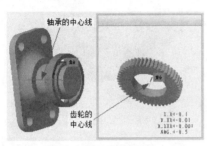

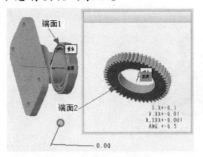

图 9-64　轴承与齿轮配合一　　　　　图 9-65　轴承与齿轮配合二　　　　图 9-66　装配结果

下面的装配操作，是将上述装配好的悬臂齿轮固定在固定架上。其中，悬臂齿轮装配部件9_1.prt将作为一个整体组件添加，进行装配。

01 新建一个Creo 8.0的装配文件9_2.asm，单击"组装"按钮，打开固定架零件文件100-3.prt，然后在"约束类型"下拉列表中选择"固定"选项，即可定位固定架，如图9-67所示。

02 单击"组装"按钮，加入悬臂齿轮装配部件(9_1.asm)，使用"重合"约束，先选择齿轮座的平面1，然后选择固定架的平面2，如图9-68所示。

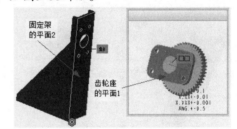

图 9-67　定位固定架　　　　　　　　图 9-68　齿轮座和固定架配合一

03 选择"新建约束"选项，使用"居中"约束类型，先选择齿轮座的一个孔的曲面1，然后选择固定架的一个孔的曲面2，如图9-69所示。

04 选择"新建约束"选项，继续施加第三个约束，使用"平行"约束类型，先选择齿轮座的一个边1，然后选择固定架的一个边2，如图9-70所示。

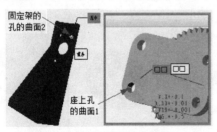
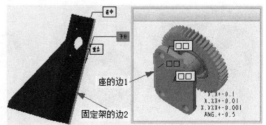

图 9-69　齿轮座和固定架配合二　　　　　图 9-70　齿轮座和固定架配合三

05 单击"确定"按钮后，就完成了悬臂齿轮的定位，如图9-71所示。

06 单击"组装"按钮🖻，加入螺栓紧固件组件(100-4.prt)，依次选择螺栓的中心线1和齿轮座上孔的中心线2，添加重合约束，如图9-72所示。

07 选择"新建约束"选项，继续施加第二个约束，使用"重合"约束，先选择螺栓的平面1，然后选择齿轮座的平面2，如图9-73所示。

图 9-71 悬臂齿轮的定位

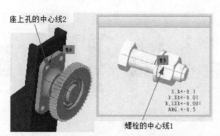

图9-72 螺栓紧固件和齿轮座配合一

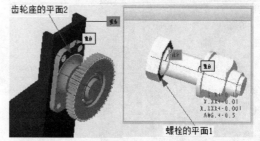

图9-73 螺栓紧固件和齿轮座配合二

08 施加完约束以后，单击"确定"按钮✔。然后在模型树中选取刚定位的螺栓紧固件，单击"修饰符"面板中的"阵列"按钮▦，系统弹出"阵列"操控面板，选取阵列类型为"方向"，选择固定架的两个边分别为第一方向参考和第二方向参考。设置方向1的阵列数为2，间距为8；设置方向2的阵列数为2，间距为4。所创建的螺栓紧固件阵列如图9-74所示。

09 单击"确定"按钮，就完成了将悬臂齿轮固定在固定架上的装配操作，装配结果如图9-75所示。

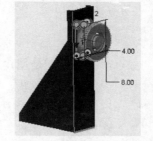

图9-74 创建螺栓紧固件阵列

图9-75 悬臂齿轮固定装配结果

9.8 习题

1. 什么是产品装配？

2. 如何进行爆炸图的操作？

3. 什么是装配约束，放置约束包括哪些约束类型？

4. 为什么要创建挠性约束？

5. 连接装配的用途是什么？

6. 使用zhoucheng文件夹中的零件，以单个零件添加组件的方式，完成深沟球轴承的装配，如图9-76所示。

图 9-76 深沟球轴承

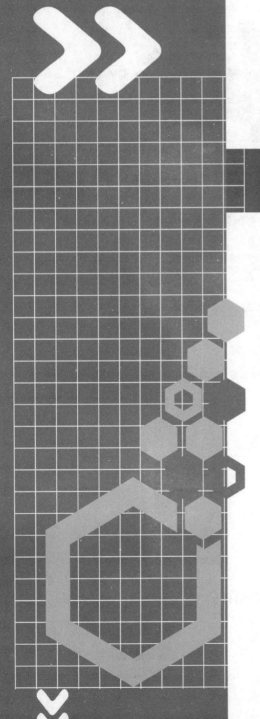

第10章

工程图设计

工程图是创建对象的三维实体模型后，为了准确地表达对象的形状、大小、相对位置和技术要求等内容，按照一定的投影方法和有关技术规定，以二维方式表达实体模型的图形。通过Creo 8.0中提供的工程图模块，可以绘制实体模型或装配体的工程图，并且能够添加标注和修改尺寸。本章将对Creo 8.0中的工程图模块进行详细介绍，主要介绍工程图中各类视图的创建和参数设置，视图的编辑，尺寸、公差以及注释的标注等。

通过本章的学习，读者需要掌握的内容如下。

- ◯ 工程图的制图方法
- ◯ 基本视图及剖视图的创建
- ◯ 视图的编辑
- ◯ 标注尺寸和添加注释的方法

10.1 工程图设计概述

工程图主要用于显示零件的各种视图、尺寸和公差等信息，以及表现各个装配元件之间的关系和组装顺序。通过创建和编辑工程图可以更清楚地表现零件或装配组件的结构。

10.1.1 工程图投影原理

在机械制图中，将零件向投影面投影所创建的图形称为视图。在投影过程中，我国采用第一视角投影法，而欧美等国家采用第三视角投影法，而这也是Creo 8.0的默认投影方向。

1. 三视图投影规律

第一视角投影体系的正面投影称为主视图，垂直投影称为俯视图，侧面投影称为左视图。在第三视角投影视图中，正面投影称为前视图，垂直投影称为顶视图，侧面投影称为右视图，这些视图统称为三视图，如图10-1所示。

无论采用哪种投影法，3个视图之间都存在着主、顶视图长对正，主、左视图高平齐，俯、左视图宽相等的投影规律。

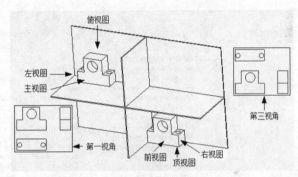

图 10-1　投影原理

2. 设置视图投影方向

由于Creo 8.0的默认投影方向是第三视角，因此当我们在制作工程图的时候，有些时候会出现视角不同的情况，这时就需要更改视图的第一视角或第三视角。下面讲解更改视图视角的方法。

在工程图环境中，选择"文件"|"准备"|"绘图属性"选项，如图10-2所示。

在弹出的"绘图属性"窗口中，单击第1个选项的"更改"按钮，如图10-3所示。

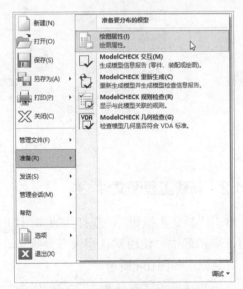

图 10-2　选择"绘图属性"选项

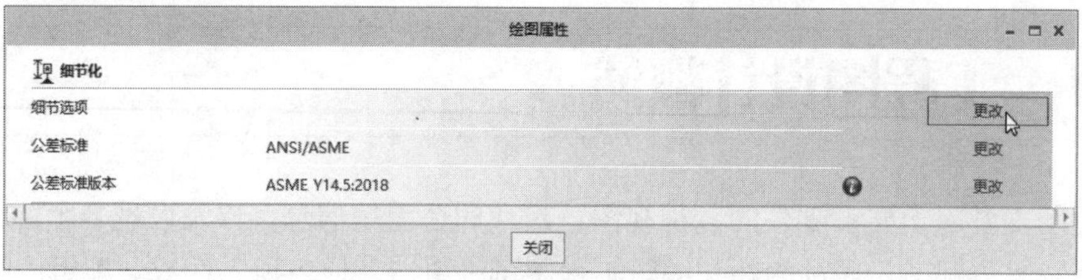

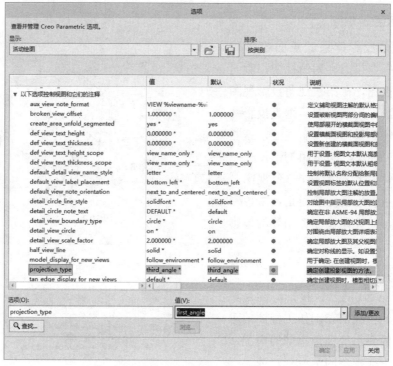

图 10-3　"绘图属性"窗口

在弹出的"选项"对话框中，单击"以下选项控制视图和它们的注释"这一栏下面的
projection_type选项，然后在"值"输入框中把third_angle*(第三视角)改为first_angle(第一
视角)，接着单击"添加/更改"按钮，再单击"确定"按钮，即可将视图的第三视角更改
为第一视角，如图10-4所示。

图 10-4　"选项"对话框

10.1.2　新建工程图文件

单击"新建"按钮，在打开的如图10-5所示的"新建"对话框中选中"绘图"单选
按钮，取消选中"使用默认模板"复选框。然后单击"确定"按钮，系统弹出"新建绘
图"对话框，如图10-6所示。

在该对话框的"默认模型"选项组中，通过单击"浏览"按钮，指定要创建相应工
程图的零件模型(或装配组件)。然后，根据模型的具体尺寸，初步选择工程图的图纸大
小、图纸方向等。该对话框的"指定模板"选项组中包含方式如下3种创建工程图文件的
方式。

图 10-5　"新建"对话框　　　　　图 10-6　"新建绘图"对话框

1. 使用模板

在绘制工程图时，可以利用Creo 8.0提供的整合后视图模板，直接创建模型的三视图，如前视图、顶视图和右视图。

在"新建绘图"对话框中选中"使用模板"单选按钮，对话框中将展开"模板"选项组，如图10-7所示。此时，可以选择或查找所需的模板文件，进入工程图环境进行创建。

> **❖ 注意**
>
> "模板"列表框中提供了多种系统自带的模板，分别对应多种图纸，从中可以选择工程图的绘制模板进行创建。使用模板所生成的新工程图，具有模板的所有格式和属性。

图 10-7　使用模板创建工程图文件

2. 格式为空

选中"格式为空"单选按钮，对话框将展开"格式"选项组，如图10-8所示。单击"浏览"按钮，可在打开的"打开"对话框中选择系统已经定义好的格式文件，进入工程图环境进行创建。

3. 空

选中"空"单选按钮，对话框将展开"方向"和"大小"选项组，如图10-9所示。其中若单击"方向"选项组中的"纵向"或"横向"按钮，系统将使用标准大小尺寸作为绘制的工程图的大小；若单击"可变"按钮，则系统允许自定义工程图的大小尺寸，可以在激活的"宽度"和"高度"文本框中输入自定义的数值。

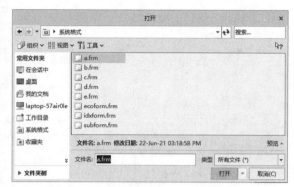

图 10-8　指定格式创建工程图文件

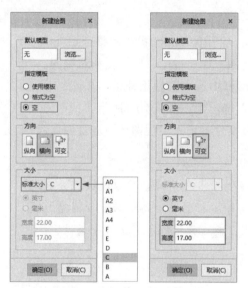

图 10-9　定义工程图的大小尺寸

❖ 提示

　　选择"空"方式将会生成一个空的工程图，除了系统配置文件和工程图配置文件设定的属性，该工程图没有任何图元、格式和属性。实际上，"空"方式并不常用。几乎所有的工程图都是通过模板或格式创建的。

10.1.3　工程图设计过程

　　Creo 8.0提供了一个专门用于制作工程图的模块，可以直接将创建的实体模型制作成工程图。使用Creo进行工程图设计的基本步骤和流程概括如下。

(1) 进入工程图环境。通过新建一个工程图文件，进入工程图模块环境。需要输入工程图文件的名称，选择模型、工程图图框格式或模板。

(2) 创建视图。添加主视图和其投影图(左视图、右视图、俯视图、仰视图)，必要时，可以添加详细视图(放大图)、辅助视图等。

(3) 调整视图。利用视图移动命令，调整视图的位置。还可以设置视图的显示模式，如视图中有不可见的孔，可进行消隐或用虚线显示。

(4) 标注尺寸。显示模型尺寸，并将多余的尺寸拭除。还应添加必要的草绘尺寸。

(5) 标注公差。添加尺寸公差，并创建基准，标注几何公差、表面粗糙度、文字注释、建立明细栏和标题栏等。

(6) 输出工程图。确认设计无误后保存即可。

10.2　创建工程图视图

创建了工程图纸后，需要为其添加视图，以便更好地表达三维实体的模型。视图是用于表达零件结构形状的图形。当零件的结构比较复杂时，只使用零件的三视图很难将零件的形状结构表达清楚。此时就需要通过一些辅助视图，如局部视图和局部放大图等。

10.2.1　创建常规视图

常规视图是工程图中的第一视图，是其他一切视图的父视图。因此在创建模型的常规视图后，可以以该视图为基础，创建投影视图、辅助视图和详细视图等。创建常规视图可分为确定视图的放置位置和调整视图的方向两个步骤。

1. 确定视图放置位置

要确定模型第一个视图的放置位置，在图中任意位置单击即可。以该方式创建工程图时，模板一般指定为"空"模板。

新建一个绘图文件，进入工程图模式。然后单击"模型视图"选项板中的"普通视图"按钮，在图中的合适位置单击，确定视图的中心点，即可确定常规视图的中心位置，如图10-10所示。此时系统将打开"绘图视图"对话框。

❖ 提示

首次单击"常规视图"按钮时，系统将弹出"选择组合状态"对话框，通常选择"无组合状态"选项。另外，可以通过选中"对于组合状态不提示"复选框，避免以后出现重复的对话框提醒，如图10-11所示。

2. 调整视图方向

在创建常规视图时，系统是以默认方向创建。但该类视图的方向一般不能满足绘图需要，因而需要调整至所需的视图方向。

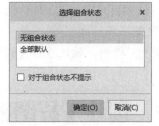

图 10-10   确定视图放置位置   图 10-11   "选择组合状态"对话框

在"绘图视图"对话框中指定所需的视图方向后,即可将刚刚确定位置的常规视图调整至所需方向。如图10-12所示将模型视图调整至俯视图。

该对话框中的"类别"选项组中显示了8种视图参数选项。本节中主要介绍用于调整视图方向的"视图类型"选项。

(1) 名称和类型

在"视图名称"文本框中可以重命名视图,而在"类型"下拉列表中可以对视图类型进行调整,且如果在页面中没有视图,则不能选择视图类型,只能为常规视图。

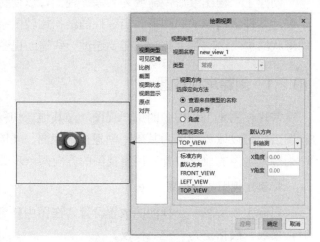

图 10-12   "绘图视图"对话框

(2) 视图方向

该选项组中包括3种用以定向视图的方式。其中,选中"查看来自模型的名称"单选按钮,可以在"模型视图名"列表框中选择保存在模型中的定向视图名称,并可以在"默认方向"下拉列表中选择设置方向的方式;选中"几何参考"单选按钮,将使用来自绘图中预览模型的几何参考进行定向;选中"角度"单选按钮,将使用选定参考的角度或定制角度进行定向。

一般情况下,"几何参考"选项最为常用。选中该单选按钮后,分别在"参考1"和"参考2"下拉列表中选择参考面类型,并在图中选取参考平面,即可将常规视图调整为所需的视图方向,如图10-13所示。

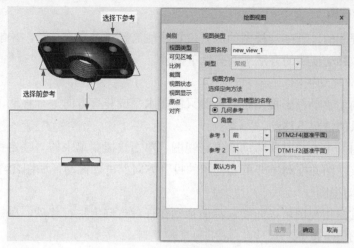

图 10-13　调整视图方向

10.2.2　创建投影视图

投影视图是以水平或垂直视角为投影方向创建的直角投影视图，不仅可以直接添加投影视图，还可以将常规视图转换为投影视图，还可以调整投影视图的位置。

1. 添加投影视图

添加投影视图就是以现有的视图为父视图，依据水平或垂直视角方向为投影方向创建的投影视图。

在图中选取一个视图为投影视图的父视图，然后单击"模型视图"选项板中的"投影视图"按钮 ，并在指定的投影视图的放置位置单击，即可添加相应的投影视图，如图10-14所示。

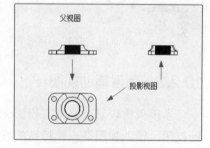

图 10-14　添加投影视图

2. 将常规视图转换为投影视图

当存在两个或多个常规视图时，可以将其中的一个或多个转换为投影视图。在转换过程中，被转换的常规视图将按照投影原理，以所选视图为参考父视图，自动调整视图方向。

双击需要转换为投影视图的常规视图，系统将打开"绘图视图"对话框，然后在"类型"下拉列表中选择"投影"选项，并指定相应的父视图即可，如图10-15所示。

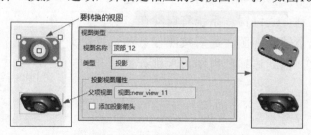

图 10-15　将常规视图转换为投影视图

3.移动投影视图

在创建工程图的过程中，视图的放置位置往往需要经过多次移动，才能使视图的分布达到最佳效果。移动视图的方法主要有以下两种。

(1) 投影方向移动视图

在投影方向上移动投影视图时，视图只能在水平或竖直方向进行移动，即只能在不改变视图投影关系的情况下移动。

在"绘图树"中右击需要移动的投影视图，单击快捷菜单中的"锁定视图移动"按钮 🔒。然后单击该视图并拖动，即可在视图的投影方向上进行移动，如图10-16所示。

(2) 任意移动视图

该移动方式是指视图可以随着鼠标的拖动在任意方向上进行移动，鼠标单击的位置即是视图中心点的放置位置。

双击需要移动的投影视图，在打开的"绘图视图"对话框的"类别"列表框中选择"对齐"选项。然后取消选中"将此视图与其他视图对齐"复选框，并单击"确定"按钮，即可将投影视图移至任意位置，如图10-17所示。

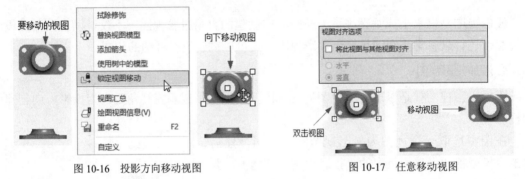

图 10-16　投影方向移动视图　　　　　　　　图 10-17　任意移动视图

10.2.3　创建辅助视图

当模型比较复杂且具有投影无法表现的非垂直投影方向上的某些特征时，可以利用辅助视图。辅助视图是一种特殊的投影视图，是以选定的曲面或轴为参考，在垂直于参考的方向上投影而创建的视图。注意，所选参考必须垂直于屏幕平面。

如图10-18所示为一个零件的常规视图和投影视图。单击"辅助视图"按钮 📐，在常规视图上选取模型的一条边线为投影参考。再沿着垂直该边线的方向拖动一直到合适位置，系统将自动在该位置创建零件的一个辅助视图。最后按照任意移动投影视图的方式，拖动该辅助视图再次进行位置的调整即可。

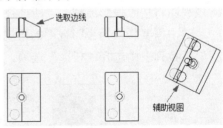

图 10-18　创建辅助视图

一个零件的工程图可以包含多个辅助视图，如果对当前创建的视图不太满意，可以双击该辅助视图，通过"绘图视图"对话框重新定义视图的属性。

10.2.4 创建详细视图

当模型上的某些细小部分在视图中表达得不够清楚，或者不便于标注尺寸时，可以创建详细视图，将该部分放大以便于观察。

1. 创建详细视图

创建详细视图主要包括3个步骤：指定放大位置、确定放大区域和放置详细视图。

单击"局部放大图"按钮，在视图中需要放大的区域单击确定放大位置点。然后围绕该点绘制样条线确定放大区域。接着按下鼠标中键，并在图中适当位置单击，确定详细视图的放置位置，即可完成详细视图的绘制，如图10-19所示。

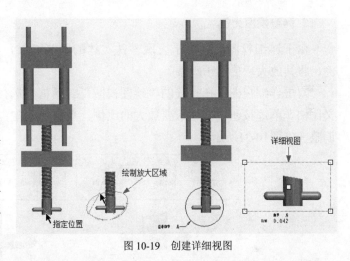

图 10-19 创建详细视图

不要使用草绘工具栏启动样条的草绘，应当单击绘图区域直接草绘样条曲线，如果使用草绘工具栏中的样条曲线工具绘制样条，将退出详细视图的创建。另外，不必担心草绘样条的形状，因为样条会自动更正。

2. 调整放大边界类型

在创建详细视图时，所绘的样条曲线可以定义详细视图放大区域的形状。在父视图上，放大区域的边界形状不仅能够由样条曲线确定，而且可以根据需要进行调整。

双击已经创建的详细视图，系统将打开"绘图视图"对话框。然后在"父项视图上的边界类型"下拉列表中选择所需的选项，并单击"确定"按钮，即可完成父视图上边界形状的调整，如图10-20所示。

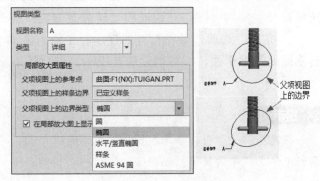

图 10-20 调整放大边界类型

305

下面介绍"父项视图上的边界类型"下拉列表中各个选项的含义。

- 圆：将草绘截面定义为圆。
- 椭圆：将草绘截面定义为椭圆，并提示在椭圆上选取一个视图注释的连接点。
- 水平/竖直椭圆：绘制具有水平或垂直主轴的椭圆，并提示在椭圆上选取一个视图注释的连接点。
- 样条：在父视图上显示详细视图的实际样条边界，并提示在样条上选取一个视图注释的连接点。
- ASME 94圆：在父视图中将符合ASME标准的圆显示为带有箭头和详细视图名称的圆弧。

3. 调整视图比例

由于详细视图往往用于表现零件实体的某些细节，因此需要调整详细视图的显示比例，将其放大，更利于观察。

双击详细视图，在打开的"绘图视图"对话框中选择"比例"选项。然后选中"自定义比例"单选按钮，并输入要放大的比例，单击"确定"按钮，即可完成详细视图的比例调整，如图10-21所示。

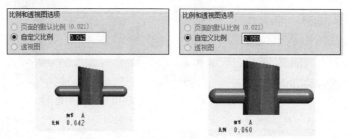

图 10-21　调整视图比例

10.2.5　旋转视图

旋转视图实际上是现有视图的一个剖面视图，它是沿切割平面的法线方向投影而创建的一个单独视图。创建旋转视图时，不仅可以在放置视图时创建一个用于剖面的切割平面，还可以使用实体模型中创建的剖面作为切割平面。

单击"旋转视图"按钮 ▣▣，依次选取用于创建旋转视图的父视图和视图中点，系统将打开"绘图视图"对话框和"横截面创建"菜单。在该菜单中选择"平面"|"单一"|"完成"选项，并在打开的提示栏中输入截面名称。接着在父视图中选取作为旋转剖面的基准平面，即可创建旋转视图。最后将该旋转视图移至合适位置，如图10-22所示。

❖ 提示

指定基准平面时，如果绘图区未显示基准平面，可以在"视图"选项卡中的"显示"面板中单击"平面显示"按钮 ▣，然后滑动鼠标滚轮，即可显示基准面。

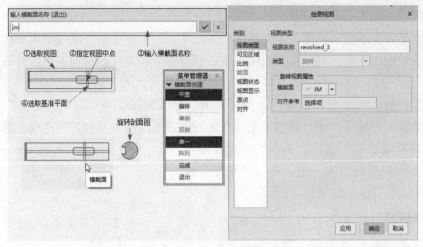

图 10-22　旋转视图

10.2.6　创建区域视图

区域视图是根据视图可见区域的不同而定义的视图。可见区域视图包括全视图、半视图、局部视图和破断视图4种，可以根据模型的特性和视图的表达需要，选择不同类型的区域视图。

双击绘图区中已有的视图，并在打开的"绘图视图"对话框的"类别"列表框中选择"可见区域"选项。然后在"视图可见性"下拉列表中选择视图的显示类型，如图10-23所示。

1. 全视图

全视图可以显示模型的所有可见区域，主要用于表达模型的外部整体形状结构。该类视图是默认的视图显示方式，适用于各种视图类型，如图10-24所示。

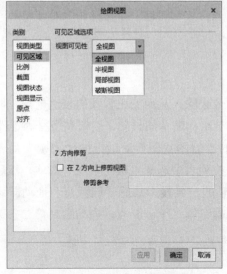

图 10-23　选择可见区域的类型

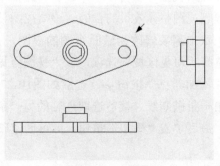

图 10-24　全视图

2. 半视图

半视图是指在不影响视图表达完整性的情况下，以模型中的平面或基准平面作为分界面，只显示视图的一半，以达到节约图纸空间的目的。该类视图常用于对称性模型的工程图纸中。

双击需要修改可见区域的视图，在打开的"绘图视图"对话框的"类别"列表框中选择"可见区域"选项，在"视图可见性"下拉列表中选择"半视图"选项。然后指定半视图的"对称线标准"选项，并在图中选择参考平面和视图中需要保留的一侧，单击"确定"按钮，即可生成半视图，如图10-25所示。

3. 局部视图

局部视图是将模型的某一部分向基本投影面投影所创建的视图。该类视图可以在不增加视图数量的情况下，补充表达基本视图没有表达清楚的局部特征。

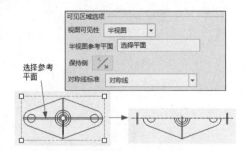

图 10-25　轴承连接件的全视图与半视图

双击需要修改为局部视图的视图，在打开的"绘图视图"对话框的"类别"列表框中选择"可见区域"选项，在"视图可见性"下拉列表中选择"局部视图"选项。然后在图中针对需要修改为局部视图的区域绘制样条曲线，单击"确定"按钮，即可创建局部视图，如图10-26所示。

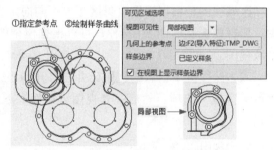

图 10-26　创建局部视图

❖ **提示**

如果创建的局部视图无法表达模型的形状结构，可以通过"绘图视图"对话框的"类别"列表框中的"比例"选项调整局部视图的大小。

4. 破断视图

破断视图可以将模型中过长且特征单一的部分去除，从而突出视图的表达重点，以达到提高视图整体效果的目的。该类视图常用于绘制结构简单的长轴、肋板和型材等零件。

双击需要修改为破断视图的视图，在打开的"绘图视图"对话框的"类别"列表框中选择"可见区域"选项，在"视图可见性"下拉列表中选择"破断视图"选项。然后单击"添加断点"按钮 ✚，选取如图10-27所示连轴的一条投影线确定破断点，拖动即可绘制第一条破断线。接着选取连轴的另一条投影线确定第二个破断点，拖动绘制第二条破断线。最后单击"确定"按钮，即可创建破断视图。

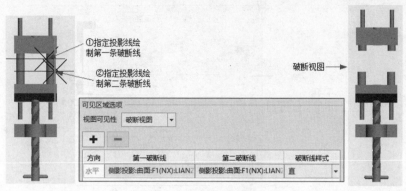

图 10-27　创建破断视图

❖ 提示

　　如果需要修改破断视图中破断边界的形状，可以在绘制破断图元后，通过"可见区域选项"选项组中的"破断线样式"下拉列表进行修改。

10.3　编辑视图

　　创建工程图后，为了提高工程图的正确性、合理性和完整性，需要进一步调整视图，以获得所需的视图设计效果。调整视图主要包括移动视图、删除视图和调整视图比例等多种视图操作。

10.3.1　移动视图

　　添加各类视图后，如果视图在图纸上的位置不合适、视图间距太小或者太大，就需要移动视图的位置。移动视图的方式可分为3种，分别为移动视图页面、移动特定视图和精确移动视图。

1. 移动视图页面

　　移动视图页面时，可以一次性移动图纸中包含的所有视图。要移动视图页面，可以直接在屏幕中单击并拖动鼠标中键，粗略地移动视图页面，也可以利用"平移缩放"工具对视图页面进行移动。

　　选择"视图"选项卡，单击"方向"选项板中的"平移缩放"按钮 ，系统将弹出"平移和缩放"对话框，如图10-28所示。该对话框中各个选项的含义介绍如下。

　○　平移：在该选项组中可以在水平和垂直方向上精确地平移视图页面。只需拖动H或V滑块，或者在滑块右侧的文本框中输入移动距离，就可以移动视图页面。

　○　缩放：拖动"缩放"滑块或在滑块右侧的文本框中输入缩放参数，可以将图纸页以屏幕中点作为缩放中点，调整视图页面的大小。

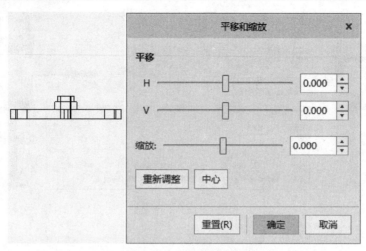

图 10-28　"平移和缩放"对话框

○　重新调整和中心：单击"重新调整"按钮，可以将视图页面重置为初始大小，单击"中心"按钮，可以在绘图区选取一点，作为图纸页相对于屏幕位置的中心点。

2. 移动特定视图

可以移动图纸页中的某个视图，操作方法与创建投影视图时移动视图的操作方法相同。

在移动特定视图时，要注意如果不设置视图的对齐方式，那么投影视图、辅助视图和旋转视图只能按投影方向移动。常规视图和详细视图则可以移到任意位置，但作为子项的投影视图或者辅助视图也会随之移动。

3. 精确移动视图

前面内容中介绍的各种移动视图的方法，只能粗略地调整视图的位置，很难保证视图之间的精确位置。为此，Creo 8.0还提供了一种精确移动视图的方法。

选取需要移动的视图后，选择"草绘"选项卡，然后单击"编辑"组旁的箭头，单击"移动特殊"按钮，选取图中一点作为移动参考点，系统将弹出"移动特殊"对话框，如图10-29所示。该对话框中包括以下4种移动视图的方法。

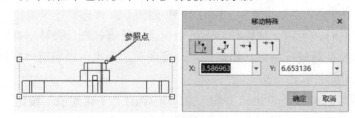

图 10-29　"移动特殊"对话框

(1) 输入X、Y坐标

这是系统默认的移动方法。选取视图后，直接在对话框右侧的X和Y文本框中输入坐标数值，视图将以图纸页的左下角为坐标原点，以输入的数值为目标点进行移动，如图10-30所示。

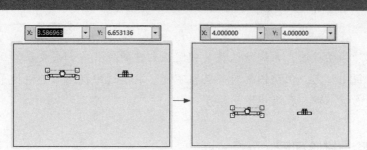

图 10-30 输入 X、Y 坐标移动视图

(2) 输入X、Y偏移距离

该方法以指定的参考点为坐标原点，以输入的X、Y值为偏移距离对视图进行移动，如图10-31所示。

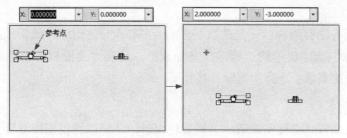

图 10-31 输入 X、Y 偏移距离移动视图

(3) 移至图元的参考点上

该方法可以将视图以所指定的移动参考点为基点，以待定图元上的参考对象点为目标进行移动，如图10-32所示。

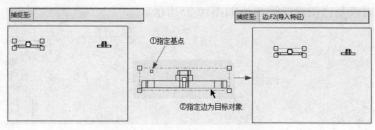

图 10-32 指定参考点移动视图

(4) 移到顶点

该方法可以将视图以指定的移动参考点为基点，以待定图元上的顶点为目标点进行移动，如图10-33所示。

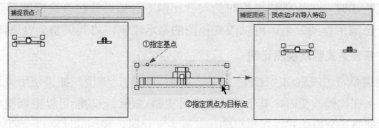

图 10-33 指定顶点移动视图

❖ **提示**

　　为防止意外移动视图，系统默认将其锁定在创建的位置。如果要在页面中自由移动视图，必须解除视图锁定，但视图的对齐关系不变。取消选中视图右键快捷菜单中的"锁定视图移动"复选框，即可取消视图的锁定。

10.3.2　删除与拭除视图

　　删除是将现有的视图从图形文件中清除，而拭除视图只是从当前界面中去除。两者的区别是：删除的视图不能恢复；而从当前环境中拭除某个视图后，还可以通过相应的命令将其重新调出而再次使用。

1. 删除视图

　　删除视图的方法有两种：一是选取视图后，按Delete键删除，或切换至"注释"选项卡，单击"删除"选项板中的"删除"按钮×；二是在"绘图树"中选取视图后单击右键，在打开的快捷菜单中选择"删除"按钮×。

2. 拭除视图

　　拭除视图只是暂时将视图隐藏。当需要使用时，还可以将视图恢复为正常显示状态。

　　在"显示"选项板中单击"拭除视图"按钮，选取需要拭除的视图对象。此时该视图所在的位置将显示一个矩形框和一个视图名称标识，如图10-34所示。

　　如果要在当前页面上恢复已经拭除的视图，可以在"显示"选项板中单击"恢复视图"按钮。然后在"视图名称"下拉列表中选择需要恢复的视图选项，并选择"完成选择"选项，即可恢复已拭除的视图，如图10-35所示。

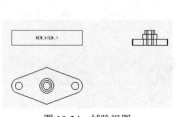

图 10-34　拭除视图

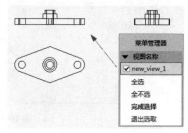

图 10-35　恢复已拭除的视图

10.3.3　调整视图比例

　　在绘制工程图时，由于创建模型时的尺寸比例不合适，往往会造成图形与图纸的整体比例不协调，影响工程图效果。可以改变视图的显示比例，将其调整到合适的大小。

1. 使用关系表达式驱动视图比例

　　可以使用关系表达式驱动"比例"命令，设置视图的比例值。如果使用关系驱动的视图是父视图，那么在比例改变时，其子视图会同时更新。通过该功能可以根据模型中的一个或几个尺寸参数创建一个表达式，当模型的尺寸发生变化时，视图的比例也会随之变化。

2. 修改视图比例

在工程图环境中双击页面左下角的比例选项(绘图刻度)，在打开的提示栏中输入一个新的比例，并按下Enter键，即可修改工程视图的比例，如图10-36所示。

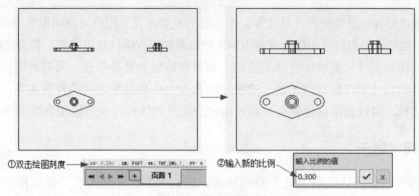

①双击绘图刻度　②输入新的比例

图 10-36　修改视图比例

10.3.4　创建剖视图

创建剖视图时，可以在零件或者组件模式中创建一个剖切面，或者在视图中添加剖切面，也可以以基准平面作为剖切面。

双击需要修改为剖视图的视图，在打开的"绘图视图"对话框中选择"截面"选项。然后选中"2D横截面"单选按钮，单击"将横截面添加到视图"按钮 ✚。然后在"横截面创建"菜单中选择"平面"|"单一"|"完成"选项，输入横截面名称，选取剖切面即可，如图10-37所示。

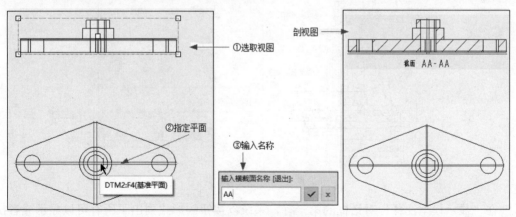

①选取视图　②指定平面　DTM2:F4(基准平面)　剖视图　截面 AA-AA　③输入名称　输入横截面名称 [退出]: AA

图 10-37　创建剖视图

❖ 提示

双击剖视图中的剖面线，可以在打开的"修改剖面线"菜单中修改剖面线的样式。

10.4 尺寸标注和注释

对图纸进行标注是反映部件尺寸和公差信息的重要方式。用户可以向图纸中添加尺寸、公差、文本信息、制图符号和粗糙度等内容，使创建的工程图信息更完整，符合国标要求。

单一的图形文件只能表达模型的结构、形状和装配关系等信息，只有为图形文件添加准确、清晰的尺寸和注释后，才能反映模型的真实大小和装配之间的位置关系。要添加尺寸标注和注释，可以使用创建特征时系统给定的尺寸和注释，也可以根据需要手动添加。

10.4.1 尺寸显示

视图的尺寸在默认状态下处于隐藏状态。Creo 8.0系统提供了"显示模型注释"工具，利用该工具可以自动显示所选视图的所有尺寸。但所显示的尺寸有一些是多余或重复的，此时便可以通过拭除不必要的尺寸来清理视图的尺寸注释。

选取一个视图，切换至"注释"选项卡。单击"显示模型注释"按钮 ，在打开的对话框中切换至"显示模型尺寸"选项卡。接着在该选项卡的"显示"选项组中列出了该视图的所有尺寸。如果要显示某个尺寸只需要选择该尺寸选项；如果要全部显示，可以单击下方的"显示所有"按钮 ，如图10-38所示。

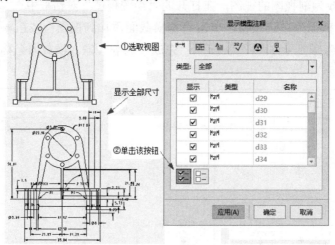

图 10-38　尺寸显示

在"显示模型注释"对话框的第一行，系统以按钮的形式列出了所有可以显示或者拭除的类型。各个类型的含义如表10-1所示。

表10-1　显示或拭除的类型说明

图标	功能说明	图标	功能说明
⊢⊣	显示或拭除模型尺寸	³²√	显示或拭除模型表面粗糙度
∌ĪͰ	显示或拭除模型几何公差	Ⓐ	显示或拭除模型符号
Α≣	显示或拭除模型注释	⎁	显示或拭除模型基准

此外，如果要拭除某个尺寸，只需选取该尺寸并单击右键，在打开的快捷菜单中选择"拭除"选项，即可将所选尺寸拭除。

10.4.2　尺寸标注

如果系统自动显示的尺寸不能满足设计要求，就需要手动添加尺寸。工程图中标注尺寸的方法与草绘模式下标注尺寸的操作方法基本相同，按照所标注尺寸的不同，工程图中的尺寸可分为标准尺寸和参考尺寸两种类型。

1. 标准尺寸

标准尺寸是表达模型的长度、角度、直径和半径等各个部分结构大小，以及装配关系的尺寸。

在"注释"选项板中单击"尺寸"按钮 ⊢⊣，系统将打开"选择参考"对话框，然后在该对话框中选择以下任一参考选项，在图中指定参考对象，并在适合位置按下鼠标中键确定尺寸线的放置位置，即可完成标准尺寸的添加，如图10-39所示。

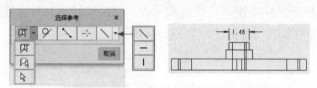

图 10-39　"选择参考"对话框

"选择参考"对话框中各选项的含义如下。

- "图元" ⊠ ：以视图中的几何图元为尺寸参考对象，为该图元添加标准尺寸。选择该选项后，直接选取视图中的几何图元，并按下鼠标中键即可，如图10-40所示。
- "曲面" ⊠ ：以视图中的曲面为参考对象，在曲面对象之间添加标准尺寸。选择该选项后，按住Ctrl键在视图中依次指定参考的曲面对象，然后在合适位置按下鼠标中键确定尺寸的放置位置，如图10-41所示。

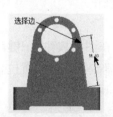

图 10-40　选择图元为参考

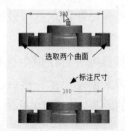

图 10-41　选择曲面为参考

- "参考" ▷ ：图元上或曲面任何参考选项。
- "相切" ⊘ ：选择该选项，并选择弧或圆 (或二者都选) 作为其中一个参考，则以弧或圆的切点作为参考来创建尺寸，如图10-42所示。
- "中点" ↘ ：以所选图元的中点为尺寸参考对象添加标准尺寸标注。如图10-43所示，按住Ctrl键依次选取两条边的中点为参考点，在"尺寸方向"菜单中指定尺寸线的放置方式，在合适位置按下鼠标中键确定尺寸的放置位置。

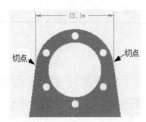

图10-42 选择切点为参考

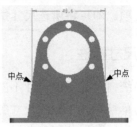

图10-43 选择中点为参考

○ "求交" ┿ ：可以在两个图元的交点之间添加尺寸标注。选择该选项后，按住Ctrl键依次选取图元以确定交点。然后指定尺寸方向，在合适位置按下鼠标中键确定尺寸的放置位置，如图10-44所示。

○ "绘线" ＼ ：以绘制的参考线为参考对象添加尺寸标注，包括"在两点间绘制虚线" ＼ 、"通过指定点绘制水平虚线" ━ 和"通过指定点绘制竖直虚线" ┃ 3种类型。选择该选项后，在图中按住Ctrl键选取两个端点(水平虚线和竖直虚线指定一个点)，按下鼠标中键即可绘制参考线。然后选择其他参考选项，即可创建以参考线为参考对象的尺寸标注，如图10-45所示。

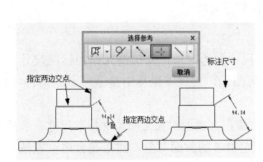

图10-44 选择交点为参考

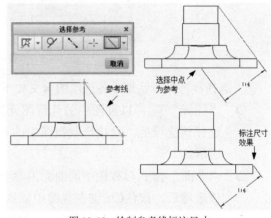

图10-45 绘制参考线标注尺寸

下面以几种尺寸标注类型以例，介绍常见的尺寸标注操作。

(1) 标注线性尺寸

在"选择参考"对话框中选择"参考"选项 ，然后在图中按住Ctrl键，依次选取两个端点为参考来创建尺寸。然后在合适位置按下鼠标中键确定尺寸的放置位置，即可标注两个点之间的距离，如图10-46所示。

❖ 注意

尺寸的方向会因所选参考的类型而有所不同。因此在创建尺寸时，同时按住右键可以显示"尺寸选项"菜单，从中选择尺寸类型。或者在按下鼠标中键确定尺寸的放置位置后，单击"方向"图标，在"方向"列表中指定"水平""竖直""倾斜""平行于"或"垂直于"作为尺寸类型，如图10-47所示。

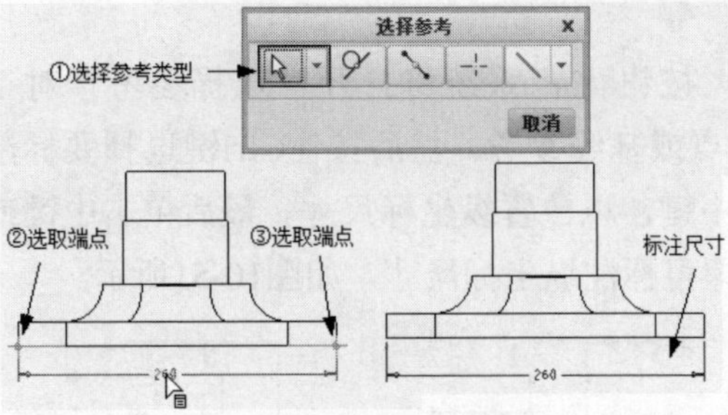

图 10-46 标注线性尺寸

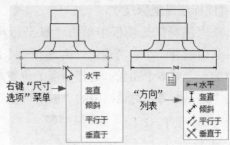

图 10-47 指定尺寸类型

(2) 标注圆或弧的尺寸

在"选择参考"对话框中选择"参考"选项 ，然后在图中按住Ctrl键，依次选取两个圆或弧特征为要标注的图元，则以弧或圆的中心点为参考来创建尺寸。在合适位置按下鼠标中键确定尺寸的放置位置，即可标注两个圆或弧中心点之间的距离，如图10-48所示。

如果选择单个圆或弧特征作为参考来创建尺寸，可以按下鼠标中键直接显示圆或弧的半径。单击"方向"图标，可以在"方向"下拉列表中指定"直径""半径""角度"或"弧长"作为尺寸类型。图10-49所示为标注圆的直径效果。

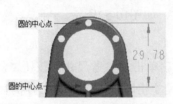

图 10-48 标注两圆中心点的距离

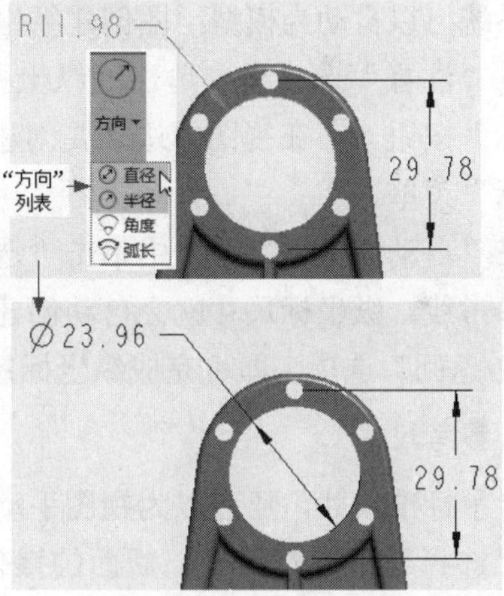

图 10-49 标注圆的直径

(3) 标注角度尺寸

在"选择参考"对话框中选择"参考"选项 ，然后在图中按住Ctrl键，依次选取模型的两个边作为参考，再按住右键，在弹出的"尺寸选项"菜单中，可以选择"内侧角""外侧角""辅助角1"或"辅助角2"等作为尺寸类型。最后在合适位置按下鼠标中键确定尺寸的放置位置，即可标注两个边之间的角度尺寸，如图10-50所示。

2. 纵坐标尺寸

纵坐标尺寸使用不带引线的单一尺寸界线，并与基线参考关联，基线在图中显示为0。所有参考同一基线的尺寸，共享一个公共平面或边。

创建纵坐标尺寸可使用新起点或现有起点。当向一个现有的纵坐标尺寸或纵坐标尺寸组中添加一个新的纵坐标尺寸时，可以选择现有的基线、基线所连接的图元、现有纵坐标尺寸界线或文本的任何部分作为参考。

(1) 标注纵坐标尺寸

在"注释"选项板中单击"纵坐标尺寸"按钮 ⁼ᵢ̨̣，系统将打开"选择参考"对话框，从中选择一个参考选项，并选择一个新起点或基线参考。然后按住Ctrl键选择要标注尺寸的一个或多个图元。选择所需的位置单击中键，以放置纵坐标尺寸。最后单击中键或单击"选择参考"对话框中的"取消"按钮，即可标注纵坐标尺寸，如图10-51所示。

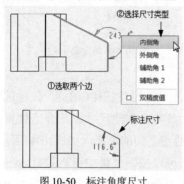

图10-50 标注角度尺寸

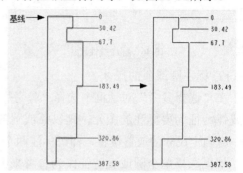

图10-51 标注纵坐标尺寸

(2) 自动标注纵坐标尺寸

系统可以自动为模型绘图创建纵坐标尺寸。

在"注释"选项板中单击"纵坐标尺寸"按钮 ⁼ᵢ̨̣旁边的箭头，然后单击"自动标注纵坐标"按钮 ⁼ᵢ̨̣。在视图中选择要创建纵坐标尺寸的一个或多个曲面，系统将弹出"自动纵坐标"菜单。

在"自动纵坐标"菜单中单击"选择基线"，然后在视图中选择边、曲线或基准平面作为参考线，纵坐标尺寸就会自动创建并显示在该视图中。单击"自动纵坐标"菜单上的"完成/返回"选项，即可完成纵坐标尺寸的自动标注，如图10-52所示。

3. 参考尺寸

除了标准尺寸，还可以为视图手动添加参考尺寸。单击"参考尺寸"按钮 ⁼ᵢ̨̣，系统将打开"选择参考"对话框。后面的操作与添加标准尺寸相同，不过参考尺寸的后面带有"参考"标识，如图10-53所示。

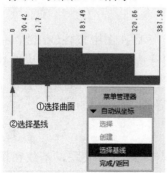

图10-52 自动标注纵坐标尺寸

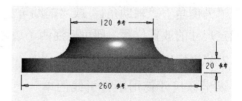

图10-53 标注参考尺寸

10.4.3 尺寸编辑

在工程图中，由系统自动显示的尺寸有时会显得很混乱，如各个尺寸互相叠加、尺寸间隙不合理、尺寸分布不合理或出现重复尺寸等。因此需要通过移动和对齐尺寸等方法对尺寸的位置进行调整。此外，除了调整尺寸的整体位置和放置形式，还可以单独编辑每个尺寸的尺寸箭头、尺寸界限和公称值等参数。

1. 移动尺寸

选取要移动的尺寸，直接拖动鼠标即可将其移动。还可以在"编辑"选项板中单击"清理尺寸"按钮，系统将打开"清理尺寸"对话框。然后选取一个视图，分别指定尺寸偏移量和尺寸间的增量距离，单击"应用"按钮，即可移动尺寸，如图10-54所示。

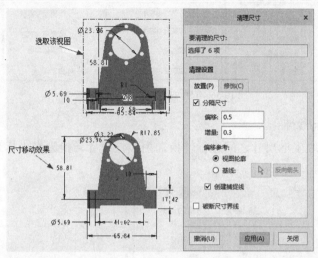

图10-54　"清理尺寸"对话框

2. 对齐尺寸

按住Ctrl键在视图上选取需要对齐的多个尺寸，然后在"注释"选项板中单击"对齐尺寸"按钮，则所选尺寸将以第一个尺寸为参考对齐，如图10-55所示。

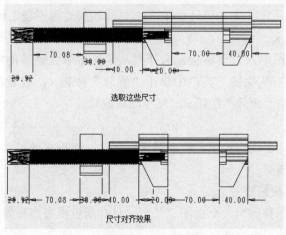

图10-55　对齐尺寸

3. 编辑尺寸

选取要编辑的尺寸，在"绘图树"中单击右键，系统将打开如图10-56所示的尺寸快捷菜单和尺寸工具栏。根据标注的类型不同，快捷菜单和工具栏中的选项有所不同。另外，也可以利用"编辑"选项板中的相应选项进行尺寸的编辑。编辑尺寸各选项和按钮的功能如下。

图 10-56　尺寸右键快捷菜单和工具栏

(1) 切换纵坐标/线性

在线性尺寸和纵坐标尺寸之间进行转换。由线性尺寸转换为纵坐标尺寸时，需要选取纵坐标基线，如图10-57所示。

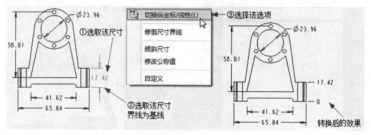

图 10-57　切换线性尺寸为纵坐标尺寸

(2) "拭除"按钮

拭除所选尺寸(包括尺寸文本和尺寸界线)，拭除的尺寸将不在工程图中显示。

(3) "删除"按钮 ✕

将所选尺寸从绘图中永久地移除。选择要从绘图中永久删除的添加尺寸，在"绘图树"中单击右键，然后从快捷工具栏中单击"删除"按钮✕，或者在"注释"选项卡的"删除"面板中，单击"删除"按钮✕，尺寸即被删除。

(4) 修剪尺寸界线

选取要修剪的尺寸界线，按下鼠标中键进行确认，然后移动尺寸界线至合适的位置，即可完成尺寸界线的修剪。

(5) "移到视图"按钮

将尺寸从一个视图移到另一个视图。其中，只有通过模型注释显示的尺寸才能移动，手动标注的尺寸不能使用该功能。

选择要移动的尺寸标注后，在"绘图树"中单击右键，然后从快捷工具栏中单击"移到视图"按钮。或者在"注释"选项卡的"编辑"面板中，单击"移到视图"按钮。然后选取目标视图，即可将该尺寸移至目标视图上，如图10-58所示。

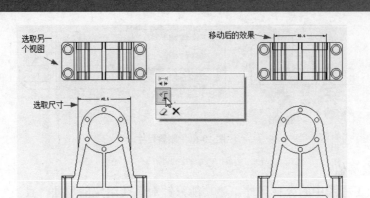

图 10-58 移动尺寸至另一视图

(6) "反向箭头"按钮

调整所选尺寸标注的箭头方向。选取要调整的尺寸标注后，单击该按钮，即可切换所选尺寸的箭头方向，如图10-59所示。

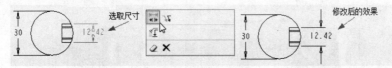

图 10-59 修改箭头方向

(7) "编辑连接"按钮

用于修改尺寸的参考方式。该功能不仅适用系统自动标注的尺寸，还适用手动标注的尺寸。

选择需要编辑的尺寸，在"绘图树"中单击右键，然后从快捷工具栏中单击"编辑连接"按钮。或者在"注释"选项卡的"编辑"面板中，单击"连接"按钮，系统将弹出"选择参考"对话框，然后修改尺寸的参考类型。如图10-60所示就是将原来的相切参考类型修改为中心参考类型。

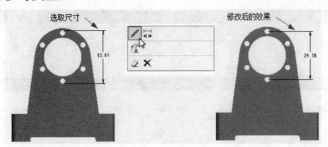

图 10-60 修改参考类型

(8) 倾斜尺寸

用于倾斜尺寸界线。选择需要修改的尺寸后单击右键，在打开的快捷菜单中选择"倾斜尺寸"选项。按住出现的控制柄移到合适位置，按下鼠标中键进行确认，即可将尺寸界线进行倾斜，如图10-61所示。

图 10-61　倾斜尺寸

(9) 修改公称值

用于修改工程图中的公称尺寸。该功能只针对系统给定的尺寸，且当修改尺寸后三维模型也将发生相应的变化。

选择需要修改的尺寸后单击右键，在打开的快捷菜单中选择"修改公称值"选项。然后在文本框中输入新的公称尺寸，按回车键确认。选择"审阅"选项板，单击"更新"面板上的"重新生成活动模型"按钮，模型将进行更新，如图10-62所示。

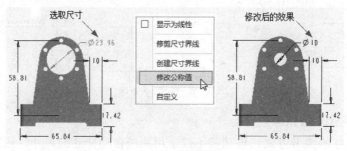

图 10-62　修改公称值

(10) "尺寸"和"格式"选项卡

另外，选取要编辑的尺寸，可同时打开"尺寸"和"格式"选项卡。在"尺寸"和"格式"选项卡中可以修改尺寸的属性、文本和样式，如图10-63所示。这两个选项卡及其主要选项面板的含义如下。

图 10-63　"尺寸"和"格式"选项卡

○ "尺寸"选项卡：在该选项卡中可以设置尺寸的基本属性：如公差、格式和尺寸界线等。其中在"值"和"显示"选项板中可以设置尺寸的默认显示样式；在"公差"选项板中可以单独设置所选尺寸的公差，包括公差模式、尺寸的公称值和上下偏差；在"尺寸格式"选项板中可以设置尺寸的显示格式，即尺寸是以小数形式还是以分数形式显示，并且可以设置小数点后的保留位数和角度尺寸的单位(度或弧度)。

○ "尺寸文本"选项板：该选项板可用于修改尺寸的文本，还可以在"前缀"文本框中输入尺寸的前缀，或者在"后缀"文本框中输入尺寸的后缀，如图10-64所示。给φ3.22加上前缀6x和后缀"均布"后，该尺寸即变为"6x φ3.22均布"。

图10-64　"尺寸文本"选项板

○ "文本样式"对话框：在"格式"选项卡中，单击"样式"下拉列表中的"文本样式"选项，在打开的"文本样式"对话框中可以对尺寸的文本样式和字符样式等进行修改，如图10-65所示。其中在"字符"选项组中可以设置尺寸文本的字体、高度和粗细等；如果选择的是注解文本，则在"注解/尺寸"选项组中可以调整注解文本在两个方向上的对齐特性、文本的行间距和边距等；单击"重置"按钮可以重置为默认设置。

图10-65　"文本样式"对话框

10.4.4　几何公差

几何公差就是机械制图中的形位公差，即形状和位置公差。在添加模型的标注时，为满足使用要求，必须正确合理地规定模型几何要素的形状和位置公差，限制实际要素的形状和位置误差。

单击"注释"选项卡中的"几何公差"按钮，在视图中选取一个尺寸边界线，并在合适的位置按下鼠标中键确定几何公差的放置位置，系统将弹出"几何公差"选项卡，如图10-66所示。

图10-66　"几何公差"选项卡

在"符号"面板上的"几何特性"下拉列表中选择"垂直度"选项，再在"公差和基准"面板上，输入公差值并指定基本参考，即可完成垂直度的标注，如图10-67所示。

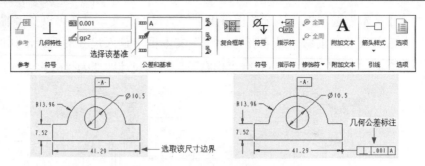

图 10-67　垂直度标注

下面介绍"几何公差"选项卡中各个主要功能面板的含义。

○ "参考"：用于选取模型、参考，指定公差符号的放置方式。

○ "符号"：用于指定选定几何公差的几何特性符号。包括直线度、平面度等14种几何特性。

○ "公差和基准"：该功能面板中的命令可设置选定几何公差类型和基准参考的几何公差值。其中该面板中各命令的具体解释如下。

　• "公差值" ▣：该选项主要用于设置"总公差"或"每单位公差"，文本框可用于指定以公差数值开头的字符串。

　• "名称" ▦：该文本框用于显示系统生成的几何公差名称。

　• "基准参考" ▦：基准参考用于指定基准参考和带有修饰符的复合基准参考。其中的基准参考是利用"绘制基准"中的"绘制基准平面"工具和"绘制基准轴"工具创建的。三个文本框可分别用于指定主要、次要及第三基准参考。这三个基准参考的内容显示为选定几何公差的三个容器。

　• "复合框架"按钮 ▦：可启用复合框架表，以用于定义公差值和属于复合几何公差框架的主要、次要及第三基准参考。

○ "符号"：可打开"符号"库，用于在几何公差中添加符号、注释与投影公差区域等选项。对于不同的几何公差类型，可以加入的符号也不相同。

❖ 提示

　在几何公差指定参考基准之前，必须先对绘制的基准平面或轴进行设置。选择要设置的基准名称，在"绘图树"中单击右键，然后选择快捷菜单中的"属性"选项，打开"基准"对话框。在"显示"列表中单击 ▣ 按钮，最后单击"确定"按钮。设置基准后，其名称就包括在矩形中。

10.4.5　添加注释

　一张完整的工程图不仅包括各类表达模型形状大小的视图和尺寸标注，还包括对视图进行补充说明的各类文本注释。工程图中的文本主要用于说明图纸的技术要求、标题栏内容和特殊加工要求等。

　单击"注释"选项板中的"注解"按钮 ▦ 旁边的箭头，弹出如图10-68所示的"注解类型"菜单。选择要创建的注解类型,通过相应的注解插入点方式,选取一点作为注解放置点,然后在打开的"格式"选项卡上设置注解文本的格式,在提示栏中输入添加的内容,即可完成注释的添加。"注解类型"菜单中各个选项的功能及操作步骤介绍如下。

(1) 独立注解

创建的注释不带有引线,即引导线。因此创建独立注解时,可以不用设置引线,只在页面上指定注解文本和位置即可。

在打开的"注解类型"菜单中,单击"独立注解"按钮 ,系统将打开"选择点"对话框,如图10-69所示。其中各选项的功能如下。

图 10-68 "注解类型"菜单

图 10-69 "选择点"对话框

○ 自由点 :将注解放置在绘图上选择的自由点处。

○ 绝对坐标 :将注解放置在由参考绘图原点的X和Y值定义的绝对坐标处。

○ 对象上 :将注解放置在所选的绘图对象上。

○ 顶点 :将注解放置在所选的顶点上。

将注解文本框的原点放置在所选位置上,系统将打开如图10-70所示的"格式"选项卡。使用"格式"选项卡上的命令格式化注解文本。输入注解文本后,在文本框外单击即可放置注解,如图10-71所示。

图 10-70 "格式"选项卡

"格式"选项卡上格式化注解文本的方式及功能如下。

○ 输入文字方式:可以直接通过键盘输入文字,按回车键可以换行;选择"文件"选项,则可以读取文字文件,文件格式为*.txt。

○ 文字排列方式:注释文本的排列方式有3种,分别是水平、竖直与角度。

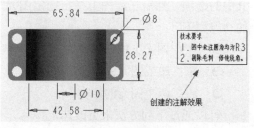

图 10-71 独立注解

○ 文字对齐方式:提供多种文字对齐方式,包括左、居中、右和默认。另外,也可以从"样式库"中指定所需的文字样式。

(2) 偏移注解

创建的注释和选取的尺寸、公差和符号等要间隔一定距离。

单击"偏移注解"按钮⊞，选择尺寸、尺寸箭头、几何公差、注解或符号等任一绘图图元作为与该注解偏移的参考。

拖动和放置注解文本框时，将显示一条重影线，连接选定的参考图元与注解文本框。在绘图区单击中键指定偏移注解的位置，系统将打开"格式"选项卡。使用"格式"选项卡上的命令格式化注解文本。输入注解文本后，在文本框外单击即可放置注解，如图10-72所示。

(3) 项上注解

创建项上注解，就是将注释连接到曲面上的点、边或曲线等图元上。

单击"项上注解"按钮▨，选择边、图元、基准点、坐标系、曲线、曲面上的点或顶点等任一图元作为该注解的参考。

将注解文本框的原点放置在图元上选定的位置，系统将打开"格式"选项卡。使用"格式"选项卡上的命令格式化注解文本。输入注解文本后，在文本框外单击即可放置注解，如图10-73所示。

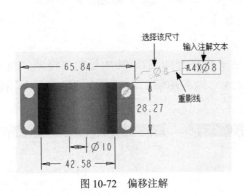

图 10-72　偏移注解　　　　　　　　　　图 10-73　项上注解

(4) 引线注解

单击"引线注解"按钮◢，系统将打开"选择参考"对话框，如图10-74所示。选择其中的选项，然后在绘图上指定选定图元上的引线连接点。"选择参考"对话框中各选项的功能如下。

○ ▷：图元上的任何参考点。

○ ◣：边或图元的中点。

○ ┼：两个图元的相交。

可以通过下列方法来更改选定参考。

按住Ctrl键，单击当前选定的参考图元移除参考。按住Ctrl键并单击另一图元添加参考或引线。如果选择了多个参考，则会创建带有多个引线的注解。

将显示一条具有橡皮筋效果的法向引线连接到选定图元。可拖动和放置注解文本框。使用鼠标中键单击绘图指定注解的位置。使用"格式"选项卡上的命令格式化注解文本。输入注解文本后，在文本框外单击即可放置注解，如图10-75所示。

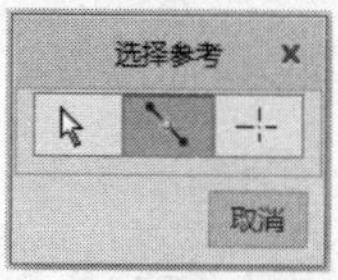

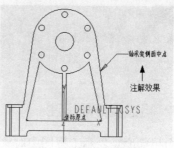

图 10-74 "选择参考"对话框

图 10-75 创建引线注解

如果在"选择参考"对话框中选择了 选项，可以创建以下两种注解：

❍ 切向引线注解

可创建引线相切于图元的注解。

选择几何、尺寸界线、点、坐标系、轴或自由点等任一图元作为注解的参考。在选择的参考图元上滑动，当出现"相切"符号 时，单击选定图元上的切向引线连接点。

将显示一条与选定参考图元连接的切向引线 (橡皮筋效果)。可拖动和放置注解文本框。通过鼠标中键单击绘图以指定注解的位置。使用"格式"选项卡上的命令格式化注解文本。输入注解文本后，在文本框外单击即可放置注解，如图10-76所示。

❍ 法向引线注解

可创建引线垂直于图元的注解。

选择几何、尺寸界线、点、坐标系、轴或自由点等任一图元作为注解的参考。在选择的参考图元上滑动，当出现"垂直"符号 时，单击选定图元上的法向引线连接点。

将显示一条具有橡皮筋效果的法向引线连接到选定图元。可拖动和放置注解文本框。通过鼠标中键单击绘图以指定注解的位置。使用"格式"选项卡上的命令格式化注解文本。输入注解文本后，在文本框外单击即可放置注解，如图10-77所示。

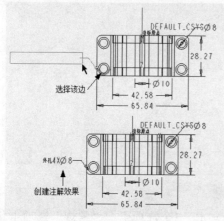

图 10-76 切向引线注解

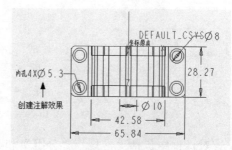

图 10-77 法向引线注解

❖ 注意

一个切向引线或法向引线注解都只能有一条引线。

> **❖ 提示**
>
> 如果需要修改所添加的注释，可以双击该注释，并在打开的"格式"选项卡中进行修改。

10.4.6 粗糙度符号标注

表面粗糙度是表示工程图中对象表面粗糙程度的指标。

选择"注释"选项卡，在"注释"面板上单击"表面粗糙度"按钮，首次标注表面粗糙度时，系统将弹出"打开"对话框，如图10-78所示。从"打开"对话框中打开machined文件夹，选择standard1.sym文件，单击"打开"按钮，系统将弹出"表面粗糙度"对话框，如图10-79所示。

图 10-78 "打开"对话框

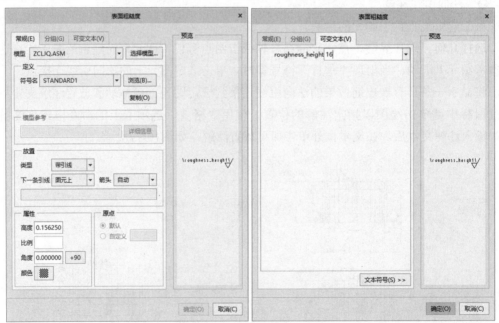

图 10-79 "表面粗糙度"对话框

该对话框中包括"常规""分组"和"可变文本"3个选项卡。"常规"选项卡包括符号定义、符号放置方式设置、符号属性设置、原点定义等功能。其中，"放置"主要用于设置符号的放置类型、设置引线类型以及设置引线箭头类型。"属性"可以对符号的高度、比例、倾斜角度、颜色等参数进行设置。"可变文本"选项卡可用于输入或修改文本数值。

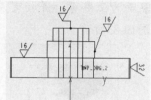

在"常规"选项卡中，单击"选择模型"按钮，在绘图中选择一个视图，然后对符号放置方式和符号属性进行预设，根据系统提示按住Ctrl键，选择一个或多个附加参考，之后单击鼠标中键放置符号，最后单击"确定"按钮，即可完成表面粗糙度的标注，如图10-80所示。

完成标注后，可以移动符号的位置。双击标注的符号后，可以在打开的"符号"对话框中修改粗糙度参数值。

图10-80　粗糙度符号标注

10.5　应用与练习

通过上述内容，读者应已熟悉了Creo 8.0的工程图操作。下面通过练习来复习所讲述的内容。

使用Creo 8.0打开名为9_1.asm的文件，可以看到这是第9章应用与练习实例中创建的悬臂齿轮。在这里，需要为它创建详细的工程图，如图10-81所示。

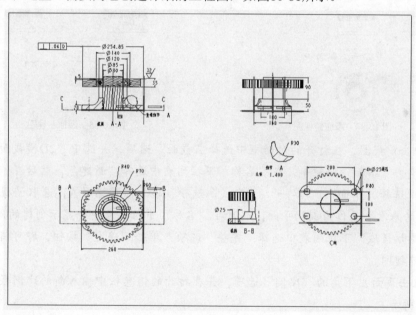

图10-81　悬臂齿轮工程图效果

01 新建一个文件名为10_1.drw的工程图文件，并在打开的"新建绘图"对话框中选取文件9_1.asm，然后指定页面为横向的A0图纸，单击"确定"按钮进入工程图环境。接着单击"普通视图"按钮，并在图中任意一点单击，则零件的三维图将显示在图纸上，如图10-82所示。

❖ 提示

在进入工程图环境后，有必要将视图的第三视角更改为第一视角。方法见10.1.1节。

02 在打开的"绘图视图"对话框中选中"几何参考"单选按钮。然后指定齿轮的表面为上参考,并指定座的一侧端面为前参考,单击"确定"按钮,添加前视图,如图10-83所示。

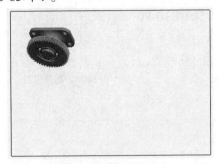

图 10-82　添加视图

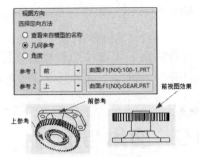

图 10-83　添加前视图

03 选取刚添加的前视图,并单击"投影视图"按钮🔳。然后向下拖动至合适位置,单击放置该投影视图,即可添加俯视图,如图10-84所示。

04 选取前视图,并单击"投影视图"按钮🔳。然后沿着前视图向右拖动至合适位置,单击放置该投影视图,即可添加左视图,如图10-85所示。

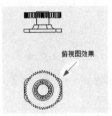

图 10-84　添加俯视图

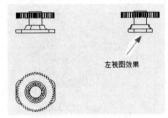

图 10-85　添加左视图

05 双击前视图,在打开的对话框中选择"截面"选项,并选中"2D横截面"单选按钮。然后单击"添加"按钮➕,在"名称"下拉列表中选择"新建",然后在"横截面创建"菜单中选择"平面"|"单一"|"完成"选项,输入截面名称A,选取俯视图上如图10-86所示的基准平面作为剖切平面,这时在"名称"下拉列表中会显示创建的剖截面A,接着在"剖切区域"下拉列表中选择"完整"选项,单击"确定"按钮,即可将前视图转换为全剖前视图。

06 双击页面左下角的"比例"选项,并在打开的信息栏中输入新的比例数值,效果如图10-87所示。

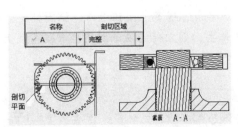

图 10-86　添加全剖前视图

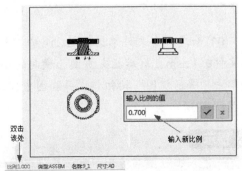

图 10-87　修改视图比例

07 单击"辅助视图"按钮，选取俯视图上如图10-88所示的基准平面。然后向上拖动至合适位置，单击放置所创建的辅助视图。取消该辅助视图的对齐约束，使其可以任意移动，将其移至如图10-89所示的位置，创建第一个辅助视图。

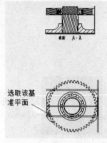

图 10-88　选取基准平面

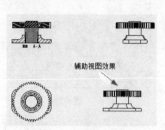

图 10-89　创建辅助视图 1

08 单击"辅助视图"按钮，选取前视图上如图10-90所示的基准平面。然后向上拖动至合适位置，单击放置所创建的辅助视图。取消该辅助视图的对齐约束，使其可以任意移动，将其移至如图10-91所示的位置，创建第二个辅助视图。

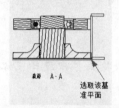

图 10-90　选取基准平面

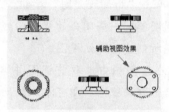

图 10-91　创建辅助视图 2

09 双击创建的辅助视图1，在打开的对话框中选择"可见区域"选项，并在"视图可见性"下拉列表中选择"局部视图"选项。接着选取如图10-92所示的边上一点为中心点。在指定的中心点周围绘制一条闭合的样条曲线确定局部视图的区域。然后单击"确定"按钮，即可创建局部视图，如图10-93所示。

10 双击创建的局部视图，在打开的对话框中选择"截面"选项，并选中"2D横截面"单选按钮。接着单击"添加"按钮+，在"名称"下拉列表中选择"新建"，然后在"横截面创建"菜单中选择"平面"|"单一"|"完成"选项，输入截面名称B，选取俯视图上的基准平面作为剖切平面。选择创建的剖截面B，并指定剖切方式为局部剖切，最后选取如图10-94所示的边上一点为中心点。

图 10-92　指定中心点

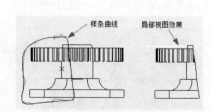

图 10-93　创建局部视图

11 在指定的中心点周围绘制一条闭合的样条曲线确定局部剖切的区域。然后单击"确定"按钮，即可创建局部剖视图。接着选取剖面线并双击左键，在打开的菜单中选择"属性"选项，在打开的"修改剖面线"菜单中将剖面线的间距减半，如图10-95所示。

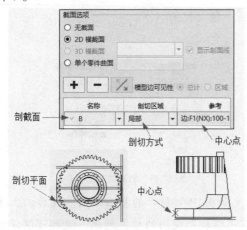

图 10-94　创建剖截面并指定中心点

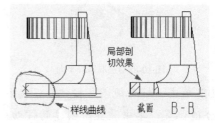

图 10-95　创建局部剖视图

12 单击"局部放大图"按钮，选取如图10-96所示圆角上的一点为中心点，并在该中心点周围绘制一条闭合的样条曲线，以确定放大的区域，按下鼠标中键并在合适位置单击，放置所创建的详细视图。

13 在绘图树中选取前视图并单击右键，在打开的快捷菜单中选择"添加箭头"选项。然后选取俯视图，即可添加剖切箭头，如图10-97所示。

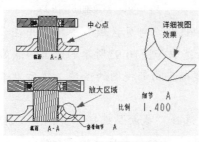

图 10-96　创建详细视图

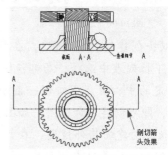

图 10-97　为前视图添加剖切箭头

14 用同样方法可以为局部剖视图B-B添加剖切箭头，如图10-98所示。

15 在绘图树中选取辅助视图2并单击右键，在打开的快捷菜单中选择"重命名"选项，并输入C。接着在C视图上选择右键菜单中的"添加箭头"选项，然后选取前视图，即可添加视图方向箭头，如图10-99所示。

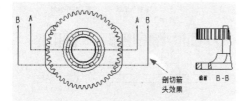

图 10-98　为局部剖视图添加剖切箭头

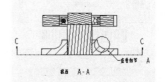

图 10-99　为 C 视图添加视图方向箭头

16 切换至"注释"选项卡，单击"显示模型注释"按钮，在打开的对话框中切换至"显示模型基准"选项卡，将所有视图的轴线显示。接着单击"尺寸"按钮，为所有视图分别标注尺寸，如图10-100所示。

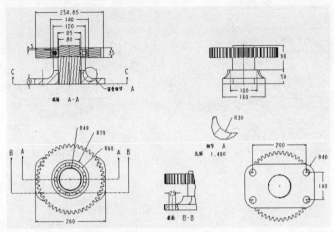

图 10-100　显示轴线并标注尺寸

17 双击如图10-101所示的线性尺寸，在打开的"尺寸"选项卡中，单击"尺寸文本"面板上的"尺寸文本"按钮，在打开的对话框中选择直径符号，为这些线性尺寸添加前缀。

图 10-101　为尺寸添加直径前缀

18 单击"注解"按钮，在"注解类型"下拉列表中选择"独立注解"选项。然后在打开的"选择点"对话框中单击"自由点"按钮，在C视图下方合适的位置单击放置注解，输入注解"C向"，并在"格式"选项卡中设置注解的字体、大小，按下鼠标中键完成对C视图的注解，如图10-102所示。

19 单击"注解"按钮，在打开的"注解类型"菜单中选择"引线注解"选项。然后选取C向视图上的通孔，按下鼠标中键。此时结合"格式"选项卡中的"文本"面板，在打开的信息栏中输入注解"4×ϕ25通孔"。在"样式"选项板中设置注解的字体、大小，按下鼠标中键完成孔的标注，如图10-103所示。

20 在"注释"选项板中单击"绘制基准平面"按钮，在打开的"选择点"对话框中单击"自由点"按钮，然后在前视图上选取其底边，在打开的信息栏中输入基准名称为D，则基准名称将显示在该底边上，如图10-104所示。

21 双击所创建的基准参考，系统将打开"基准"对话框。然后在该对话框中选取如图10-105所示的样式，即可完成对基准参考的修改。

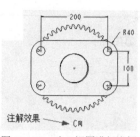

图 10-102　对 C 视图进行注解

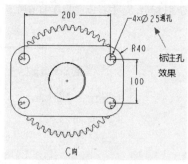

图 10-103　标注孔的尺寸

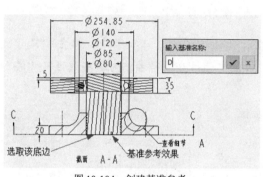

图 10-104　创建基准参考

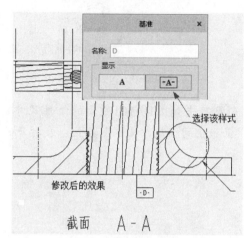

图 10-105　修改基准参考样式

22 单击"几何公差"按钮，在绘图区选取需标注的尺寸界线，按下鼠标中键确定几何公差的放置位置，系统将打开"几何公差"选项卡。

23 在"符号"面板上选择"几何特征"下拉菜单中的"垂直度"符号⊥，然后在"公差和基准"面板上，输入主要基准参考为D，如图10-106所示，输入公差值为0.04。调整几何公差至所选尺寸界线的合适位置，即可创建几何公差，如图10-107所示。

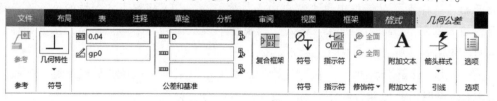

图 10-106　设置几何公差

24 单击"表面粗糙度"按钮，在"打开"对话框中选择machined文件夹中的standard1.sym选项，并在打开的对话框中选择"图元上"选项，接着选取如图10-108所示的尺寸线，并输入相应的参数值，即可在该处标注表面粗糙度符号。

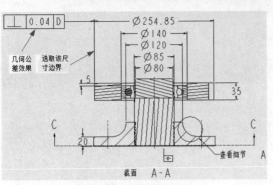

图 10-107　创建几何公差

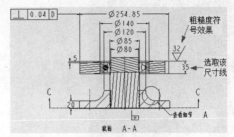

图 10-108　标注表面粗糙度符号

10.6　习题

1. 工程图中的视图有哪几类？

2. Creo 8.0提供了几种图纸模板？

3. 在工程图中如何对齐视图？

4. 如何在Creo 8.0中创建平面工程图？

5. 打开如图10-109所示的轴承座零件文件zcz.prt，绘制如图10-110所示的零件工程图并保存，文件名为10_2.drw。

图 10-109　轴承座模型

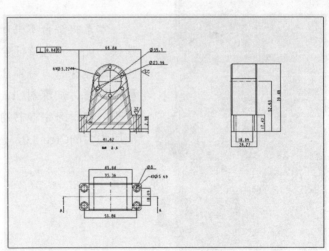

图 10-110　轴承座工程图

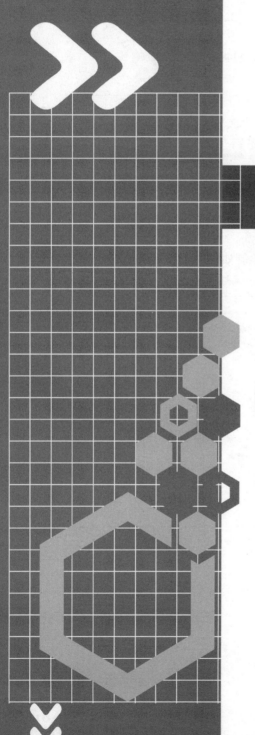

第11章

综合实例

本章将综合本书所讲述的有关Creo 8.0的实体特征建模功能、工程特征建模功能、曲面设计、装配设计和工程图设计等，带领读者熟悉和掌握整个设计建模的过程，同时，加深对Creo 8.0各种功能的理解，提高应用水平。在学习完本书的所有内容后，读者应该能够熟练应用强大的Creo 8.0，最终达到学习本书的目的。

11.1 端盖

本节将带领读者一起设计一个简单的端盖模型。读者可以从指定网站下载并打开本实例对应的文件duangai.prt。实例如图11-1所示。

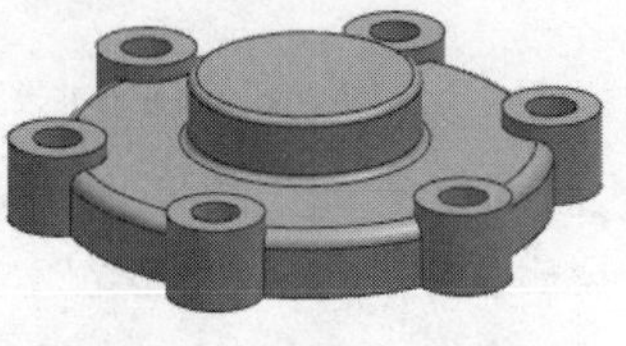

下面开始详细介绍本实例的设计过程。

在本次设计中，主要使用特征建模方法的命令，如拉伸、边倒圆、抽壳、孔、阵列面等，读者可在进行实例操作前复习这些命令的相关内容。

具体操作步骤如下。

图 11-1 端盖实例

01 启动Creo 8.0软件。

02 新建一个零件，在"模型"选项卡中，单击"形状"面板中的"拉伸"按钮📐，然后在"拉伸"操控面板中打开"放置"下拉面板，单击"定义"按钮 定义... ，指定草绘平面进入草绘环境。在"草绘"选项卡中，利用"圆心和点"工具，绘制直径为300的圆，如图11-2所示。

03 返回到"拉伸"操控面板，设置拉伸深度为40，单击"确定"按钮✔，即可创建拉伸特征，如图11-3所示。

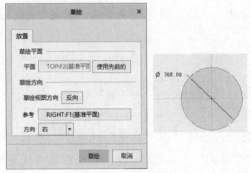

图 11-2 绘制截面草图

图 11-3 拉伸特征 1

04 单击"工程"面板中的"倒圆角"按钮🪣，系统将弹出"倒圆角"操控面板，按住Ctrl键选择圆柱体的边作为要倒圆角的对象，并设置倒圆角半径为10，如图11-4所示。绘制完成后的倒圆角结果如图11-5所示。

图 11-4 选择边并设置倒圆角半径

图 11-5 倒圆角结果

05 单击"工程"面板中的"壳"按钮▣，系统将弹出"壳"操控面板。选择圆柱体的底面作为要移除的曲面，并设置抽壳后实体的厚度为10，如图11-6所示。绘制完成后的抽壳结果如图11-7所示。

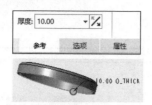

图 11-6　选择面并设置抽壳厚度　　　　　　图 11-7　抽壳结果

06 单击"形状"面板中的"拉伸"按钮，系统会弹出"拉伸"操控面板。在该操控面板中，单击"放置"下拉面板中的"定义"按钮，指定草绘平面为"使用先前的"，进入草绘环境。利用"圆心和点"工具，绘制如图11-8所示的直径为60的圆。

07 返回到"拉伸"操控面板，设置拉伸深度为50，单击"确定"按钮，即可创建拉伸特征。绘制完成后的拉伸特征如图11-9所示。

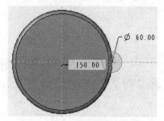

图 11-8　绘制截面草图　　　　　　　　　图 11-9　拉伸特征 2

08 单击"工程"面板中的"孔"按钮，系统将弹出"孔"操控面板，单击"简单"按钮和"平整"按钮，输入孔的直径为30，选择孔的深度类型为"穿透"，如图11-10所示。

图 11-10　"孔"操控面板

09 单击"孔"操控面板中的"放置"按钮，系统将弹出"放置"选项卡。在拉伸特征2上选择要放置孔的面，然后选择放置类型为"径向"，按住Ctrl键，在绘图区内选择拉伸特征2的中心轴A_2和基准平面FRONT，设置距离和角度，如图11-11所示。单击"孔"操控面板中的"确定"按钮，完成孔的创建，如图11-12所示。

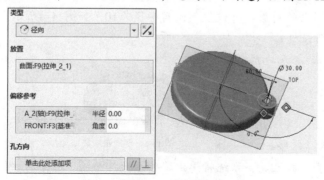

图 11-11　放置孔　　　　　　　　　图 11-12　绘制完成后的孔结果

10 选择拉伸特征2，单击"编辑"面板中的"阵列"按钮，系统会弹出"阵列"操控面板，指定阵列类型为"轴"阵列，选取拉伸特征1的中心轴A_1为阵列轴，阵列数量为6，角度为60°，如图11-13所示。创建阵列特征，效果如图11-14所示。

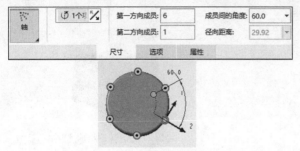

图11-13　设置阵列参数　　　　　　　　　图11-14　创建阵列特征

11 选择孔特征，单击"编辑"面板中的"阵列"按钮，系统会弹出"阵列"操控面板，直接指定阵列类型为"参考"阵列，参考现有阵列创建阵列。即按照拉伸特征2的阵列形式，创建孔特征的阵列，效果如图11-15所示。

图11-15　阵列孔的结果

12 单击"形状"面板中的"拉伸"按钮，系统会弹出"拉伸"操控面板。在该操控面板中，单击"放置"下拉面板中的"定义"按钮，指定圆盘的顶面为草图平面，进入草绘环境，如图11-16所示。利用"圆心和点"工具，选择圆盘中心为圆心，直径为140，绘制一个圆，如图11-17所示。

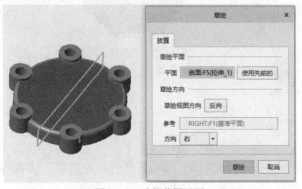
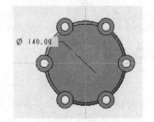

图11-16　选择草图平面　　　　　　　　　图11-17　绘制圆

13 返回到"拉伸"操控面板，设置拉伸深度为40，单击"确定"按钮，即可创建拉伸特征，如图11-18所示。绘制完成后的拉伸特征如图11-19所示。

14 单击"工程"面板中的"壳"按钮，系统将弹出"壳"操控面板。选择圆盘底面作为要移除的曲面，并设置抽壳厚度为10，如图11-20所示。绘制完成后的抽壳结果如图11-21所示。

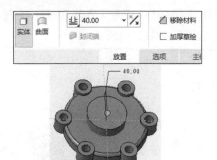

图 11-18   "拉伸"设置

图 11-19   拉伸特征 3

图 11-20   选择移除的曲面

图 11-21   抽壳结果

15 单击"工程"面板中的"倒圆角"按钮，系统将弹出"倒圆角"操控面板，按住Ctrl键选择拉伸特征3的上边和下边作为要倒圆角的边，并设置倒圆角半径为5，如图11-22所示。绘制完成后的端盖如图11-23所示。这也是本零件的设计结果。

图 11-22   选择要倒圆的边

图 11-23   端盖设计结果

11.2   叶片

本节为读者讲解一个实际工程应用的实例——创建一个简单翼型的叶片模型。读者可以从指定网站下载并打开本实例对应的文件yepian.prt。该实例如图11-24所示。

图 11-24   叶片实例

叶片结构参数如表11-1所示。

表11-1 叶片结构参数

截面编号	截面位置(半径r处)	弦长L	扭角θ°
1	190+380*5=2090	90	-2.98
2	190+380*4=1710	115	-0.58
3	190+380*3=1330	132	1.62
4	190+380*2=950	172	5.32
5	190+380=570	224	12.32
6	190	130	23.82

分析：叶片上截面1～6是间隔380的平行平面，对应每个截面上的曲线为弦长L、扭角θ°的翼型曲线。实际的翼型曲线为坐标描绘的设计曲线，本实例简化为用3段圆弧(上面2段相切圆弧，下面1段圆弧)表示。

在本实例中，主要使用的特征建模方法是先绘制多组空间曲线，然后应用"形状"面板中的"混合"工具来完成，读者可在进行实例操作前复习这些命令。

具体操作步骤如下。

01 启动Creo 8.0软件。

02 选择"文件"|"新建"命令，新建一个零件文件。

03 首先创建基准平面。在"基准"面板中单击"平面"按钮，打开如图11-25所示的"基准平面"对话框，选择基准平面RIGHT为参考，将其平移380，创建基准平面DTM1，如图11-26所示。

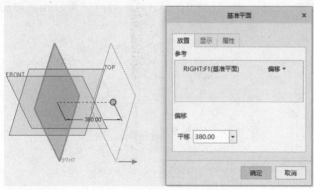
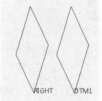

图11-25 "基准平面"对话框　　　　图11-26 创建基准平面DTM1

04 使用上述创建基准平面DTM1的方式，可依次创建基准平面DTM2、基准平面DTM3、基准平面DTM4、基准平面DTM5，选择前一个基准平面为参考，结果如图11-27所示。

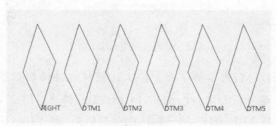

图11-27 创建基准平面DTM2 ～ DTM5

下面在创建好的基准平面上绘制草图。

05 在"基准"面板中单击"草绘"按钮，打开"草绘"对话框，选择基准平面RIGHT为草绘平面，单击"草绘"按钮，进入草图环境，如图11-28所示。

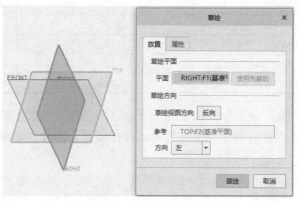

图11-28 "草绘"对话框

06 在"草绘"选项卡中，单击"基准"面板上的"点"按钮，根据设计要求，绘制如图11-29所示的辅助基本点。然后单击"草绘"面板上的"3点/相切端"按钮，用三点绘制弧的方式，依次指定绘制的基本点为圆弧的起点、终点和中点，绘制圆弧，如图11-30所示。绘制完成后翼型曲线结果如图11-31所示，其中，圆弧1：起点(45,0)、中点(17.14,13.12)、终点(-13.23,18.19)；圆弧2：起点(-13.23,18.19)、中点(-31.37,13.04)、终点(-45,0)；圆弧3：起点(-45,0)、中点(-2.59,-7.36)、终点(45,0)。AB两点间的距离为90，即图形弦长L。

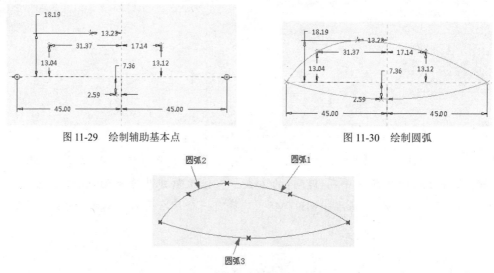

图11-29 绘制辅助基本点　　　　图11-30 绘制圆弧

图11-31 绘制翼型曲线1结果

07 选择基准平面DTM1为草绘平面，按上述同样方法绘制弦长为115的翼型曲线2的草图。绘制的圆弧1：起点(70,0)、中点(17.14,13.12)、终点(-13.23,18.19)；圆弧2：起点(-13.23,18.19)、中点(-31.37,13.04)、终点(-45,0)；圆弧3：起点(-45,0)、中点(-2.59,-7.36)、终点(70,0)，绘制完成后的曲线如图11-32所示。

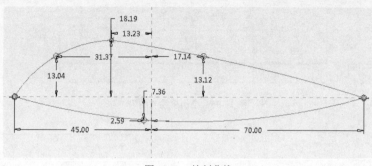

图 11-32 绘制曲线

08 将整条曲线(圆弧1、圆弧2和圆弧3)选中，单击"编辑"面板上的"旋转调整大小"按钮 ，打开"旋转调整大小"操控面板，选择点(-45,0)为旋转参考，输入旋转角度为2.4°，将曲线按扭角θ°旋转(-0.58)-(-2.98)=2.4°(以翼型曲线1为相对0°角位)，如图11-33所示。绘制结果如图11-34所示。

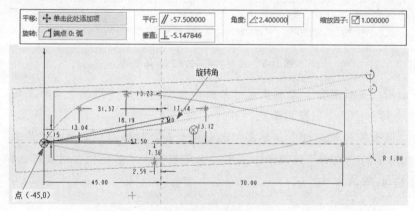

图 11-33 旋转曲线

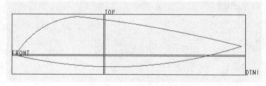

图 11-34 绘制草绘2结果

09 按上述方式绘制草绘3、草绘4、草绘5、草绘6。分别选择平面DTM2、平面DTM3、平面DTM4、平面DTM5为草绘平面；曲线弦长分别为132、172、224、130；旋转角依次为4.6°、8.3°、15.3°、26.8°。绘制结果如图11-35~图11-38所示。绘制完成后的截面草图如图11-39所示。

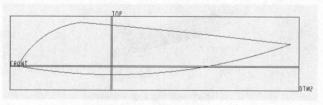

图 11-35 绘制草绘3结果

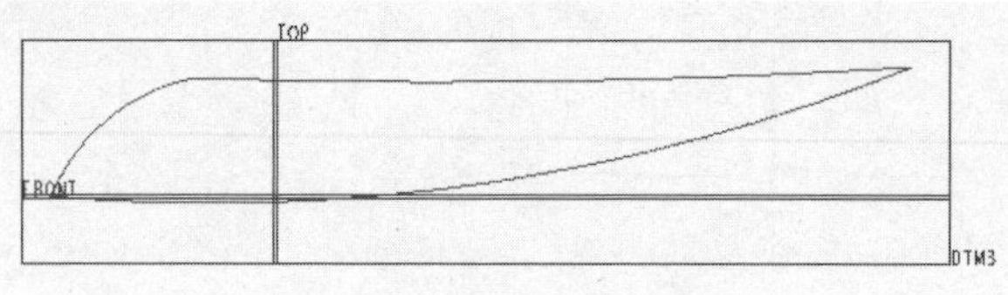

图 11-36　绘制草绘 4 结果

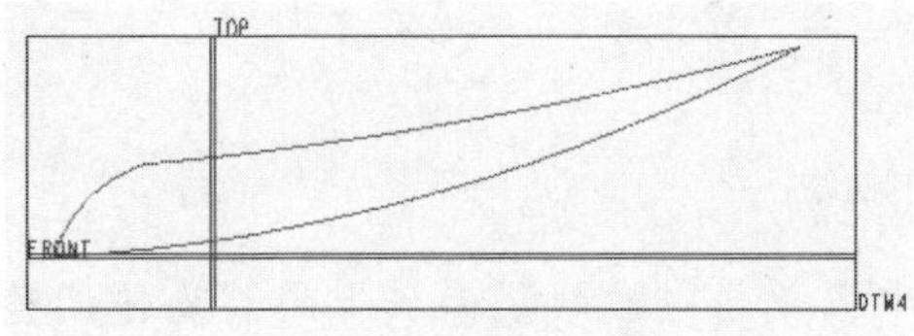

图 11-37　绘制草绘 5 结果

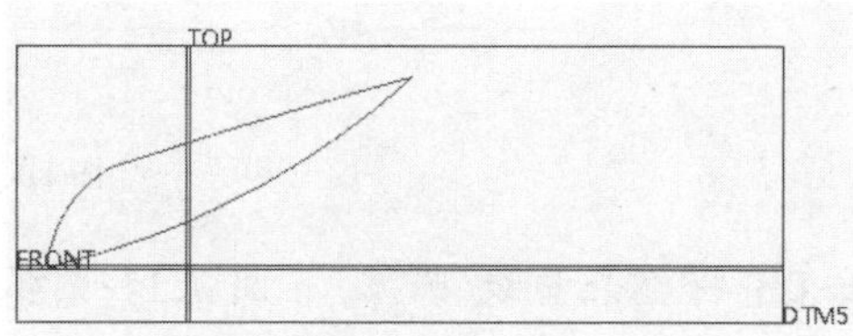

图 11-38　绘制草绘 6 结果

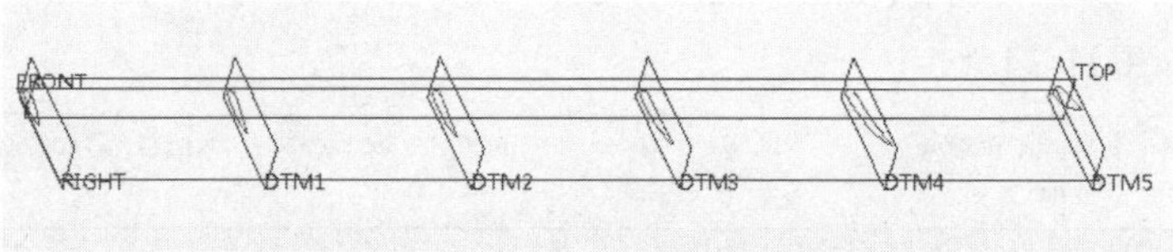

图 11-39　绘制完成后的截面草图结果

10 下面用“平行混合”工具生成叶片曲面模型。单击“形状”面板上的“混合”按钮，系统会弹出“混合”操控面板。

11 在“混合”操控面板中，单击“混合为曲面”按钮，并单击“截面”按钮，打开如图11-40所示的“截面”选项卡，选中“选定截面”单选按钮，用鼠标选择截面1上的曲线，如图11-41所示。

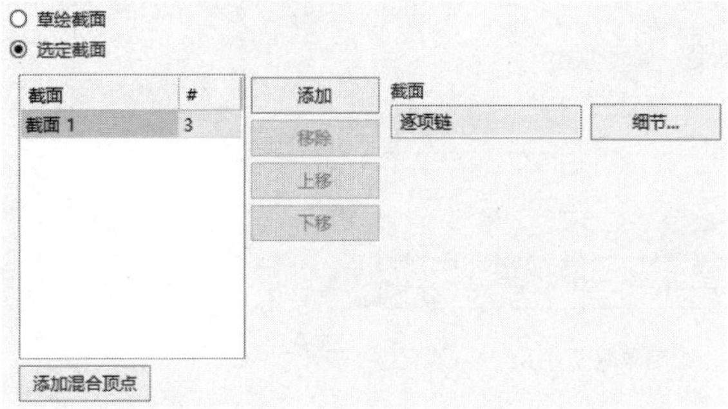

图 11-40　“截面”选项卡

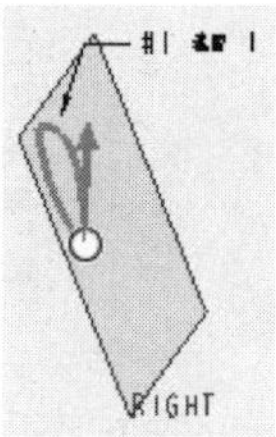

图 11-41　选择截面 1 上的曲线

12 单击“添加新截面”按钮添加，继续用鼠标选择截面2上的曲线，如图11-42所示。

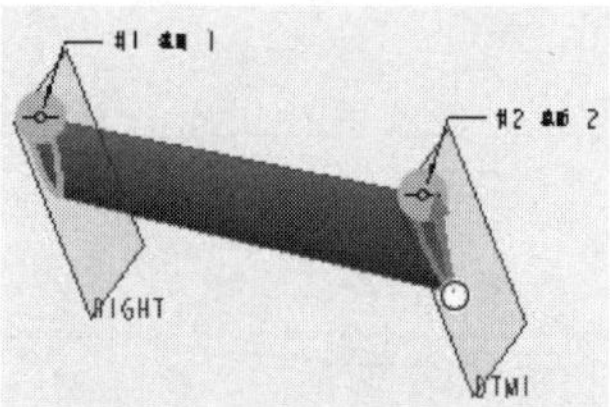

图 11-42　选择截面 2 上的曲线

13 如上述步骤所示，先后选择6个截面的截面线，选择完毕后都会出现相应的方向箭头，必须使相对应的各方向箭头同向，如图11-43所示。

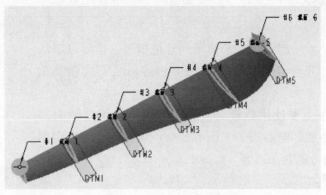

图11-43 选择多条截面线

❖ 注意

系统生成曲面时，会按照矢量方向箭头进行对齐，如果箭头方向或位置不同，就会产生扭曲的效果，如图11-44所示。可以单击"细节"按钮，在打开的"链"对话框中，选中"参考"选项卡中的"基于规则"单选按钮，并选中"完整环"单选按钮对曲线进行调整，如图11-45所示。

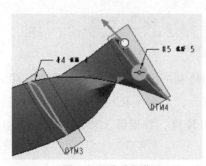

图11-44 产生扭曲

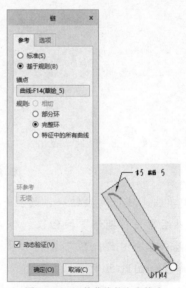

图11-45 调整曲线的方向箭头

14 单击"确定"按钮后，就完成了叶片模型的设计，结果如图11-46所示。

图11-46 叶片的设计结果

11.3 管道

本节将带领读者一起设计一个简单的管道模型。读者可以从指定网站下载并打开本实例对应的文件guandao.prt。该实例如图11-47所示。

在本次设计中主要使用线链、圆角、删除段、恒定剖面扫描、拉伸、镜像特征、同心圆、平面等命令，读者可在进行实例操作前复习这些命令的相关内容。

具体操作步骤如下。

01 启动Creo 8.0软件。

02 选择"文件"|"新建"命令，新建一个零件文件。

03 在"基准"面板中单击"草绘"按钮，打开"草绘"

图 11-47 管道实例

对话框，选择基准平面TOP为草绘平面，单击"草绘"按钮，进入草图环境，如图11-48所示。

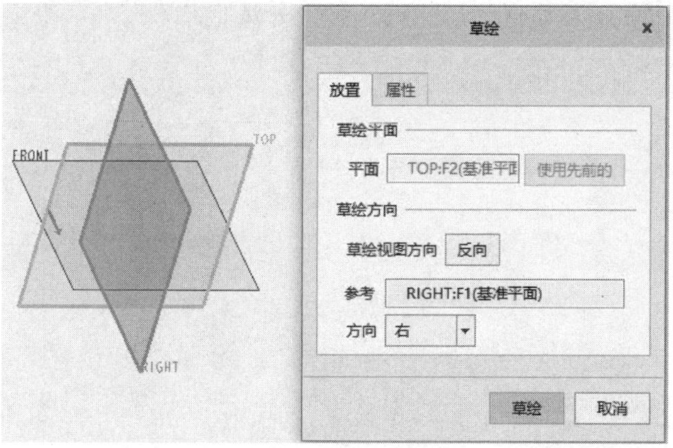

图 11-48 "草绘"对话框

04 单击"线链"按钮，绘制一条长度为500的水平线，再绘制一条长度为100的竖直线。然后单击"圆形"按钮，依次选择两条直线，绘制半径为50的圆角，如图11-49所示。最后单击"删除段"按钮，对竖直线进行修剪，将圆弧上端线段删除。绘制完成后的草绘如图11-50所示。

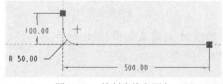

图 11-49 绘制直线和圆角

图 11-50 绘制草绘1

05 同样，按上述绘制草绘1的步骤，选择基准平面RIGHT为草绘平面，绘制草绘2。其中，水平线长度为400，竖直线长度为100，圆角半径为50。对竖直线进行修剪，将圆弧下端线段删除，如图11-51所示。绘制完成后的草图效果如图11-52所示。

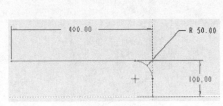

图 11-51　绘制草绘 2

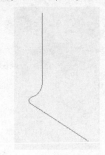

图 11-52　绘制完成后的草图效果

06 在"形状"面板中单击"扫描"按钮，在打开的"扫描"操控面板中，依次单击"实体"按钮和"恒定截面"按钮。然后在绘图区选择草绘1作为扫描轨迹，单击方向箭头调整扫描方向。接着在"扫描"操控面板中单击"创建或编辑扫描截面"按钮，进入草绘环境绘制扫描截面，使用"圆心和点"工具绘制两个直径分别为26、30(管道的"内径"和"外径")的同心圆，如图11-53所示。

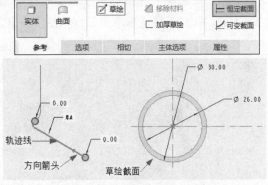

图 11-53　绘制恒定截面扫描特征

07 扫描截面绘制完成后，返回"扫描"操控面板，单击"确定"按钮，即可创建恒定截面扫描特征。管道1(即扫描特征1)的绘制结果如图11-54所示。

08 同样，按上述绘制管道1的步骤绘制管道2。选择草绘2作为扫描轨迹，草绘如图11-55所示的扫描截面，创建恒定截面扫描特征。绘制的管道结果如图11-56所示。

图 11-54　管道 1

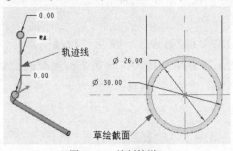

图 11-55　绘制管道 2

图 11-56　管道绘制结果

09 为了绘制下面的管道，首先创建两个基准平面。在"基准"面板中单击"平面"按钮，打开"基准平面"对话框，选择管道中心轴(或草绘2中的直线)为参考，指定参考方式为"穿过"。按住Ctrl键，再选择基准平面RIGHT为参考，选择参考方式为"偏移"，输入旋转角度为90°，如图11-57所示。单击"确定"按钮后创建基准平面DTM1，如图11-58所示。

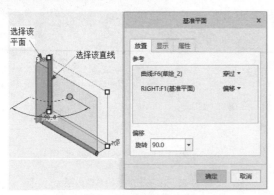 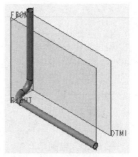

图 11-57　选择参考对象　　　　　　　　图 11-58　创建基准平面 DTM1

10 采用同样的方法选择管道上口平面为参考，选择参考方式为"偏移"，将其向下平移100，确定后创建基准平面DTM2，如图11-59所示。

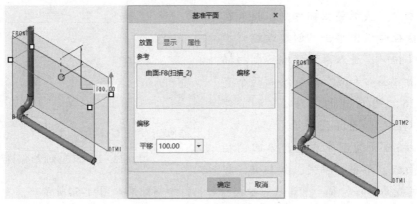

图 11-59　创建基准平面 DTM2

11 利用"草绘"工具，在基准平面DTM2上，分别绘制草绘3、草绘4，如图11-60、图11-61所示。

12 按上述绘制管道1与管道2的方法，使用"扫描"工具，绘制管道3。选择草绘3为扫描轨迹，绘制两个直径分别为26、30的同心圆为扫描截面，创建恒定剖面扫描特征，如图11-62所示。

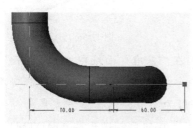 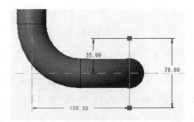 

图 11-60　绘制草绘 3　　　　图 11-61　绘制草绘 4　　　　图 11-62　绘制管道 3

13 用同样方法，绘制管道4。选择草绘4为扫描轨迹，绘制两个直径分别为26、30的同心圆为扫描截面，如图11-63所示。绘制完成后的管道结果如图11-64所示。

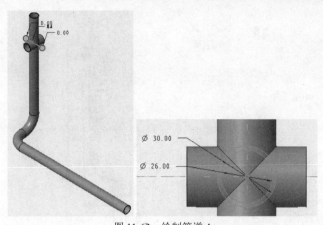

图11-63　绘制管道4　　　　　　　　　　　　　　　　　　图11-64　绘制完成后的管道结果

14 在"形状"面板中单击"拉伸"按钮，在"拉伸"操控面板中单击"放置"下拉面板中的"定义"按钮，指定管道3的侧口平面为草绘平面，进入草绘环境。在"草绘"选项卡中，利用"圆心和点""直线相切"和"删除段"工具，绘制如图11-65所示的截面草图。其中小圆直径为5，小圆弧直径为10，圆心至中心原点的距离为25。

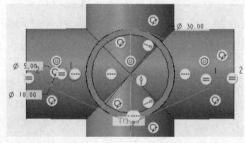

图11-65　创建拉伸截面草图

15 如图11-66所示指定拉伸方向，在"拉伸"操控面板中设置拉伸深度为5，单击"确定"按钮创建拉伸1。拉伸结果如图11-67所示。

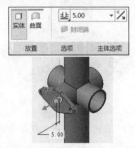

图11-66　设置拉伸方向和深度　　　　　　　　　　　　　图11-67　拉伸1

16 选择创建的拉伸1，然后单击"编辑"面板上的"镜像"按钮，系统会弹出如图11-68所示的"镜像"操控面板。在绘图区中指定基准平面DTM1为镜像平面，可以创建相应的镜像特征。镜像设置及结果如图11-69所示。

图 11-68　"镜像"操控面板　　　　　　　　图 11-69　镜像设置及结果

[17] 下面通过"移除材料"拉伸的方法，将管道3和管道4打通。从"形状"面板中单击"拉伸"按钮，系统将弹出"拉伸"操控面板。在该操控面板中单击"实体"按钮，单击"移除材料"，将深度类型改为"穿透"，如图11-70所示。

[18] 按照管道的内径曲线，绘制拉伸截面曲线。选择管道端口为草绘平面，在"草绘"选项卡中，单击"同心"按钮，然后选取管道的内径曲线，在适当位置按下中键，并设置绘制的同心圆直径为26，如图11-71所示。设置拉伸方向如图11-72所示，单击"确定"按钮后即可打通管道3。管道4的打通步骤与管道3的相同，最终拉伸结果如图11-73所示。

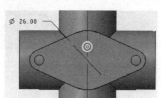

图 11-70　设置拉伸参数　　　　　　　　　　图 11-71　草绘截面

图 11-72　设置拉伸方向　　　　　　　图 11-73　管道 3 和管道 4 打通后的结果

[19] 下面再创建两个基准平面。在"基准"面板中单击"平面"按钮，打开"基准平面"对话框，选择管道上口平面为参考，选择参考方式为"偏移"，将其向下平移200，单击"确定"按钮后创建基准平面DTM3，如图11-74所示。

[20] 在基准平面DTM3上创建草绘5，绘制一条长80的直线，如图11-75所示。

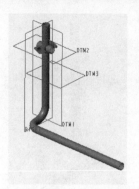

图 11-74 创建基准平面 DTM3

图 11-75 创建草绘 5

21 按如图11-76所示创建基准平面DTM4。首先选择草绘5的直线为参考对象,指定参考方式为"穿过"。然后按住Ctrl键,选择基准平面DTM3为参考对象,指定参考方式为"偏移",输入旋转角度为45°。单击"确定"按钮后创建基准平面DTM4,效果如图11-77所示。

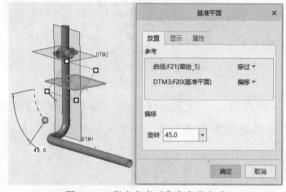

图 11-76 指定参考对象和参考方式

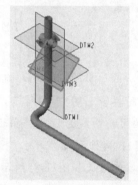

图 11-77 创建基准平面后的效果

22 在基准平面DTM4上创建草绘6,绘制两段长40的直线,两直线的起点距管道中心轴70.71,如图11-78所示。

23 按上述绘制管道的方法,使用"扫描"工具,绘制管道5。选择草绘6为扫描轨迹,绘制两个直径分别为26、30的同心圆为扫描截面,创建恒定剖面扫描特征,如图11-79所示。绘制管道5的结果如图11-80所示。

图 11-78 创建草绘 6

24 按上述步骤,通过"移除材料"拉伸的方法,将管道5和管道2打通。选择管道端口为草绘平面,绘制与管道内径曲线相同的曲线作为拉伸"截面"曲线。即在"草绘"选项卡中,用"同心"工具,绘制管道内径曲线的同心圆,设置直径为26,如图11-81所示。设置拉伸方向如图11-82所示,创建拉伸特征将管道5打通。

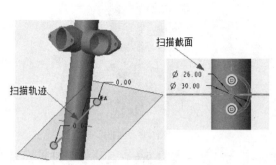

图 11-79 绘制管道 5

图 11-80 绘制结果

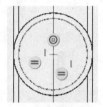

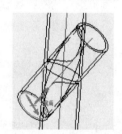

图 11-81 绘制拉伸截面曲线

图 11-82 设置拉伸方向

25 同样,如图11-83所示,在"拉伸"操控面板上设置拉伸参数,绘制与管道2的内径曲线相同的曲线为拉伸"截面"曲线,设置拉伸深度为300,创建拉伸特征将管道2打通,如图11-84所示。

26 拉伸结果如图11-85所示。这也是管道零件模型的设计结果。

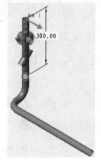

图 11-83 设置拉伸参数

图 11-84 设置拉伸深度

图 11-85 管道的设计结果

11.4 板凳

本节将带领读者一起设计一个塑料板凳模型。读者可以从指定网站下载并打开本实例对应的文件bandeng.prt。该实例如图11-86所示。

在本次设计中主要使用实体的拉伸、拔模、壳、阵列和倒圆角等特征,读者可在进行实例操作前复习这些命令的相关内容。

具体操作步骤如下。

01 启动Creo 8.0软件。

02 新建一个零件，在"模型"选项卡中，单击"形状"面板中的"拉伸"按钮 ，利用"拉伸"命令创建一个长为360、宽为300、高为300的方块，如图11-87所示。

图11-86 板凳实例

图11-87 拉伸特征1

03 选择"拉伸"命令，系统会弹出"拉伸"操控面板。单击"放置"下拉面板中的"定义"按钮，选取如图11-88所示的模型表面为草绘平面，进入草绘环境，创建内部草绘。绘制如图11-89所示的截面草图。

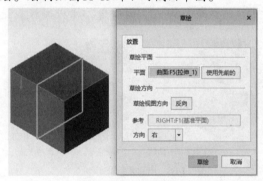

图11-88 定义草绘平面

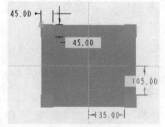

图11-89 绘制截面草图

04 返回"拉伸"操控面板，选择拉伸深度类型为"可变" ，在"深度值"文本框中输入285，并单击"反向"按钮 ，调整拉伸方向。设置拉伸参数如图11-90所示。创建的拉伸特征结果如图11-91所示。

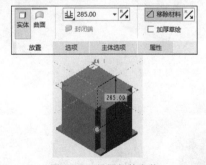

图11-90 设置拉伸参数

图11-91 拉伸特征2

05 单击"工程"面板中的"拔模"按钮 ，系统将弹出如图11-92所示的"拔模"操控面板。在绘图区选取如图11-93所示的平面为拔模枢轴，选择如图11-94所示的12个平面为要拔模的面，在"角度1"的文本框中输入值3。

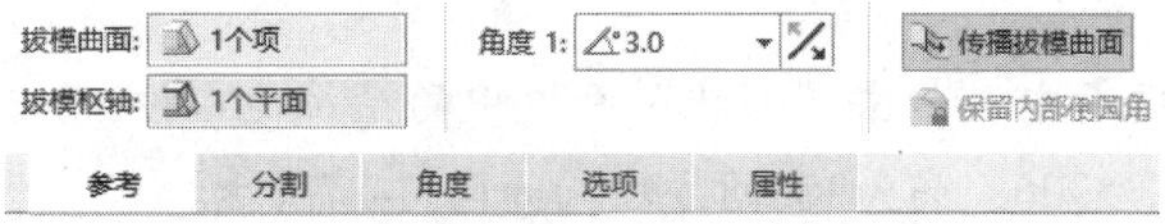

拔模曲面: 1个项
拔模枢轴: 1个平面
角度 1: 3.0
传播拔模曲面
保留内部倒圆角
参考
分割
角度
选项
属性

图 11-92 “拔模”操控面板

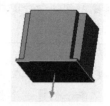

图 11-93 定义拔模枢轴

06 单击“拔模”操控面板中的“确定”按钮，完成拔模特征的添加，如图11-95所示。

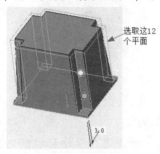

选取这12
个平面
3.0

图 11-94 定义拔模面

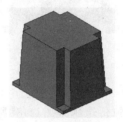

图 11-95 拔模结果

07 单击“工程”面板中的“倒圆角”按钮，系统将弹出“倒圆角”操控面板。选择如图11-96左图所示的12条边为“要倒圆角的边”，进行统一倒圆角，设置圆角半径为15。

08 单击“倒圆角”操控面板中的“确定”按钮，完成倒圆角特征1的添加，如图11-96右图所示。

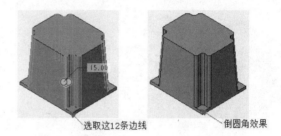

15.00
选取这12条边线
倒圆角效果

图 11-96 倒圆角特征 1

09 同样，使用“倒圆角”命令，选择如图11-97左图所示的边链为“要倒圆角的边”，进行倒圆角，设置圆角半径为30。完成倒圆角特征2，如图11-97右图所示。

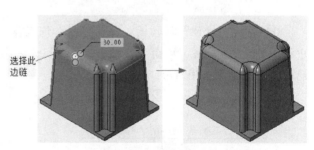

30.00
选择此
边链

图 11-97 倒圆角特征 2

10 继续使用“倒圆角”命令，选择如图11-98左图所示的边线为“要倒圆角的边”，进行倒圆角，设置圆角半径为30。完成倒圆角特征3，如图11-98右图所示。

选择这4条边线
30.00
放大图
30.00

图 11-98 倒圆角特征 3

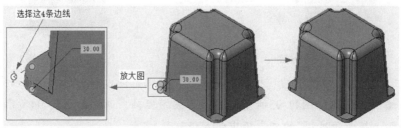

11 继续使用"倒圆角"命令，选择如图11-99左图所示的4条边链为"要倒圆角的边"，进行倒圆角，设置圆角半径为7.5。完成后的倒圆角特征4如图11-99右图所示。

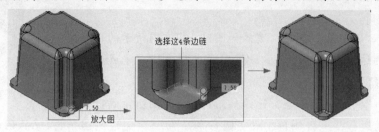

图 11-99　倒圆角特征 4

12 单击"工程"面板中的"壳"按钮 ，系统将弹出如图11-100所示的"壳"操控面板。选择如图11-101所示的面为"移除的曲面"，设置抽壳厚度为7.5。

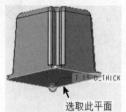

图 11-100　"壳"操控面板 　　　　　　　　图 11-101　选择要移除的面

13 单击"壳"操控面板中的"确定"按钮，完成壳特征的创建，结果如图11-102所示。

14 在"形状"面板中单击"拉伸"按钮 ，系统会弹出"拉伸"操控面板。选取FRONT基准平面为草绘平面，绘制如图11-103所示的截面草绘。

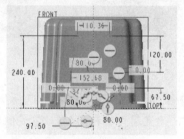

图 11-102　壳特征 　　　　　　　　　　图 11-103　截面草绘

15 在"拉伸"操控面板中，单击"移除材料" ，将深度方式改为"对称" ，设置拉伸深度值为400，创建拉伸特征3，结果如图11-104所示。

16 同样，使用"拉伸"命令，系统将弹出"拉伸"操控面板。选取RIGHT基准平面为草图平面，绘制如图11-105所示的截面草绘。

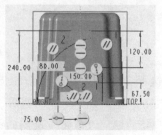

图 11-104　拉伸特征 3 　　　　　　　　图 11-105　截面草绘

17 在"拉伸"操控面板中,单击"移除材料" ,将深度方式改为"对称" ,设置拉伸深度值为400,创建拉伸特征4,结果如图11-106所示。

图 11-106　拉伸特征 4

18 使用"倒圆角"命令,选择如图11-107左图所示的16条边为"要倒圆角的边",进行倒角,设置圆角半径为15。完成倒圆角特征5的创建,结果如图11-107右图所示。

19 使用"倒圆角"命令,选择如图11-108左图所示的16条边为"要倒圆角的边",进行倒角,设置圆角半径为7.5。完成倒圆角特征6的创建,结果如图11-108右图所示。

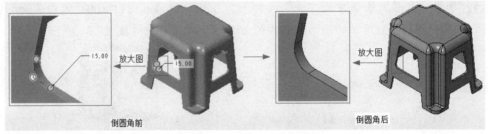

图 11-107　倒圆角特征 5

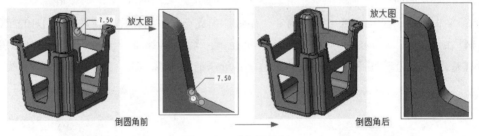

图 11-108　倒圆角特征 6

20 使用"倒圆角"命令,选择如图11-109左图所示的4条边链为"要倒圆的边",进行倒角,设置圆角半径为4.5。完成倒圆角特征7的创建,结果如图11-109右图所示。

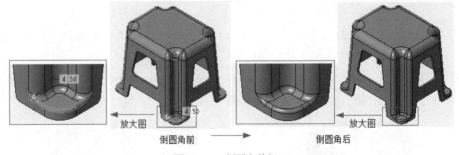

图 11-109　倒圆角特征 7

21 选择"拉伸"命令,系统将弹出"拉伸"操控面板。选取如图11-110所示的平面为草图平面。在草绘环境中,利用"椭圆"工具绘制一个大半径为16.5、小半径为12、角度为180°-45°=135°的椭圆。绘制的截面草图如图11-111所示。

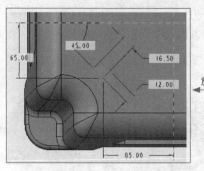
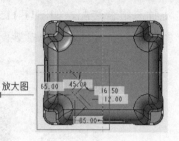

图 11-110 选择草绘平面　　　　　　　　　　图 11-111 截面草绘

22 在"拉伸"操控面板中，单击"移除材料" ，将深度方式改为"穿透" ，创建拉伸特征5，结果如图11-112所示。

23 选择拉伸特征5，单击"编辑"面板中的"阵列"按钮 ，系统会弹出"阵列"操控面板，指定阵列类型为"方向"阵列。

图 11-112 拉伸特征 5

24 在"阵列"操控面板中单击激活"第一方向"收集器，并在绘图区中选取坐标系的X轴为第一阵列方向，设置阵列的数目为5，阵列的间距为42。

25 在"阵列"操控面板中单击激活"第二方向"收集器，并在绘图区中选取坐标系的Z轴为第二阵列方向，设置阵列的数目为4，阵列的间距为42，如图11-113所示。

26 单击"阵列"操控面板中的"确定"按钮，完成阵列的创建。至此，完成了凳子模型的设计，结果如图11-114所示。

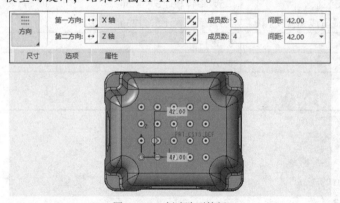

图 11-113 创建阵列特征

图 11-114 凳子的设计结果

11.5 机柜抽屉装配

本节将引导读者学习Creo 8.0的装配操作——机柜抽屉装配。从指定网站下载并打开本实例对应的Creo 8.0装配文件chouti.asm(在chouti文件夹中)，就会看到一个已经完成的机柜抽屉组合装配,如图11-115所示。本实例将使用已存在的组件进行装配,需要的组件包括钣金件、零件,还包括装配件,具体的装配清单如表11-2所示。

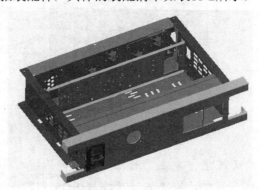

图 11-115　机柜抽屉实例

表11-2　机柜抽屉装配清单

序号	组件文件名	名称与规格	材料	装配数量
1	by8055915.prt	抽屉底板(塑料导轨)	2敷铝锌板 2.0×1220×2250	1
2	by80533613.prt	抽屉左侧板	1.5敷铝锌板 1.5×1250	1
3	by80533615.prt	抽屉右侧板	1.5敷铝锌板 1.5×1250×2000	1
4	by80533572.prt	抽屉后板	1.5敷铝锌板 1.5×1250×2000	1
5	by80533573.prt	抽屉前上支件	1.5敷铝锌板 1.5×1250×2000	1
6	by53203192.asm	抽屉门板焊装		1
7	by8043617.prt	撑板(by8043617_10.prt)	1.0敷铝锌板 1.0×1250×2400	1
8	by80533614.prt	抽屉右侧板短导轨	1.5敷铝锌板 1.5×1250×2000	1
9	by80621800.prt	NS80开关安装板	1.5敷铝锌板 1.5×1250	1
10	by80621822.prt	250A 3P抽屉出线铜排支撑板	1.5敷铝锌板 1.5×1250	1
11	87384.prt	87384零件	87384	1
12	87372.prt	87372零件	87372	2
13	by8260324.prt	附件(导轨)	0.5不锈钢板CR18NI9 0.5×1000×2000	1

具体操作步骤如下。

01 启动Creo 8.0软件。

02 新建一个名为chouti.asm的装配文件,然后进入装配环境。在"模型"选项卡中,单击"元件"面板上的"组装"按钮,在chouti.asm文件所在的目录下,打开一个名为by8055915.prt的底板钣金件,然后在"约束类型"下拉列表中选择"重合"选项,依次选择底板的一个平面和装配基准平面ASM_TOP,添加重合约束,如图11-116所示。

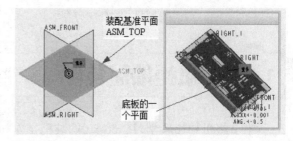

图 11-116　底板与装配基准平面配合

03 选择"新建约束"选项，使用"重合"约束类型，先选择底板的基准平面RIGHT，然后选择装配基准平面ASM_RIGHT，如图11-117所示。

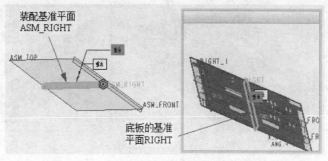

图 11-117 底板的基准平面与装配基准平面配合 1

04 选择"新建约束"选项，继续施加第3个约束，依次选择底板的基准平面FRONT和装配基准平面ASM_FRONT，添加距离约束，设置距离值为0，如图11-118所示。完成抽屉底板的定位，效果如图11-119所示。

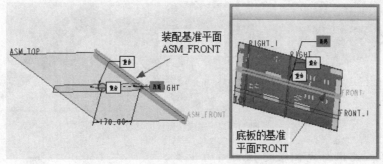

图 11-118 底板的基准平面与装配基准平面配合 2

05 单击"组装"按钮，打开左侧板钣金件文件by80533613.prt，然后在"约束类型"下拉列表中选择"重合"选项，选择左侧板的一个孔的曲面1和底板的一个孔的曲面2，添加重合约束，如图11-120所示。

图 11-119 加入抽屉底板

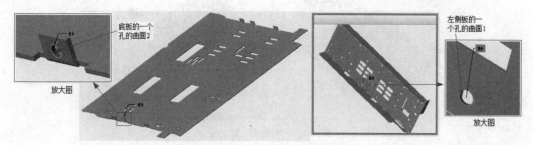

图 11-120 左侧板与底板配合 1

06 选择"新建约束"选项，使用"平行"约束类型，先选择左侧板的一个平面1，然后选择底板的一个平面2，如图11-121所示。

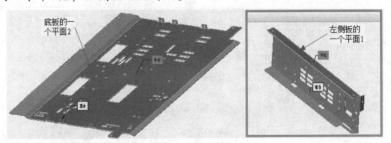

图 11-121　左侧板与底板配合 2

07 选择"新建约束"选项，继续施加第3个约束，依次选择左侧板的平面1和底板的平面2，添加距离约束，设置距离值为0，如图11-122所示。完成左侧板的定位，效果如图11-123所示。

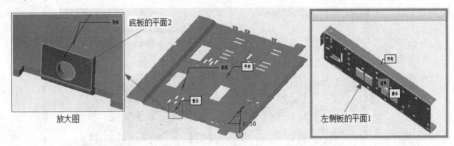

图 11-122　完成左侧板的定位

08 同样，采用与左侧板定位相同的步骤，添加右侧板钣金件文件by80533615.prt，在右侧板与底板之间，依次施加"重合""平行"和"距离"3个约束，同样设置"距离"约束的距离值为0，如图11-124所示。完成右侧板的定位，效果如图11-125所示。

图 11-123　加入左侧板

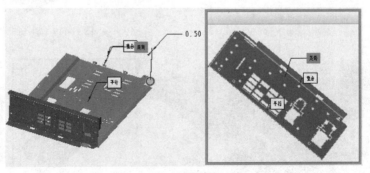

图 11-124　右侧板与底板配合

图 11-125 完成右侧板的定位

09 添加后板钣金件文件by80533572.prt，使用"重合"约束，先选择后板的一个孔的曲面1，然后选择左侧板一个孔的曲面2，如图11-126所示。

10 选择"新建约束"选项，使用"平行"约束类型，先选择后板的一个平面1，然后选择底板的一个平面2，如图11-127所示。

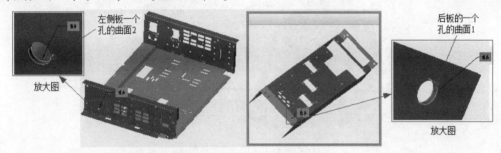

图 11-126 后板与左侧板配合 1

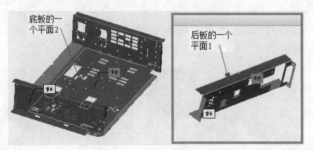

图 11-127 后板与底板配合

11 选择"新建约束"选项，继续施加第3个约束，依次选择后板的平面1和左侧板的平面2，使用"重合"约束，如图11-128所示。完成后板的定位，效果如图11-129所示。

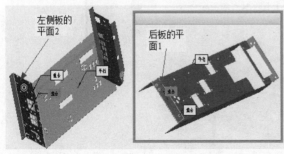

图 11-128 后板与左侧板配合 2

图 11-129 完成后板的定位

⑫ 添加前上支件钣金件文件by80533573.prt，使用"重合"约束，先选择前上支件的一个孔的曲面1，然后选择左侧板一个孔的曲面2，如图11-130所示。

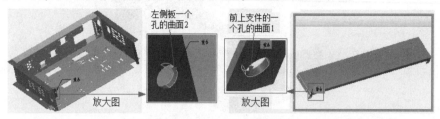

图 11-130　前上支件与左侧板配合 1

⑬ 选择"新建约束"选项，继续施加第2个约束，使用"重合"约束类型，先选择前上支件的一个平面1，然后选择左侧板的一个平面2。如果方向不正确，可以单击"反向"按钮，纠正约束的方向，如图11-131所示。

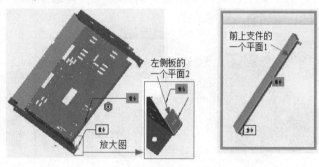

图 11-131　前上支件与左侧板配合 2

⑭ 选择"新建约束"选项，继续施加第3个约束，依次选择前上支件的一个孔的曲面1和右侧板的一个孔的曲面2，使用"相切"约束，如图11-132所示。完成前上支件的定位，效果如图11-133所示。

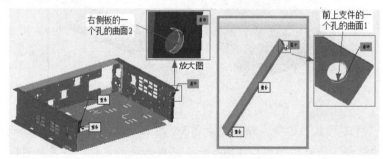

图 11-132　前上支件与右侧板配合

图 11-133　完成前上支件的定位

15 添加门板焊装装配件文件by53203192.asm，使用"距离"约束，先选择门板焊装的一个平面，然后选择基准平面ASM_TOP，设置距离值为-5.3，如图11-134所示。

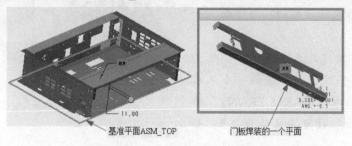

图11-134 门板焊装与基准平面配合 1

16 选择"新建约束"选项，继续施加第2个约束，依次选择门板焊装的一个平面和基准平面ASM_FRONT，使用"距离"约束，设置距离值为7.5，如图11-135所示。

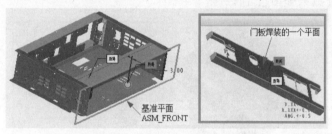

图11-135 门板焊装与基准平面配合 2

17 选择"新建约束"选项，继续施加第3个约束，使用"距离"约束类型，先选择门板焊装的一个平面，然后选择基准平面ASM_RIGHT，设置距离值为-12，如图11-136所示。完成门板焊装装配件的定位，效果如图11-137所示。

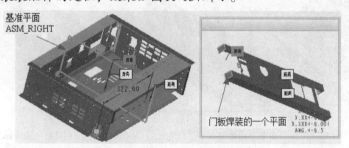

图11-136 门板焊装与基准平面配合 3

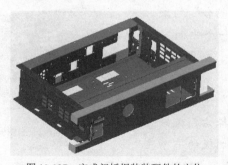

图11-137 完成门板焊装装配件的定位

18 添加撑板钣金件文件by8043617_
10.prt，使用"重合"约束，先选择撑板的
一个平面，然后选择底板的一个平面，如
图11-138所示。

19 选择"新建约束"选项，继续施
加第2个约束，依次选择撑板的一个基准
平面RIGHT和基准平面ASM_FRONT，使
用"距离"约束，设置距离值为-2.5，如
图11-139所示。

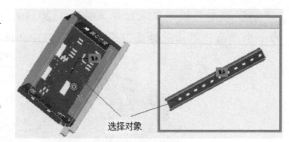

图 11-138　撑板与底板配合

20 选择"新建约束"选项，继续施加第3个约束，使用"距离"约束类型，先选择撑
板的一个平面，然后选择基准平面ASM_RIGHT，设置距离值为4.17，如图11-140所示。
完成撑板的定位，效果如图11-141所示。

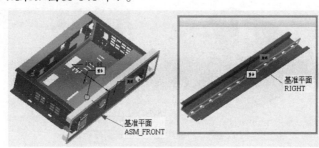

图 11-139　基准平面相互配合

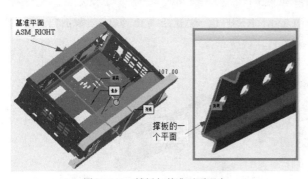

图 11-140　撑板与基准平面配合

图 11-141　完成撑板的定位

21 添加右侧板短导轨钣金件文件
by80533614.prt，使用"重合"约束，
先选择右侧板短导轨的一个平面，然
后选择右侧板的一个平面，如图11-142
所示。

22 选择"新建约束"选项，继续
施加第2个约束，依次选择右侧板短导
轨的一个孔的曲面1和右侧板的一个孔
的曲面2，使用"重合"约束，如图11-143所示。

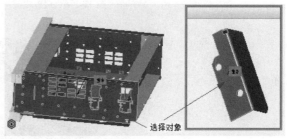

图 11-142　右侧板短导轨与右侧板配合 1

图11-143 右侧板短导轨与右侧板配合2

23 选择"新建约束"选项，继续施加第3个约束，使用"平行"约束类型，先选择右侧板短导轨的一个平面，然后选择基准平面ASM_TOP，如图11-144所示。完成右侧板短导轨的定位，效果如图11-145所示。

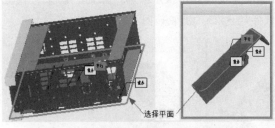

图11-144 右侧板短导轨与基准平面配合

图11-145 完成右侧板短导轨的定位

24 添加开关安装板钣金件文件by80621800.prt，依次对开关安装板的基准平面TOP与装配基准平面ASM_RIGHT添加"重合"约束；对开关安装板的一个孔的曲面与右侧板的一个孔的曲面添加"重合"约束；对开关安装板的一个平面与装配基准平面ASM_TOP添加"平行"约束，如图11-146所示。完成开关安装板的定位，效果如图11-147所示。

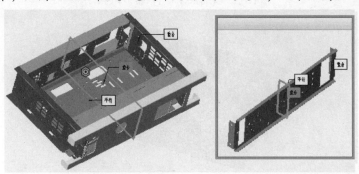

图11-146 对开关安装板添加3个约束

25 添加出线铜排支撑板钣金件文件by80621822.prt，依次对出线铜排支撑板的一个平面与后板的一个平面添加"距离"约束，设置距离值为0；对出线铜排支撑板的一个孔的曲面与后板的一个孔的曲面添加"重合"约束；对出线铜排支撑板的一个平面与装配基准平面ASM_TOP添加"平行"约束，如图11-148所示。完成出线铜排支撑板的定位，效果如图11-149所示。

图11-147 完成开关安装板的定位

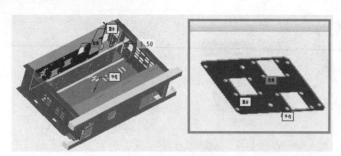

图 11-148　对出线铜排支撑板添加 3 个约束　　　　　图 11-149　完成出线铜排支撑板的定位

26 添加87384零件文件87384.prt，依次对87384的一个平面与门板焊装中的一个平面添加"重合"约束；对87384的一个平面与门板焊装中的一个平面添加"距离"约束，设置距离值为-4.5；对87384的一个平面与装配基准平面ASM_TOP添加"距离"约束，设置距离值为-1.3，如图11-150所示。完成87384零件的定位，效果如图11-151所示。

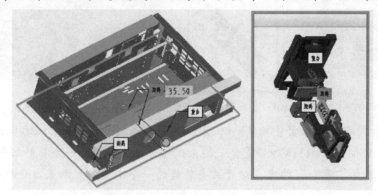

图 11-150　对 87384 零件添加 3 个约束

图 11-151　完成 87384 零件的定位

27 添加87372零件文件87372.prt，系统将提示"模型<87372>具有预定义的挠性，是否要将其用于挠性元件定义？"，单击"是"按钮，系统将打开"87372s:可变项(4)"对话框，如图11-152所示。在该对话框中选取要定义的尺寸，并输入新值，单击"确定"按钮即可更新模型尺寸，改变对象结构，以适应装配的要求，如图11-153所示。

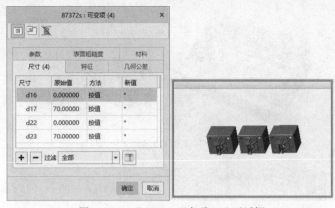

图 11-152 "87372s：可变项 (4)" 对话框

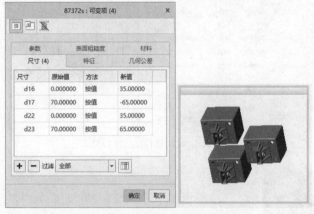

图 11-153 定义挠性化元件的尺寸

28 将新定义的87372零件的三个孔的曲面与出线铜排支撑板相对应的三个孔的曲面依次添加"重合"约束，如图11-154所示。完成87372零件的定位，效果如图11-155所示。

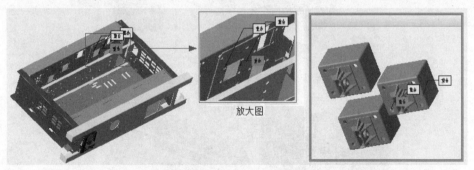

图 11-154 对 87372 零件添加 3 个约束

29 按上述方法，再添加一个87372零件文件87372.prt，定义挠性化元件的尺寸如图11-156所示。依次为新定义的87372零件的三个孔的曲面与出线铜排支撑板相对应的三个孔的曲面添加"重合"约束，如图11-157所示。完成第2个87372零件的定位，效果如图11-158所示。

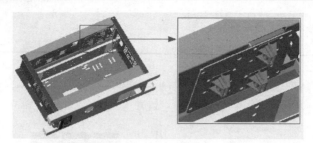

图 11-155　完成 87372 零件 1 的定位

图 11-156　定义挠性化元件的尺寸

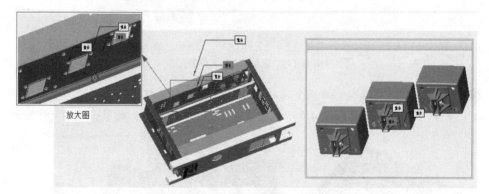

图 11-157　对 87372 零件添加 3 个约束

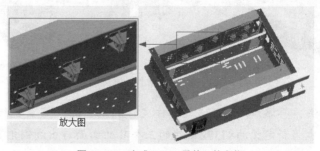

图 11-158　完成 87372 零件 2 的定位

30 添加附件(导轨)钣金件文件by8260324.prt，依次使用"重合""距离"(设置距离值为-6.3)和"重合"3个约束，如图11-159所示。完成附件(导轨)的定位，效果如图11-160

所示。这样，就最终完成了机柜抽屉组合的整个装配。

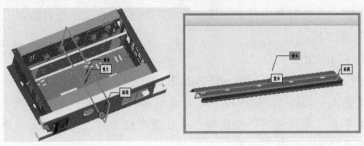

图 11-159　对附件 (导轨) 添加 3 个约束

底面　　　　　　　　　　　　　正面

图 11-160　机柜抽屉的装配结果

11.6　端盖工程图

　　本节将带领读者一起为本章11.1节中绘制的端盖模型创建详细的工程图。读者可以从指定网站下载并打开本实例对应的文件duangai.drw。该实例如图11-161所示。

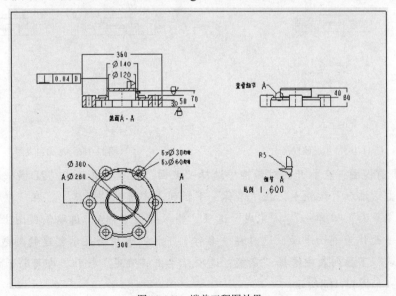

图 11-161　端盖工程图效果

在本次设计中主要介绍端盖工程图的创建过程，包括各种视图的创建，以及尺寸标注和公差标注等内容，读者可在进行实例操作前复习这些命令的相关内容。

具体操作步骤如下。

01 启动Creo 8.0软件。

02 新建一个文件名为duangai.drw的工程图文件，并在打开的"新建绘图"对话框中选取端盖零件文件duangai.prt，然后指定页面为横向的A0图纸，单击"确定"按钮进入工程图环境。接着单击"常规视图"按钮🔲，并在图中任意一点单击，则零件的三维图将显示在图纸上，如图11-162所示。

03 在打开的"绘图视图"对话框中选中"几何参考"单选按钮。然后指定端盖的FRONT基准平面为前参考，并指定端盖的上表面为上参考，如图11-163所示。单击"确定"按钮，添加前视图，如图11-164所示。

图 11-162　添加视图

图 11-163　选择视图参考

图 11-164　添加前视图

04 选取刚添加的前视图，并单击"投影视图"按钮🔲。然后向下拖动至合适位置，单击放置该投影视图，即可添加俯视图，如图11-165所示。

05 选取前视图，并单击"投影视图"按钮🔲。然后沿着前视图向右拖动至合适位置，单击放置该投影视图，即可添加左视图，如图11-166所示。

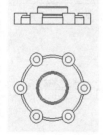

图 11-165　添加俯视图

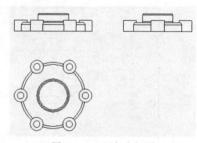

图 11-166　添加左视图

06 双击前视图，在打开的对话框中选择"截面"选项，并选中"2D横截面"单选按钮。然后单击"添加"按钮➕，在"名称"下拉列表中选择"新建"，在"横截面创建"菜单中选择"平面"|"单一"|"完成"选项，输入截面名称A，选取俯视图上如图11-167所示的基准平面作为剖切平面，这时在"名称"下拉列表中会显示创建的剖截面A。接着在"剖切区域"下拉列表中选择"完整"选项，单击"确定"按钮，即可将前视图转换为全剖前视图，如图11-168所示。

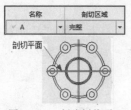

图 11-167 创建剖截面 A

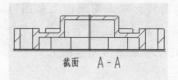

图 11-168 全剖前视图

07 双击页面左下角的"比例"选项，并在打开的信息栏中输入新的比例数值，效果如图11-169所示。

08 在绘图树中选取前视图，并单击右键，在打开的快捷菜单中选择"添加箭头"选项。然后选取俯视图，即可添加剖切箭头，如图11-170所示。

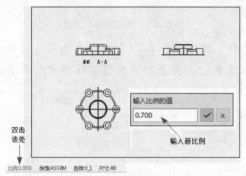

图 11-169 修改视图比例

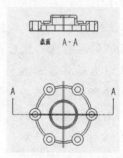

图 11-170 为前视图添加剖切箭头

09 单击"局部放大图"按钮，在左视图上选取如图11-171所示圆角上的一点为中心点，并在该中心点周围绘制一条闭合的样条曲线，以确定放大的区域，按下鼠标中键并在合适位置单击放置所创建的详细视图。双击该详细视图，在打开的"绘制视图"对话框中单击"比例"选项，将放大比例修改为1:600。

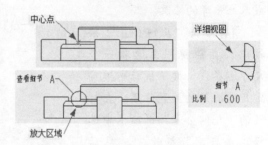

图 11-171 创建详细视图

10 切换至"注释"选项卡，单击"显示模型注释"按钮，在打开的对话框中切换至"显示模型基准"选项卡，将所有视图的轴线显示。接着单击"尺寸"按钮，为所有视图分别标注尺寸，如图11-172所示。

11 双击前视图上如图11-173所示的线性尺寸，在打开的"尺寸属性"对话框中切换至"显示"选项卡，单击"文本符号"按钮，在打开的对话

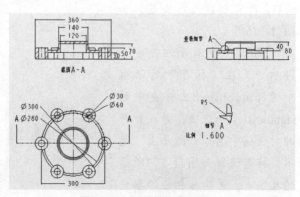

图 11-172 显示轴线并标注尺寸

框中选择直径符号，为这些线性尺寸添加前缀。

12 同样，双击俯视图上如图11-174所示的直径尺寸，在打开的"尺寸属性"对话框中切换至"显示"选项卡，在"前缀"文本框输入6x，在"后缀"文本框输入"均布"，为这些尺寸添加前缀与后缀。

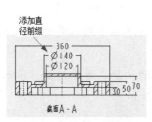

图 11-173　添加直径符号前缀

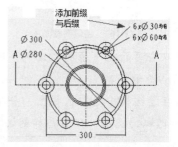

图 11-174　添加前缀与后缀

13 在"注释"选项板中单击"绘制基准平面"按钮，在打开的"选择点"对话框中单击"自由点"按钮，然后在前视图上选取其底边，并在打开的信息栏中输入基准名称为D，则基准名称将显示在该底边上。双击所创建的基准参考，系统将打开"基准"对话框。然后在该对话框中选取图11-175所示的样式，即可完成基准参考的修改。

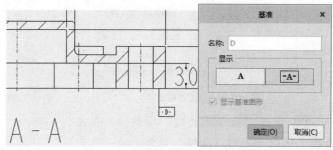

图 11-175　创建基准参考

14 单击"几何公差"按钮，在前视图上选取一个尺寸边界线，按下鼠标中键确定几何公差的放置位置。在打开的"几何公差"选项卡中选择"垂直度"符号，然后设置公差为0.04并指定基准参考D，即可创建几何公差，如图11-176所示。

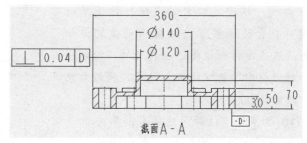

图 11-176　创建几何公差

15 单击"表面粗糙度"按钮，在"打开"对话框中选择machined文件夹中的standard1.sym选项，并在打开的对话框中选择"图元上"选项，接着选取如图11-177所示的尺寸线，并输入相应的参数值，即可在该处标注表面粗糙度符号。

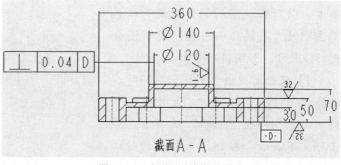

图 11-177　标注表面粗糙度符号

参考文献

[1] 张瑞萍，王立新. Creo 2.0 中文版基础教程 [M]. 北京：清华大学出版社，2014.

[2] 薛山. 中文版Creo 3.0基础教程 [M]. 北京：清华大学出版社，2017.

[3] 肖毅华，贾雪艳. Creo Parametric 2.0 中文版标准教程 [M]. 北京：清华大学出版社，2013.

[4] 李德溥，刘国华，卜迟武. 零点起飞学Creo 2.0辅助设计 [M]. 北京：清华大学出版社，2014.

[5] 钟睦，陈志民. 中文版Creo 2.0 课堂实录 [M]. 北京：清华大学出版社，2014.

[6] 詹友刚. Creo 1.0产品设计实例精解 [M]. 北京：机械工业出版社，2012.

[7] 薛山. Mastercam 2020实例教程(微课版) [M]. 北京：清华大学出版社，2021.